全国高校土木工程专业应用型本科规划推荐教材

结构工程课程设计指导

吕晓寅　主　编

朱尔玉　周长东
孙　静　刘智敏　副主编
吕　勤

中国建筑工业出版社

图书在版编目（CIP）数据

结构工程课程设计指导/吕晓寅主编. —北京：中国建筑工业出版社，2013.4
全国高校土木工程专业应用型本科规划推荐教材
ISBN 978-7-112-15325-1

Ⅰ. ①结… Ⅱ. ①吕… Ⅲ. ①结构工程—课程设计—高等学校—教材 Ⅳ. ①TU3

中国版本图书馆CIP数据核字（2013）第070592号

本教材的编写是以国家标准《铁路桥涵设计基本规范》（TB 10002.1—2005）、《铁路桥涵钢筋混凝土和预应力混凝土结构设计规范》（TB 10002.3—2005）、《建筑结构荷载规范》（GB 50009—2012）、《混凝土结构设计规范》（GB 50010—2010）、《建筑抗震设计规范》（GB 50011—2010）、《建筑地基基础设计规范》（GB 50007—2011）、《钢结构设计规范》（GB 50017—2003）为依据，内容包括了铁路钢筋混凝土简支梁桥课程设计、铁路预应力混凝土简支梁课程设计、钢筋混凝土现浇楼盖课程设计、建筑基础课程设计、单层工业厂房课程设计、钢屋架课程设计等6个课程设计的指导内容。所有课程设计题目均来自实际工程，具有较强的实用性。

本书除作教材外，还可作为建筑结构专业工程技术人员及其他人员自学用书。

* * *

责任编辑：王砾瑶
责任设计：张 虹
责任校对：王雪竹 赵 颖

全国高校土木工程专业应用型本科规划推荐教材
结构工程课程设计指导
吕晓寅 主 编
朱尔玉 周长东 孙 静 刘智敏 吕 勤 副主编
*
中国建筑工业出版社出版、发行（北京西郊百万庄）
各地新华书店、建筑书店经销
霸州市顺浩图文科技发展有限公司制版
北京富生印刷厂印刷
*
开本：787×1092毫米 1/16 印张：14 字数：340千字
2013年6月第一版 2013年6月第一次印刷
定价：28.00元
ISBN 978-7-112-15325-1
（23379）

前　　言

“结构工程课程设计指导”包括了铁路钢筋混凝土简支梁桥课程设计、铁路预应力混凝土简支梁课程设计、钢筋混凝土现浇楼盖课程设计、建筑基础课程设计、单层工业厂房课程设计、钢屋架课程设计 6 个课程设计的指导内容。涵盖了结构工程的部分专业内容。

课程设计是学生在学习专业课程后，应用所学知识进行实际工程演练的第一步，加强这一环节的指导可以促进学生专业学习的积极性，更可以多方面培养学生的理论应用、创新思维和实际动手能力。对于正在高校学习结构设计的在校生和结构设计的初学者而言，在使用本书时，应将注意力集中在各数据的来龙去脉，而不能仅仅是照搬照抄。只有掌握了这些数据所涉及的工程概念和方法，今后才有能力进行结构电算分析和施工图的绘制。

本书的特点是：既有应用容许应力设计法进行设计的“铁路钢筋混凝土简支梁桥课程设计”、“铁路预应力混凝土简支梁课程设计”，也有应用极限状态设计法进行设计的“钢筋混凝土现浇楼盖课程设计”、“建筑基础课程设计”、“单层工业厂房课程设计”、“钢屋架课程设计”等，且在“钢筋混凝土现浇楼盖课程设计”中既有单向板肋梁楼盖的设计，也有双向板肋梁楼盖的设计，在“钢屋架课程设计”中既有轻屋面的设计，也有重屋面的设计。书中涉及内容均依据现行规范编写。所有课程设计题目均来自实际工程，从而培养读者严肃认真的科学态度和严谨求实的工作作风。

本书适合建筑结构专业工程技术人员及其他人员自学。在学习本书时，读者应具备结构力学及钢筋混凝土结构设计原理的知识。

本书共 7 章，其中第 1 章由吕晓寅编写，第 2 章、第 3 章由朱尔玉编写，第 4 章由孙静编写，第 5 章由吕勤编写，第 6 章由周长东编写，第 7 章由刘智敏编写，并共同互校。贾英杰参加了部分章节的校对工作。

由于作者水平有限，书中不当之处，欢迎读者指教。

编者

2013 年 2 月

目　　录

第 1 章　绪论 …… 1

1.1　工程设计的过程 …… 1

1.2　结构设计的要求 …… 1

1.3　结构设计计算书 …… 2

1.4　结构施工图 …… 2

1.5　使用本书需要注意的问题 …… 3

第 2 章　铁路钢筋混凝土简支梁桥课程设计 …… 5

2.1　课程设计目的 …… 5

2.2　课程设计基础 …… 5

2.3　课程设计任务书范例 …… 5

2.4　课程设计方法与步骤 …… 6

2.5　课程设计要求 …… 6

2.6　铁路钢筋混凝土 T 形截面梁设计例题 …… 7

参考文献 …… 29

第 3 章　铁路预应力混凝土简支梁课程设计 …… 30

3.1　课程设计目的 …… 30

3.2　课程设计基础 …… 30

3.3　课程设计任务书范例 …… 30

3.4　课程设计方法与步骤 …… 31

3.5　课程设计要求 …… 32

3.6　铁路预应力混凝土简支梁设计例题 …… 33

第 4 章　钢筋混凝土现浇楼盖课程设计 …… 64

4.1　课程设计目的 …… 64

4.2　课程设计基础 …… 64

4.3　单向板肋梁楼盖课程设计任务书范例 …… 65

4.4　单向板肋梁楼盖课程设计方法与步骤 …… 68

4.5　单向板肋梁楼盖设计例题 …… 69

4.6　双向板肋梁楼盖课程设计任务书范例 …… 83

4.7　双向板肋梁楼盖课程设计方法与步骤 …… 86

4.8　双向板肋梁楼盖设计例题 …… 87

参考文献 …………………………………………………………………………………… 94
附表 4-1 等截面等跨连续梁在均布荷载和集中荷载作用下的内力系数表 ………… 95
附表 4-2 双向板在均布荷载作用下的挠度和弯矩系数表 ……………………………… 101
附表 4-3 按极限平衡法计算四边支承弹塑性板弯矩用公式 …………………………… 106

第 5 章 建筑基础课程设计 ………………………………………………………… 107

5.1 课程设计目的 ………………………………………………………………… 107
5.2 课程设计基础 ………………………………………………………………… 107
5.3 课程设计任务书范例 ………………………………………………………… 108
5.4 课程设计方法与步骤 ………………………………………………………… 109
5.5 课程设计要求 ………………………………………………………………… 110
5.6 建筑基础课程设计例题 ……………………………………………………… 113
参考文献……………………………………………………………………………… 130

第 6 章 单层工业厂房课程设计…………………………………………………… 131

6.1 课程设计目的 ………………………………………………………………… 131
6.2 课程设计基础 ………………………………………………………………… 131
6.3 课程设计任务书范例 ………………………………………………………… 132
6.4 课程设计方法与步骤 ………………………………………………………… 133
6.5 课程设计要求 ………………………………………………………………… 134
6.6 单层工业厂房结构设计例题 ………………………………………………… 137
参考文献……………………………………………………………………………… 160
附图 6-1 桥式吊车基本参数 ……………………………………………………… 161
附图 6-2 屋面板、屋架布置图 …………………………………………………… 168
附图 6-3 屋架下弦支撑布置图 …………………………………………………… 169
附图 6-4 柱间支撑布置图 ………………………………………………………… 170
附图 6-5 基础、基础梁、吊车梁布置图 ………………………………………… 171
附图 6-6 排架柱设计详图 ………………………………………………………… 172
附图 6-7 基础设计详图 …………………………………………………………… 173

第 7 章 钢屋架课程设计 …………………………………………………………… 174

7.1 课程设计目的 ………………………………………………………………… 174
7.2 课程设计基础 ………………………………………………………………… 174
7.3 课程设计任务书范例 ………………………………………………………… 175
7.4 课程设计方法与步骤 ………………………………………………………… 176
7.5 课程设计要求 ………………………………………………………………… 177
7.6 轻屋面钢屋架设计例题 ……………………………………………………… 179
7.7 重屋面钢屋架设计例题 ……………………………………………………… 198
参考文献……………………………………………………………………………… 215

第1章　绪　　论

根据不同的工程建设项目，工程结构包括建筑结构、桥梁结构、隧道与地下结构、水工结构、特种结构等，均是由梁、柱、墙、板、杆、壳等基本构件组成的一个受力系统。结构的功能是形成构筑物所需要的空间骨架，并能长期、安全、可靠地承受工程使用期间可能遭受到的各种荷载和变形作用，环境介质的长期影响等，还要能够承受各种意外事件（如火灾、地震、爆炸、撞击等）的影响。

1.1　工程设计的过程

工程设计分为方案设计、初步设计和施工图设计三个阶段，一般工程可将方案设计和初步设计结合在一起。

在方案设计阶段，应对工程的设计方案、重大技术问题以及与其他专业的配合进行综合技术经济分析，论证技术上的先进性和可行性，使整个工程设计方案经济合理。结构方案对工程结构的造价和安全具有决定性的影响，应采用合理的结构体系，特别是保证结构的整体性。一个结构工程师的首要任务是在每一项工程设计的开始，即方案设计阶段，就能凭借自身拥有的结构体系功能及其受力、变形特性的整体概念和判断力，用概念设计的方法初步构思总结构体系，并明确结构总体系和主要分体系之间的关系。

在初步设计阶段，设计的重点转移到如何精心去改善已构思拟定的设计方案上，也即已转移到分体系具体方案的设计上，确定分体系及其相关构件的几何尺寸与截面特征和相互之间的关系，并通过概念近似计算来确认该设计方案的可行性。事实上，初步设计阶段是一个不断反复、优化改进方案的阶段。真正的结构设计不仅是一门专业技术，更是一门艺术。而且结构设计没有唯一解，只有通过不断地探索来寻求相对的最优。

在施工图设计阶段，如果不同专业的设计人员和业主都对初步设计优化方案的可行性表示认可，则全部的设计问题也就基本解决了，接下来就是施工图的设计了。结构施工图中主要包括结构平面图和节点及构件详图。施工图设计阶段也有反复但不会有较大的反复。

1.2　结构设计的要求

结构设计的总体要求是保证其具有足够的安全性、适用性和耐久性。理想的结构应该是具有受力明确，传力路径简捷，结构整体刚度大，整体性好，延性大，有足够的冗余度。

工程建设在国民经济中占有十分重要的地位，尤其是重大的工程项目。因此，国家对工程建设颁布各种政策、法规、规范和设计标准及规程，用以规范工程建设的设计和施工的各个环节。一般情况下，工程结构的设计应遵照这些规范、标准和规程进行。

但是，随着工程建设发展的需要，新材料、新技术和新方法不断涌现，结构工程也要随之发展，各种政策、法规、规范和设计标准及规程会不断更新，否则将成为阻碍新技术发展的障碍。对于新理论和新技术一般经过一段时间的实践和完善将纳入有关技术标准、规范和规程中，或编制新的专门技术规程，用以推广使用。

本书的设计计算方法主要是依据《铁路桥涵设计基本规范》（TB 10002.1—2005）、《铁路桥涵钢筋混凝土和预应力混凝土结构设计规范》（TB 10002.3—2005）、《建筑结构荷载规范》（GB 50009—2012）、《混凝土结构设计规范》（GB 50010—2010）、《建筑抗震设计规范》（GB 50011—2010）、《建筑地基基础设计规范》（GB 50007—2011）、《钢结构设计规范》（GB 50017—2003）等编写。

1.3 结构设计计算书

将结构计算过程用文字记录下来形成的文件就是结构设计计算书。计算书的正确、有效、可靠性是确保施工图设计质量的重要和必要的条件。计算书中记录了每一个数据的来龙去脉，以便于复核和审查。计算书的一个重要作用是当工程出了问题的时候，需要拿出计算书来验证此问题是否出在结构设计的环节。

结构设计计算书的内容要完整，计算步骤要条理分明，应给出平面布置简图和计算简图。选用的参数或引用数据应有可靠依据；采用计算图表及不常用计算公式时，应注明来源出处；对公式中属于有选择范围的系数或参数，应对其选择作出说明。

计算分析所采用计算理论应符合工程结构体系实际受力状态，计算模型应根据结构构件实际情况确定，建有多个结构计算模型时，应对各结构计算模型分别进行说明；计算简图应符合受力及边界约束条件；构件编号应与图纸一致，以便核查。

若选用计算软件，所使用的软件应通过有关部门的鉴定，计算软件的技术条件应符合现行工程建设标准的规定，所采用的计算软件的计算假定和力学模型，应符合工程实际。要特别提醒的是：所有计算机的计算结果，应经分析判断确认其合理、有效后方可用于结构设计。

1.4 结构施工图

施工图是工程师的“语言”，是设计者设计意图的体现，也是施工、监理、经济核算的重要依据。结构施工图在整个设计中占有举足轻重的作用，切不可草率从事。

对结构施工图的基本要求是：图面清楚整洁、标注齐全、构造合理、符合国家制图标准及行业规范，能很好地表达设计意图，并与计算书一致。通过结构施工图的绘制，应掌握各种结构构件工程图表的表达方法，会应用绘图工具手工绘图，练好基本功，同时能运用常用软件通过计算机绘图和出图。

结构施工图的具体内容有：

1. 图纸目录

全部图纸都应在“图纸目录”上列出，结构施工图的“图别”为“结施”。“图纸目录”的图号是“结施-0”。

“图号”排列的原则是：从整体到局部，按施工顺序从下到上。例如，“结构总说明”的图号为“结施-1”，以后依次为桩基础统一说明及大样、基础及基础梁平面、由下而上的各层结构平面、各种大样图等。

2. 结构总说明

“结构总说明”是带全局性的文字说明，它包括：

(1) 工程结构简介。

(2) 设计依据：包括主要规范、初步设计批文、地质报告等。

(3) 一般说明：绝对标高、结构及构件安全等级、抗震类别、抗震设防烈度、地基类别、抗震等级、防火等级、人防等级、风荷载以及所用电算软件及版本。

(4) 材料：混凝土、钢材、焊条、砌体、砂浆以及其他辅助用料，类型、规格、强度等级及所用部位。

(5) 荷载：结构所承受的各种可变荷载的取值。

(6) 地基基础：地基持力层、基础形式。

(7) 特别要强调的构造措施。

(8) 其他：施工缝、后浇带、沉降或伸缩缝、沉降观测等。

(9) 施工注意事项。

(10) 选用各标准图集列表。

(11) 对设计中采用的新技术新材料也需要在总说明中交代。

3. 基础平面及详图

基础平面表示基础形式（如桩、筏、箱等）布置的图样，对主要部件用详图加以表示。

4. 地下结构平面图及详图

地下结构平面图是表示建筑物地面以下各承重构件（如梁、板、柱、墙、门窗过梁、圈梁等）布置的图样，个别重要部位用放大比例的详图表示。

5. 地上结构平面图及详图

地上结构平面图是表示建筑物地面以上各承重构件（如梁、板、柱、墙、门窗过梁、圈梁等）布置的图样，个别重要部位用放大比例的详图表示。

所有图形、字符、符号及尺寸均应满足国家《建筑结构制图标准》对结构施工图的绘制规定。

1.5 使用本书需要注意的问题

本书是将土木工程专业有关结构的各课程设计加以适当组织所形成的一本实用指导书，它既体现了大土木的培养模式，又反映了各门课程的教学要求。本书各章节包含以下内容：①课程设计目的；②课程设计基础；③课程设计任务书范例；④课程设计方法与步骤；⑤课程设计要求；⑥设计例题。所以在使用本书时需注意以下问题：

(1) 应将注意力集中在各数据的来龙去脉，而不能仅仅是照搬照抄。只有掌握了这些数据所涉及的工程概念和方法，才能有能力进行下一步施工图的绘制和今后的结构电算分析。

（2）一定要做到独立完成，培养自己独立的工作能力。独立的工作能力体现在：对基础理论、基本知识和基本技能的掌握程度；独立地分析和解决问题的能力；课程设计中表现的独立性、独特性和必要的独创性。

（3）注意图纸质量。评价图纸质量主要看图纸内容的完整性和正确性，图面线条和字体是否工整，是否符合相应的标准等。

第 2 章　铁路钢筋混凝土简支梁桥课程设计

2.1　课程设计目的

《钢筋混凝土梁课程设计》是为土木工程专业的学生在完成专业基础必修课《混凝土结构设计原理》后安排的一个必修的实践教学环节。要求学生利用《铁路桥涵设计基本规范》和《铁路桥涵钢筋混凝土和预应力混凝土结构设计规范》等，完成普通钢筋混凝土梁的结构设计。

通过课程设计，学生要熟悉相关桥梁设计规范；熟悉桥梁各种设计荷载（作用）；荷载（作用）在梁中产生的效应以及针对这些效应如何具体检算桥梁各构件的安全性，并依据检算结果适当修改设计。熟悉桥梁工程图纸的表现手法和重点表现内容，增强资料查询、图纸绘制、设计说明书及计算书编写等方面的能力，巩固学生结构设计的基本概念和基础知识。通过分析研究工作，培养学生科学研究的能力。使其初步具备对桥梁结构的分析及设计能力。

2.2　课程设计基础

1. 先修课程

为了完成任务书规定的内容，必须完成以下专业基础必修课：

(1)《工程制图》。

(2)《材料力学》和《结构力学》。

(3)《混凝土结构设计原理》。

2. 基本要求

通过前续课程的学习，在进行本课程设计之前，学生应掌握桥梁工程结构的基本受力特征、结构设计的基本原理。了解荷载组合及相关的结构及配筋构造，掌握绘制工程图纸的相关知识。

3. 设计依据

(1)《铁路桥涵设计基本规范》(TB 10002.1—2005)；

(2)《铁路桥涵钢筋混凝土和预应力混凝土结构设计规范》(TB 10002.3—2005)。

2.3　课程设计任务书范例

1. 设计工程名称

铁路钢筋混凝土 T 形截面梁设计。

2. 设计基本条件（工程说明、工程背景）

根据指导教师指定的活荷载类型、梁的计算跨度和截面类型进行设计。

3. 设计内容及要求

（1）依据附件资料，对混凝土梁进行纵、横断面设计，选定主梁的结构形式及主要尺寸。

（2）道碴槽板的检算。首先确定道碴槽板的计算简图。然后分别对内、外侧板进行检算。注意外侧板的荷载布置问题。

（3）主梁截面的配筋设计及检算：

1）计算主梁各控制截面（$L/2$、$L/4$、支座截面和变截面处）的内力。

2）对主梁控制截面进行配筋（主筋、斜筋、箍筋）设计。

3）依据设计规范，进行截面强度和应力检算，梁体挠度和裂缝宽度的计算。如有不满足规范的相关项目要求，可修改设计参数，继续检算，直到各项检算指标合格为止。

（4）绘制混凝土梁的平、立、剖面结构图、主梁控制截面配筋图、道碴槽板钢筋的布置图。

重点：主梁的各项检算。

难点：主梁斜截面配筋设计。

2.4 课程设计方法与步骤

设计步骤基本上按照主梁跨度→主梁横截面尺寸拟定→主梁纵截面设计→道碴槽板的检算→主梁内力计算→截面配筋→各项指标检算→修改设计参数，直至满足各项要求→绘制工程图纸及编写设计计算书的顺序进行。

课程设计进行中必须注意以下几点：

（1）主梁梁高在合理范围内选择，可参考标准梁高。

（2）内力计算时，列车活载要考虑冲击系数。内力组合时，注意对分片式梁的恒、活载都应分片计入。道碴槽板的外侧板检算时要考虑最不利的荷载组合情况。

（3）钢筋的布置要符合构造要求，计算用到的钢筋布置图要标明主要尺寸。

（4）斜筋设计可以采用公式计算，但还要用作图法来校核。

（5）检算项目要依据相关规范的要求，不要只参考某个算例。因为限于篇幅，算例只给出主要检算项目。

（6）图纸绘制要注意尺寸标注的比例、字体格式及大小等。

2.5 课程设计要求

1. 能力培养要求

本课程设计主要培养学生在混凝土梁设计方面的实践能力。培养学生综合应用所学知识，分析问题和解决问题的能力。培养严肃认真的科学态度，严谨求实的工作作风。学生完成本课程设计后，应该对相关的结构设计规范和标准图集的框架和内容有所了解和掌握，能够熟练运用已学的专业知识，借助结构设计规范和标准图集，独立完成混凝土梁的结构设计和计算，并绘制规范、明晰的结构施工图。

2. 设计说明书的要求

按照前面所述的设计步骤，完成一份完整的混凝土梁的设计计算书，计算书所要包含的主要内容有：

（1）设计资料。

（2）混凝土梁的全长结构布置及主梁截面尺寸。

（3）道碴槽板的检算。

（4）主梁的荷载、内力计算。

（5）主梁截面配筋计算及各项检算。

3. 设计图纸的要求

要求图纸能够清晰表达设计者的设计思路和设计意图，图面干净整洁，内容丰富，图面布置丰满美观，符号和标注符合制图的一般规定。所有图纸均采用A3图纸绘制。

图纸至少包括以下内容：

钢筋混凝土梁的立（剖）面图，平（剖）面图；主梁跨中及支座截面的结构配筋图；$L/2$跨内的弯起钢筋布置图；道碴槽板钢筋的布置图。以上工程图纸可以手绘或计算机绘制，绘图比例自定。

4. 考核方法

要求勤学好问，独立完成，计算正确，书写工整。

总评成绩分为优、良、中、及格和不及格五个等级，按照计算书成绩、图纸成绩以及质疑三个方面综合评定。计算书成绩占30%，图纸成绩占30%，质疑成绩占40%。

质疑方式：当面提问或开卷考试。

注意：一旦发现抄袭、雷同及解释不清的现象，则按作弊处理。

5. 设计时间安排（以表格形式）

本课程设计总时间为一周，设计进度安排详见下表所示：

时间安排	设计进度安排
第一天	结构尺寸拟定及道碴槽板的检算
第二天	
第三天	主梁的荷载计算、内力计算及各项检算
第四天	
第五天	绘制工程图并编写课程设计计算书
第六天	
第七天	提交成果、参加质疑

2.6 铁路钢筋混凝土T形截面梁设计例题

2.6.1 设计资料

1. 设计荷载

铁路列车竖向静、活载必须采用中华人民共和国铁路标准活载，即“中—活荷载”。

标准活载的计算图示见图 2-1。

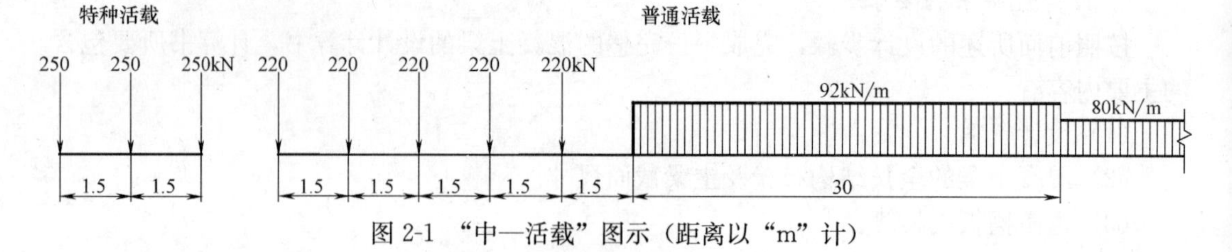

图 2-1 “中—活载”图示（距离以“m”计）

2. 设计方法

容许应力法。

3. 计算跨度

L=16m，直线梁。

4. 材料

(1) 混凝土采用 C30。

(2) 梁内受力钢筋采用 HRB335。

(3) 构造钢筋采用 Q235。

5. 基本构造参数

预应力轨枕长度：2.5m；

轨枕下道碴厚度：0.29m；

挡碴墙高：0.3m；

道碴及线路设备、人行道等活载（一片梁）：19.6kN/m；

混凝土自重：25kN/m^3；

道碴自重：20kN/m^3；

换算截面时，钢筋的弹性模量与混凝土的变形模量之比 $n=15$（查自《铁路桥涵钢筋混凝土和预应力混凝土结构设计规范》表 5.1.3，以下简称《桥规》）；

混凝土的容许应力：$[\sigma_c]=8.0$MPa，$[\sigma_b]=10.0$MPa，$[\tau_c]=1.10$MPa（查自《桥规》表 5.2.1）。

2.6.2 混凝土梁的全长结构布置及主梁截面尺寸拟定

1. 全长结构布置示意图

钢筋混凝土梁体结构布置示意图的主要尺寸见图 2-2 所示。

2. 结构尺寸拟定

一孔梁由两片 T 形梁组成，如图 2-3 所示。图中尺寸表示一片 T 形梁跨中截面的主要尺寸。在跨中部分的梁梗宽度根据钢筋布置的需要选为 300mm，在梁端根据承受主拉应力的需要选用 490mm，变截面距支点处为 2.75m。一片 T 形梁跨中和梁端截面的主要尺寸如图 2-3 所示。

2.6.3 主梁的计算和设计

1. 主梁内力计算

(1) 恒载（以一片梁计）

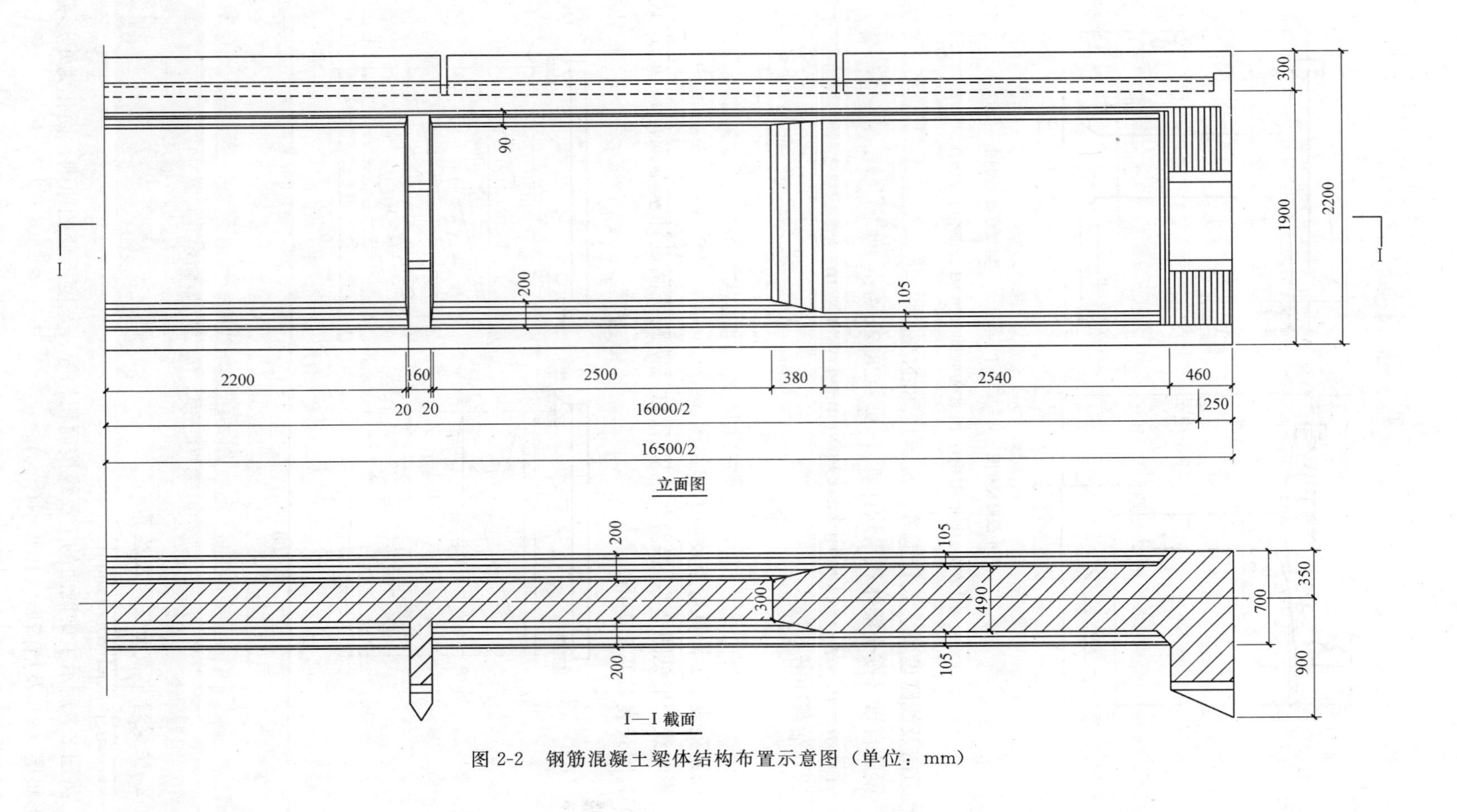

图 2-2　钢筋混凝土梁体结构布置示意图（单位：mm）

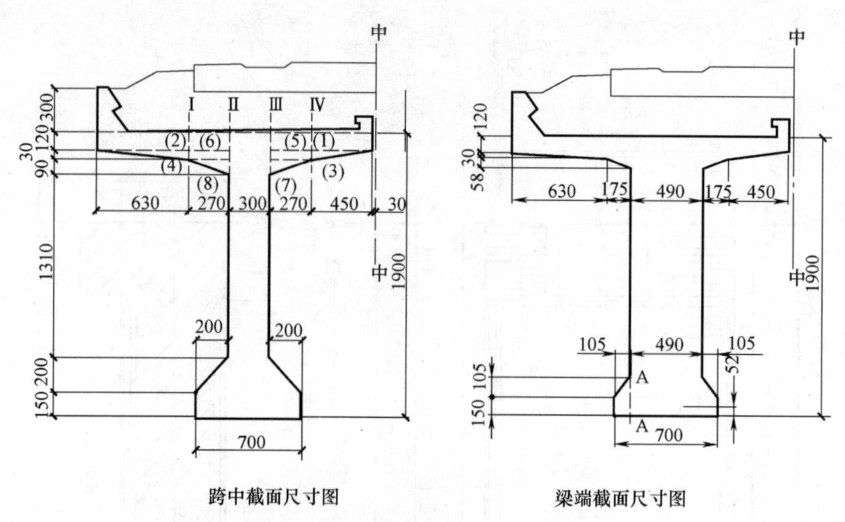

图 2-3　T形梁跨中和梁端截面尺寸图（单位：mm）

道碴及线路设备、人行道等，$p_1 = 19.6\text{kN/m}$

梁的自重（按全梁体积平均计算），$p_2 = 28.2\text{kN/m}$

合计 $p = p_1 + p_2 = (19.6 + 28.2)\text{kN/m} = 47.8\text{kN/m}$

（2）活载冲击系数

$$1 + \mu = 1 + \alpha \frac{6}{30 + L} = 1 + 2 \times \frac{6}{30 + 16} = 1.26$$

（3）列表 2-1 计算弯矩及剪力包络图

影响线图形见图 2-4，换算均布荷载由《铁路桥涵设计基本规范》（TB 10002.1—2005）附录表 C.0.1 查得。

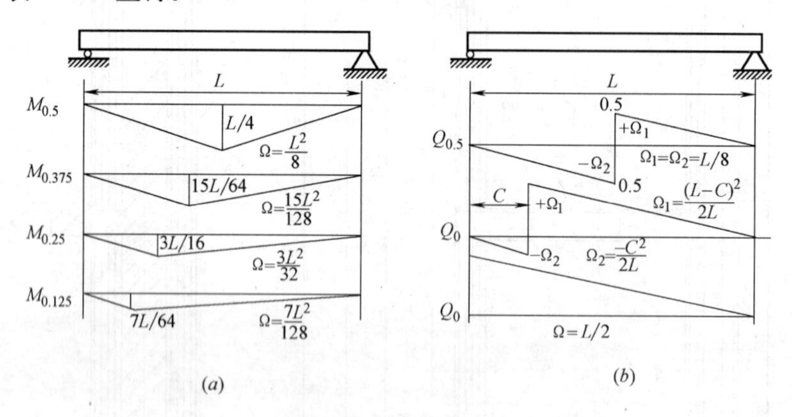

图 2-4　影响线图

（*a*）弯矩影响线；（*b*）剪力影响线

2. 主梁跨中截面设计及验算

（1）跨中截面图形的简化

将图 2-3 所示主梁截面的上翼缘按面积相等、宽度不变的原则，简化为矩形截面（三角形垫层（9）及挡碴墙（10）不计入）。

内力计算表　　表 2-1

项目	计算截面	影响线顶点	加载长度	换算均布荷载 K	活载强度 $q=\frac{1+\mu}{2}K$	影响线面积 Ω	活载作用下 $M_q=q\cdot\Omega$ 或 $V_q=q\cdot\Sigma\Omega$	恒载作用下 $M_p=p\cdot\Omega$ 或 $V_p=p\cdot\Sigma\Omega$	$M=M_q+M_p$ 或 $V=V_q+V_p$
			m	kN/m	kN/m	m² 或 m	kN·m 或 kN	kN·m 或 kN	kN·m 或 kN
弯矩	$\frac{1}{2}L$	0.5	16	119.4	75.2	32	2406	1530	3936
	$\frac{3}{8}L$	0.375	16	121.9	76.8	30	2304	1434	3738
	$\frac{1}{4}L$	0.25	16	123.8	78.0	24	1872	1147	3019
	$\frac{1}{8}L$	0.125	16	125.5	79.1	14	1107	669	1776
剪力	$\frac{1}{2}L$	0	8	172.2	108.5	±2	±217	0	217
	2.75m	0	13.25	146.0	92.0	+5.49 −0.24	505	251	756
	0	0	16	137.7	86.8	8	694	382	1076

原来的面积：

第（1）块：$720\times120=86400\text{mm}^2$

第（2）块：$900\times120=108000\text{mm}^2$

第（3）块：$\frac{450}{2}\times30=6750\text{mm}^2$

第（4）块：$\frac{630}{2}\times30=9450\text{mm}^2$

第（5）块：$270\times30=8100\text{mm}^2$

第（6）块：$270\times30=8100\text{mm}^2$

第（7）块：$\frac{270}{2}\times90=12150\text{mm}^2$

第（8）块：$\frac{270}{2}\times90=12150\text{mm}^2$

共计：251100mm^2

简化截面的上翼缘厚度：

$$h_f'=\frac{251100}{1920-300}=155\text{mm}$$

主梁跨中截面简化图形如图 2-5 所示。

（2）钢筋截面的选定及其布置

钢筋截面积按下式估算：

$$A_s\geqslant\frac{M_{L/2}}{[\sigma_s]\times0.92h_0}=\frac{3936\times10^6}{180\times0.92\times1800}=13205\text{mm}^2$$

式中　$M_{L/2}=3936\text{kN}\cdot\text{m}$，见表 2-1；

$[\sigma_s]=180\text{MPa}$；

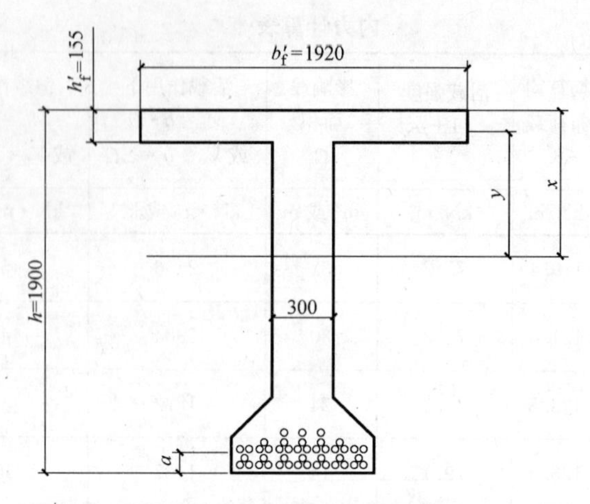

图 2-5　主梁跨中截面简化图（单位：mm）

$h_0=h-a=1900-100=1800$mm（其中，主筋按三排布置，假定 $a=100$mm）。

选定 43Φ20，现用 $A_s=314\times43=13502\text{mm}^2>13205\text{mm}^2$。钢筋布置见图 2-8 中的跨中主钢筋布置详图。

钢筋群重心对下边缘距离

$$a=\frac{14\times41+7\times60.1+14\times112.1+5\times131.2+3\times183.2}{43}=88\text{mm}$$

截面有效高度

$$h_0=h-a=1900-88=1812\text{mm}$$

中和轴对上边缘距离 x 及内力臂 z 的计算

$$r=\frac{nA_s+(b'_f-b)h'_f}{b}=\frac{15\times13502+(1920-300)\times155}{300}=1512\text{mm}$$

$$s=\frac{2nA_sh_0+(b'_f-b)h'^2_f}{b}=\frac{2\times15\times13502\times1812+1620\times155^2}{300}=2576297\text{mm}^2$$

$$x=-r+\sqrt{r^2+s}=(-1512+\sqrt{1512^2+2576297})=693\text{mm}$$

$$y=\frac{2}{3}\times\frac{b'_fx^3-(b'_f-b)(x-h'_f)^3}{b'_fx^2-(b'_f-b)(x-h'_f)^2}=\frac{2}{3}\times\frac{1920\times693^3-(1920-300)\cdot(693-155)^3}{1920\times693^2-(1920-300)\cdot(693-155)^2}=569\text{mm}$$

$$z=h_0-x+y=1812-693+569=1688\text{mm}$$

由此求得钢筋及混凝土的应力

$$\sigma_s=\frac{M_{L/2}}{A_sz}=\frac{3936\times10^6}{13502\times1688}=172.7\text{MPa}<[\sigma_s]=180\text{MPa}$$

验算最外侧钢筋：

$$\sigma_{s,\max}=\sigma_s\left(1+\frac{a-a_1}{h_0-x}\right)=172.7\times\left(1+\frac{88-41}{1812-693}\right)=179.9\text{MPa}<[\sigma_s]=180\text{MPa}$$

验算边缘（受压区）混凝土强度：

$$\sigma_c=\frac{\sigma_s}{n}\cdot\frac{x}{h_0-x}=\frac{172.7}{15}\times\frac{693}{1812-693}=7.1\text{MPa}<[\sigma_b]=10\text{MPa}$$

3. 主梁剪应力计算及抗剪钢筋设计

(1) 支点及变截面处内力臂 z_0、z_b 的计算经过试算，拟以 N_{15}、N_{16} 共 16Φ20 通过支点。支点计算截面尺寸见图 2-6。

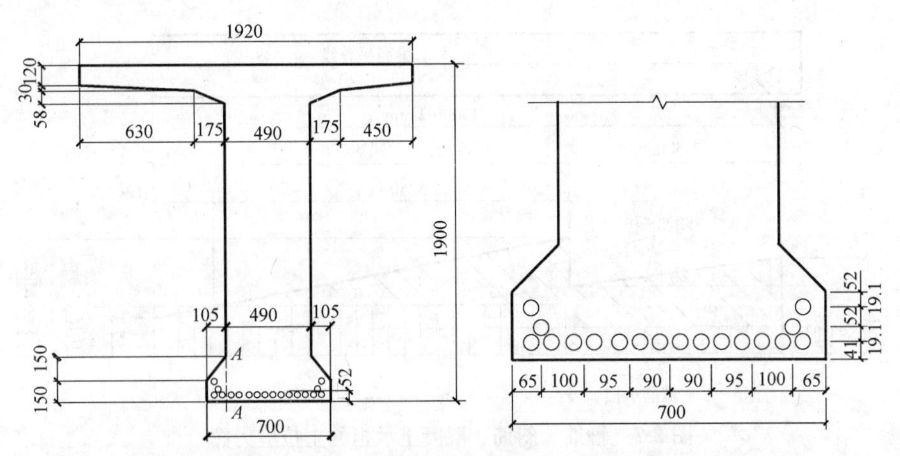

图 2-6 支点截面钢筋布置图（单位：mm）

简化截面的上翼缘厚度 $h'_f=146\text{mm}$；钢筋群重心距下边缘距离 $a_0=52\text{mm}$。依次求得：$r_0=580\text{mm}$，$s_0=630638\text{mm}^2$，$x_0=403\text{mm}$，$y_0=311\text{mm}$，$z_0=1756\text{mm}$。

变截面处内力臂按下式近似计算：

$$z_b=\frac{1}{2}(z+z_0)=\frac{1}{2}\times(1688+1756)=1722\text{mm}$$

（2）主梁剪应力计算

主梁剪应力计算列于表 2-2。

主梁剪应力计算表 **表 2-2**

位置＼单位	V(N)	b(mm)	z(mm)	$\tau_0=V/bz$(MPa)
跨中	210×10^3	300	1688	0.43
变截面处	756×10^3	300 490	1722	1.46 0.90
支点	1076×10^3	490	1756	1.25

兹将表 2-2 计算结果绘于图 2-7，其中箍筋承受的应力 $\tau_{v1}=0.48\text{MPa}$、$\tau_{v2}=0.30\text{MPa}$（在后面箍筋设计中有详细计算步骤）。

由《桥规》表 5.2.1 查得混凝土容许主拉应力：

$[\sigma_{tp-1}]=1.98\text{MPa}$，$[\sigma_{tp-2}]=0.73\text{MPa}$，$[\sigma_{tp-3}]=0.37\text{MPa}$。

式中 $[\sigma_{tp-1}]$——有箍筋及斜筋时的主拉应力；

$[\sigma_{tp-2}]$——无箍筋及斜筋时的主拉应力；

$[\sigma_{tp-3}]$——梁部分长度中全由混凝土承受的主拉应力。

由图可知 $[\sigma_{tp-2}]=0.73\text{ MPa}<\sigma_{tp,max}=1.46\text{ MPa}<[\sigma_{tp-1}]=1.98\text{MPa}$

$\sigma_{tp,min}=0.43\text{ MPa}>[\sigma_{tp-3}]=0.37\text{MPa}$

故钢筋混凝土梁腹板截面尺寸满足要求，但需要设置剪力钢筋。

（3）支点处下翼缘与梁梗连接处水平剪应力验算

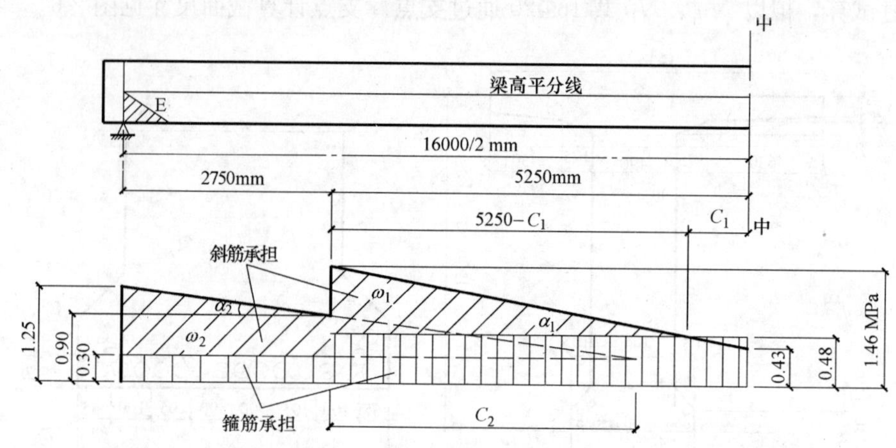

图 2-7　箍筋、斜筋、混凝土承担的主拉应力图

按下列公式验算图 2-6 中的 A—A 截面：

$$\tau_1=\tau_0\frac{b}{h_f}\cdot\frac{A_{sf}}{A_s}=1.25\times\frac{490}{255}\times\frac{4}{16}=0.60\text{MPa}<[\sigma_{tp\text{-}2}]=0.73\text{MPa}$$

式中　τ_0——支承处的梁梗剪应力，$\tau_0=1.25$MPa；

h_f——下翼缘与梁梗连接处的实际厚度，$h_f=255$mm；

$\frac{A_{sf}}{A_s}=\frac{4}{16}$，支承处全部主筋为 16 根，下翼缘悬出部分内有 4 根主筋。

（4）支点处上翼缘与梁梗连接处水平剪应力验算

$$\tau'=\tau_0\frac{b}{h'_f}\cdot\frac{S_A}{S_0}=1.25\times\frac{490}{155}\times\frac{68212788}{254086580}=1.06\text{MPa}<[\sigma_{tp\text{-}1}]=1.98\text{MPa}$$

其中 $S_A=\frac{b'_f-b}{2}\cdot h'_f\cdot\left(x_0-\frac{h'_f}{2}\right)=\frac{1920-490}{2}\times155\times\left(693-\frac{155}{2}\right)=68212788\text{mm}^2$

$$S_0=\frac{1}{2}b'_fx^2-\frac{1}{2}(b'_f-b)(x-b'_f)=\frac{1}{2}\times1920\times693^2-\frac{1}{2}\times(1920-490)\times(693-155)^2$$
$$=254086580\text{mm}^2$$

考虑到上翼缘为道碴槽板的一部分，有受力钢筋配置。因此，在配置钢筋后，抗水平剪力可满足要求。

（5）箍筋设计

在全跨范围内采用相同的箍筋尺寸：箍筋的间距 $S_v=250$mm，箍筋肢数 $n_v=4$，$d_v=8$mm（HRB335 钢筋），一个截面上箍筋的总截面积 $A_v=50.3\text{mm}^2$，$[\sigma_s]=180$MPa。则跨中和支座截面处的剪应力分别为：

$$\tau_{v1}=\frac{n_vd_v[\sigma_v]}{bs_v}=\frac{4\times50.3\times180}{300\times250}=0.48\text{MPa}$$

$$\tau_{v1}=\frac{4\times50.3\times180}{490\times250}=0.30\text{MPa}$$

（6）斜筋设计

首先按三角形比例关系计算图 2-7 中的 C_1、C_2、$\tan\alpha_1$、$\tan\alpha_2$、ω_1、ω_2：

$$\tan\alpha_1=\frac{1.46-0.43}{5250}=1.96\times10^{-4}$$

$$\tan\alpha_2=\frac{1.25-0.90}{2750}=1.27\times10^{-4}$$

$$C_1=\frac{0.48-0.43}{\tan\alpha_1}=255\text{mm}$$

$$C_2=\frac{0.90-0.30}{\tan\alpha_2}=4724\text{mm}$$

$$\omega_1=\frac{1}{2}(1.46-0.48)\times(5250-C_1)$$

$$=\frac{1}{2}(1.46-0.48)\times(5250-255)=2447.6\text{MPa}\cdot\text{mm}$$

$$\omega_2=\frac{1}{2}[(1.25-0.3)+(0.9-0.3)]\times2750=2131.3\text{MPa}\cdot\text{mm}$$

中段需要的斜筋根数：

$$n_{c1}=\frac{\omega_1 b}{\sqrt{2}\cdot A_s[\sigma_s]}=\frac{2447.6\times300}{\sqrt{2}\times314\times180}=9.2(\text{根})\text{，取10根。}$$

端段需要的斜筋根数：

$$n_{c2}=\frac{\omega_2 b_0}{\sqrt{2}\cdot A_{s1}[\sigma_s]}=\frac{2131.3\times490}{\sqrt{2}\times314\times180}=13.1(\text{根})\text{，取15根。}$$

式中，$A_s=314\text{mm}^2$，一根Φ20 钢筋截面积；

$b=300\text{mm}$，中段梁梗宽；

$b_0=490\text{mm}$，端段梁梗宽。

中段设置 10 根弯起钢筋，应力折减系数 $\eta_1=\frac{n_{c1}}{10}=\frac{9.2}{10}=0.92$。用数解法确定斜筋位置及主钢筋起弯点，列表计算于表 2-3，表中：

$$k_1=\frac{b}{2}\tan\alpha_1=\frac{300}{2}\times1.96\times10^{-4}=2.94\times10^{-2}\text{MPa}$$

$$K_1=\sqrt{2}A_{s1}\eta_1[\sigma_s]=1.414\times314\times0.92\times180=73525.74\text{N}$$

$$\sqrt{K_1/k_1}=\sqrt{73525.74/2.94\times10^{-2}}=1581.4\text{mm}$$

斜筋顶端中心至梁上边缘的距离 $a'=55\text{mm}$

$$C_1+\frac{h}{2}-a'=255+\frac{1900}{2}-55=1150\text{mm}$$

$$[\sigma_s]/\sigma_{s,\max}=180/180.0=1$$

$n=43$ 根。

中段斜筋位置及起弯点 x_i（起弯点至跨中的距离）计算表 **表 2-3**

1	组次 i	单位	1	2	3	4	5	6
2	根数 n_i③	根	1	2	1	2	2	2
3	累计：$\sum_{0}^{i-1}n_i+\frac{n_i}{2}$		0.5	2	3.5	5	7	9
4	$\sqrt{③}$		0.707	1.414	1.871	2.236	2.646	3
5	$l_i=\sqrt{\frac{K_1}{k_1}}\cdot\sqrt{③}=1581.4\sqrt{③}$	mm	1118	2236	2959	3536	4184	4744

续表

6	钢筋至下缘的距离 a_i	mm	183.2	183.2	131.2	131.2	112.1	112.1
7	$x_i=l_i+a_i+C_1-h/2$ $=l_i+a_i-695$	mm	606	1724	2395	2972	3601	4161
8	斜筋顶端至跨中的距离 $x'_i=l_i+C_1+h/2-a'$ $=l_i+1150$	mm	2268	3386	4109	4686	5334	5894
9	相邻两组斜筋顶端的距离	mm		1118	723	577	648	560
10	$1-\left(\frac{x_i}{L/2}\right)^2=1-\left(\frac{x_i}{8000}\right)^2$		0.9943	0.9536	0.9104	0.8620	0.7974	0.7295
11	剩下根数 S	根	42	40	39	37	35	33
12	$\frac{S}{r}\cdot\frac{[\sigma_s]}{\sigma_{s,max}}$		0.9767 *	0.9302 *	0.9070 *	0.8605 *	0.8140	0.7674

* 经验算，第 1、2、3、4 组起弯点应力超过允许应力，可勉强通过。

端段剪应力图的虚面积为：

$$\omega'_2=\frac{1}{2}C_2^2\tan\alpha_2=\frac{1}{2}\times4724^2\times1.27\times10^{-4}$$
$$=1417.08\text{MPa}\cdot\text{mm}$$

相应于此虚面积的虚剪应力为：

$$K'=b_0\omega'_2=490\times1417.08=694369.20\text{N}$$

端段设置 15 根弯起钢筋，应力折减系数 $\eta_2=\frac{n_{c2}}{15}=\frac{13.1}{15}=0.873$。斜筋位置及起弯点计算列于表 2-4，其中：

$$K_2=\sqrt{2}A_s\eta_2[\sigma_s]=1.414\times314\times0.873\times180=69769.53\text{N}$$
$$k_2=\frac{b_0}{2}\tan\alpha_2=\frac{490}{2}\times1.27\times10^{-4}=0.03\text{MPa}$$
$$5250-C_2-\frac{h}{2}=5250-4724-\frac{1900}{2}=-424\text{mm}$$
$$5250-C_2+\frac{h}{2}-a'=5250-4724+\frac{1900}{2}-55=1421\text{mm}$$

第 14 组弯起 2 根，承担支座附近三角形 E 块（见图 2-7）面积内的剪力，其位置由绘图时决定。

端段斜筋位置及起弯点 x_i 计算表 　　　表 2-4

①	组次	单位	7	8	9	10	11	12	13
②	根数 n_i	根	2	2	2	2	2	3	2
③	累计：$\sum_{6}^{i-1}n_i+\frac{n_i}{2}$ （引入符号 $n_6=0$）		1	3	5	7	9	11.5	14
④	$\frac{③K_2+K'}{k_2}=\frac{③69769.53+694369.20}{0.03}$	mm²	25471291	30122593	34773895	39425197	44076499	49890627	55704754

续表

⑤	$l_i=\sqrt{④}$	mm	5047	5488	5897	6279	6639	7063	7464
⑥	钢筋至下缘的距离 a_i	mm	112.1	131.2	112.1	112.1	60.1	60.1	41.0
⑦	$x_i=l_i+a_i+5250-\frac{h}{2}-C_2$ $=l_i+a_i-424$	mm	4735	5195	5585	5967	6275	6699	7081
⑧	斜筋顶端至跨中的距离 $x'_i=l_i+5250+\frac{h}{2}-C_2-a'$ $=l_i+1421$	mm	6468	6909	7318	7700	8060	8484	8885
⑨	相邻两组斜筋顶端的距离	mm	6468−5894=574	441	409	382	360	424	401

注：对于端段斜筋无需检算起弯点应力。

根据表 2-3 及表 2-4 中第⑦行的数据绘出主梁钢筋布置图，如图 2-8 所示。

4. 裂缝计算

根据图 2-8 中的跨中主钢筋布置详图及前面已知数据，可计算裂缝宽度 w_f：

$$w_f=K_1K_2r\frac{\sigma_s}{E_s}\left(80+\frac{8+0.4d}{\sqrt{\mu_z}}\right)$$

$$=0.8\times1.378\times1.1\times\frac{172.7}{210\times10^3}\times\left(80+\frac{8+0.4\times20}{\sqrt{0.0805}}\right)$$

$$=0.136\text{mm}<[w_f]=0.20\text{mm}$$

式中　$K_1=0.8$，带肋钢筋表面形状影响系数；

$r=1.1$，中性轴至受拉边缘的距离与中性轴至最大拉应力钢筋中心的距离之比；

$\sigma_s=172.7$MPa，受拉钢筋重心处的钢筋应力；

$E_s=210$GPa，钢筋的弹性模量；

$d=20$mm，受拉钢筋直径；

$$\mu_z=\frac{(\beta_1n_1+\beta_2n_2+\beta_3n_3)A_{s1}}{A_{c1}}$$

$$=\frac{(1.0\times3+0.85\times4+0.7\times36)\times0.000314}{0.1232}=0.0805$$

$$K_2=1+\alpha\frac{M_1}{M}+0.5\frac{M_2}{M}=1+0.3\times\frac{2406}{3936}+0.5\times\frac{1530}{3936}=1.378。$$

其中，α 对于带肋钢筋，$\alpha=0.3$；

$M_1=2406$kN·m，活载作用下的弯矩，见表 2-1；

$M_2=1530$kN·m，恒载作用下的弯矩，见表 2-1；

$M=3936$kN·m，全部计算荷载作用下的弯矩，见表 2-1。

其中，n_1、n_2、n_3 分别为单根、两根一束、三根一束的钢筋根数；β_1、β_2、β_3 分别为考虑成束钢筋系数；$A_{c1}=2\times0.088\times0.7=0.1232\text{m}^2$ 为与受拉钢筋相互作用的受拉混凝土面积；$A_{s1}=0.000314\text{m}^2$ 为单根钢筋截面积。

5. 腹板纵向水平钢筋设计

根据规范的规定，选用纵向水平钢筋 $\phi8$，间距 100mm。

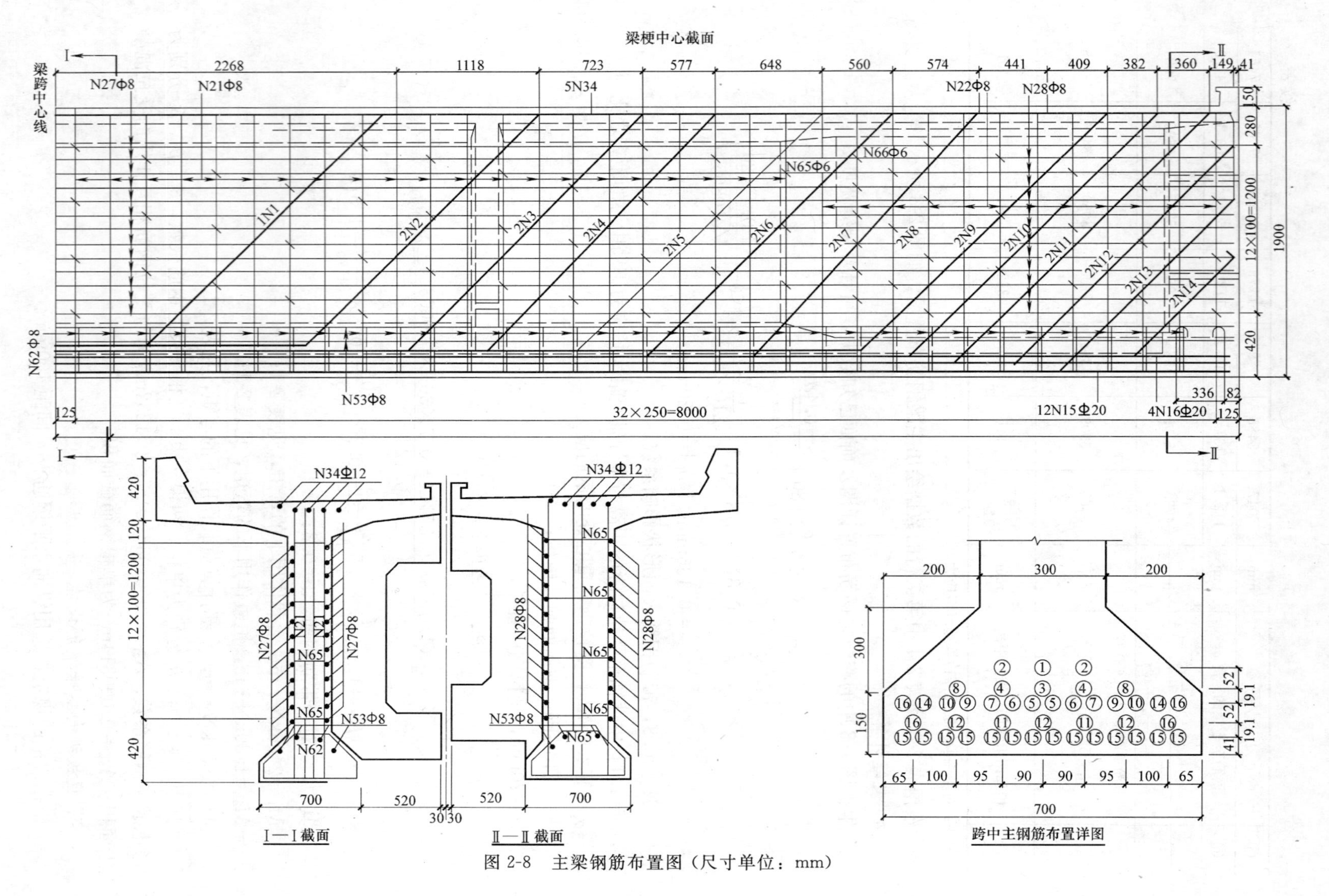

图 2-8 主梁钢筋布置图（尺寸单位：mm）

6. 挠度计算

为保证钢筋混凝土梁的使用性能，需进行挠度计算。

$L=16\text{m}$，由规范得，跨中挠度不大于 $L/800=\dfrac{16}{800}=0.02\text{m}$

由公式 $f=\dfrac{5}{48}\cdot\dfrac{ML^2}{EI}$

其中：M 为跨中弯矩，但不计冲击系数，$M=\dfrac{1}{2}\times119.4\times18.9+1530=2658\text{kN}\cdot\text{m}$；

$E=0.8E_c=0.8\times3.2\times10^4=2.56\times10^4\text{MPa}$

$$I=\frac{1}{3}\cdot b_f'\cdot x^3-\frac{1}{3}(b_f'-b)(x-h_f')^3+n\cdot A_s(h_0-x)^2$$

$$=\frac{1}{3}\times1.92\times0.693^3-\frac{1}{3}\times(1.92-0.3)\times(0.693-0.155)^3+15\times13502\times10^{-6}\times(1.812-0.693)^2=0.3825\text{m}^4$$

故
$$f=\frac{5}{48}\cdot\frac{ML^2}{EI}=\frac{5}{48}\times\frac{2658\times16^2\times10^{-3}}{2.56\times10^4\times0.3825}$$

$$=0.00724\text{m}<\frac{L}{800}=0.02\text{m}$$

所以跨中挠度满足要求。

2.6.4 道碴槽板的计算与设计

道碴槽板各部分主要尺寸见图 2-3，计算Ⅰ、Ⅱ、Ⅲ、Ⅳ四个截面上的内力并设计道碴槽板主筋，验算应力。

1. 道碴槽板内力计算

道碴槽板上的荷载分析如图 2-10 所示。外侧悬臂的截面Ⅱ分块计算，截面Ⅰ及内侧悬臂的截面Ⅲ、Ⅳ仅给出计算结果。碎石道碴的容重以 20kN/m^3 计，预应力钢筋混凝土轨枕及钢筋混凝土的容重以 25kN/m^3 计。图中人行道未标出。人行道支架及栏杆的重量以每延米 0.628kN 计，人行道步板的重量以每延米 1.665kN 计，人行道活载在距梁中心 2.45m 以内（即人行道 0.5m 以内）以 10kN/m^2 计，2.45m 以外以 4kN/m^2 计。因人行活载在距梁中心 2.45m 以内部分在列车限界以内，故不与列车荷载同时作用。

列车活载的作用宽度见图 2-10（d）、（e），其大小（取沿桥跨纵向长度为 1m 的道碴槽板计算）为：$p=\dfrac{250}{1.2\times3.08}=67.6\text{kN/m}$。式中 250kN 为特种荷载的轴重，1.2m 为纵向分布宽度，3.08m 为横向分布宽度。

其计算简图见图 2-9。

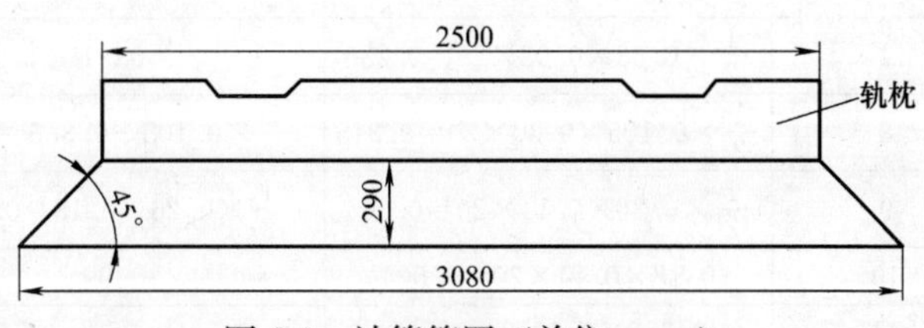

图 2-9 计算简图（单位：mm）

道碴槽板应力的控制截面为板肋交接处以及板厚度变化处。

其荷载组合情况如下：

内侧板按恒载＋列车活载计算；

外侧板按恒载＋列车活载＋桥梁中心 2.45m 以外的人行活载。

外侧悬臂板的冲击系数：$1+\mu=1+\frac{12}{30+0.49}=1.394$。内侧悬臂板的冲击系数：$1+\mu=1+\frac{12}{30+0.72}=1.391$。

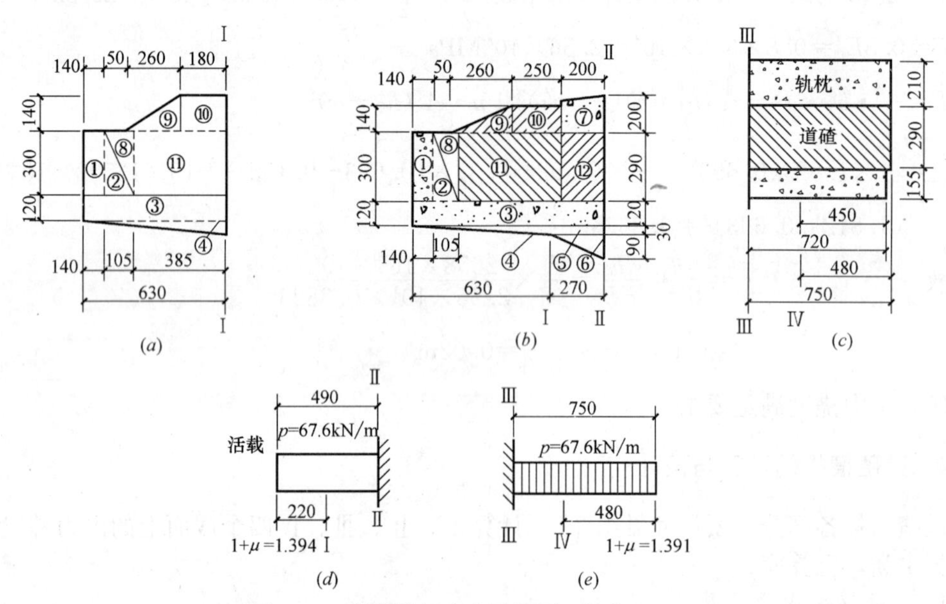

图 2-10　道碴槽板内力计算图（单位：mm）

取沿桥跨纵向长度为 1m 的板计算，内力计算列于表 2-5。

道碴槽板各截面内力计算表　　　　表 2-5

Ⅰ-Ⅰ截面计算表					
截面	项目		剪力(kN)	力臂(m)	弯矩(kN·m)
Ⅰ-Ⅰ	人行道支架及栏杆		0.628	0.05＋1.0＋0.63＝1.68	1.055
	人行道步板		1.665	0.5＋0.01＋0.63＝1.14	1.898
	人行道活载 0.5m 以外		0.55×4＝2.200	0.55/2＋0.5＋0.63＝1.405	3.091
	分块	1	0.14×0.3×25＝1.050	0.56	0.588
		2	$\frac{1}{2}$×0.105×0.3×25＝0.394	0.455	0.179
		3	0.63×0.12×25＝1.89	0.315	0.595
		4	$\frac{1}{2}$×0.63×0.03×25＝0.236	0.21	0.050
		8	$\frac{1}{2}$×0.105×0.30×20＝0.315	$\frac{1}{3}$×0.105＋0.385＝0.42	0.132
		9	$\frac{1}{2}$×0.26×0.14×20＝0.364	$\frac{1}{3}$×0.26＋0.18＝0.267	0.097
		10	0.18×0.14×20＝0.504	0.09	0.045
		11	0.385×0.3×20＝2.31	0.5×0.385＝0.193	0.446
	列车活载		1.394×67.6×0.22＝20.732	0.11	2.281
	总计		32.288		12.626

续表

Ⅱ-Ⅱ截面计算表

截面	项目		剪力(kN)	力臂(m)	弯矩(kN·m)
Ⅱ-Ⅱ	人行道支架及栏杆		0.628	0.05+1.0+0.9=1.95	1.225
	人行道步板		1.665	0.5+0.01+0.9=1.41	2.348
	人行道活载 0.5m 以外		0.55×4=2.200	0.55/2+0.5+0.9=1.675	3.685
	分块	1	0.14×0.3×25=1.050	0.83	0.872
		2	$\frac{1}{2}$×0.105×0.3×25=0.394	0.725	0.286
		3	0.12×0.9×25=2.700	0.45	1.215
		4	$\frac{1}{2}$×0.63×0.03×25=0.236	0.48	0.113
		5	0.03×0.27×25=0.203	0.5×0.27=0.135	0.027
		6	$\frac{1}{2}$×0.27×0.09×25=0.304	$\frac{1}{3}$×0.27=0.09	0.027
		7	0.20×0.20×25=1.000	0.10	0.100
		8	$\frac{1}{2}$×0.105×0.30×20=0.315	0.69	0.217
		9	$\frac{1}{2}$×0.26×0.14×20=0.364	0.267+0.27=0.537	0.195
		10	0.25×0.14×20=0.700	0.325	0.228
		11	0.455×0.30×20=2.730	0.428	1.168
		12	0.20×0.29×20=1.160	0.100	0.116
	列车活载		1.394×67.6×0.49=46.175	$\frac{1}{2}$×0.49=0.245	11.313
	总计		61.814		23.135

Ⅲ-Ⅲ截面计算表

截面	项目	剪力(kN)	力臂(m)	弯矩(kN·m)
Ⅲ-Ⅲ	列车活载	67.6×0.75×1.391=70.524	0.375	26.447
	轨枕	0.21×0.75×25=3.938	0.375	1.477
	道碴	0.25×0.75×20=3.75	0.375	1.406
	板	0.155×0.72×25=2.79	0.36	1.004
	总计	81.002		30.334

Ⅳ-Ⅳ截面计算表

截面	项目	剪力(kN)	力臂(m)	弯矩(kN·m)
Ⅳ-Ⅳ	列车活载	67.6×0.48×1.391=45.135	0.24	10.832
	轨枕	0.21×0.48×25=2.52	0.24	0.605
	道碴	0.29×0.48×20=2.784	0.24	0.668
	板	0.155×0.45×25=1.744	0.225	0.392
	总计	52.183		12.497

2. 道碴槽板受力钢筋设计

道碴槽板受力钢筋设计计算列于表 2-6。表中 h 值见图 2-3，b＝1000mm，HRB335 钢筋容许应力 $[\sigma_s]$＝180MPa，弯矩 M 取自表 2-5。

道碴槽板受力钢筋设计计算 **表 2-6**

顺序	截面	单位	Ⅰ	Ⅱ	Ⅲ	Ⅳ
1	高度 h	mm	150	240	240	150
2	估计保护层 a	mm	26	26	26	26
3	有效高度 h_0	mm	124	214	214	124
4	弯矩 M	kN·m	12.626	23.135	30.334	12.497
5	$r=\frac{[\sigma_s]bh_0^2}{M}$		219.20	356.31	271.75	221.47
6	查表 μ		0.51%	0.31%	0.41%	0.50%
7	必需钢筋截面积 $A_s \geqslant \mu bh_0$	mm²	632.4	663.4	877.4	620.0
8	选定钢筋实际 A_s	mm²	8.33Φ10@120 654	9.10Φ10@110 714	11.76Φ10@85 924	8.33Φ10@120 654

3. 应力及裂缝验算

应力验算列于表 2-7，钢筋容许应力 $[\sigma_s]$＝180MPa，截面Ⅰ、Ⅱ、Ⅲ、Ⅳ均在 180MPa 以下，满足要求。τ_0 本应按变截面计算，现偏安全地按常截面计算，均满足 $\tau_0 <[\sigma_{tp\text{-}2}]$＝0.73MPa。混凝土应力 $\sigma_c <[\sigma_b]$＝10MPa。

裂缝宽度验算也列于表 2-7，表中 r＝1.2，E_s＝210GPa，d＝10mm，K_1＝0.8，裂缝宽度容许值 $[w_f]$＝0.20mm，各截面均满足要求。

应力及裂缝宽度验算表 **表 2-7**

顺序	截面		Ⅰ	Ⅱ	Ⅲ	Ⅳ
1	实际 h_0	mm	124	214	214	124
2	实际 $\mu=A_s/bh_0$		0.527%	0.334%	0.432%	0.527%
3	查表 r		212.9	329.3	257.4	212.9
4	查表 β		6.88	8.13	7.39	6.88
5	$\sigma_s=r\cdot\frac{M}{bh_0^2}$	MPa	174.82	166.35	170.49	173.04
6	$\sigma_c=\beta\cdot\frac{M}{bh_0^2}$	MPa	5.65	4.11	4.89	5.59
7	查表 λ		0.891	0.910	0.900	0.891
8	$Z=\lambda h_0$	mm	110.48	194.74	192.6	110.48
9	V	kN	32.288	61.814	81.002	52.183
10	$\tau_0=V/bZ$	MPa	0.29	0.32	0.42	0.47
11	$\mu_Z=A_s/2ab$		0.0126	0.0137	0.0177	0.0126

续表

顺序	截　面		Ⅰ	Ⅱ	Ⅲ	Ⅳ
12	$80+(8+0.4d)/\sqrt{\mu_Z}$		186.90	182.52	170.20	186.90
13	M_1(活载弯矩)	kN·m	7.541	14.998	26.447	10.832
14	M_2(恒载弯矩)	kN·m	5.085	8.137	3.887	1.665
15	M(全部弯矩)$=M_1+M_2$	kN·m	12.626	23.135	30.334	12.497
16	$K_2=1+0.3\dfrac{M_1}{M}+0.5\dfrac{M_2}{M}$		1.381	1.370	1.326	1.327
17	$w_f=K_1K_2r\dfrac{\sigma_s}{E_s}\left(80+\dfrac{8+0.4d}{\sqrt{\mu_Z}}\right)$	mm	0.189	0.174	0.161	0.180

2.6.5 钢筋布置图

钢筋混凝土梁的设计，最后还须绘制设计施工图，以便按设计图进行制造及安装架设。钢筋布置图，如图 2-8 所示，图中仅绘出主梁钢筋布置图。本节主要介绍主梁钢筋布置图。钢筋布置图包括两个内容：一是钢筋布置图，二是钢筋数量表。

1. 钢筋布置图

图 2-8 所示为主梁钢筋布置图。将设计计算的弯起钢筋、伸入支座的钢筋、箍筋及纵向水平钢筋等，按比例绘成如图 2-8 所示的梁梗中心截面图。Ⅰ-Ⅰ截面表示跨中附近的主筋及箍筋布置，Ⅱ-Ⅱ截面表示梁端主筋及箍筋布置图。

2. 钢筋数量表

钢筋数量表为提供钢筋的形式、尺寸、全长及其根数。主梁钢筋数量列于表 2-8。表 2-8 中数据来源通过算例予以说明。

主梁钢筋数量表　　　　表 2-8

编号 N	图　示	直径 (mm)	每根长 (m)	数量	总长 (m)	总重 (kg)	备注
1	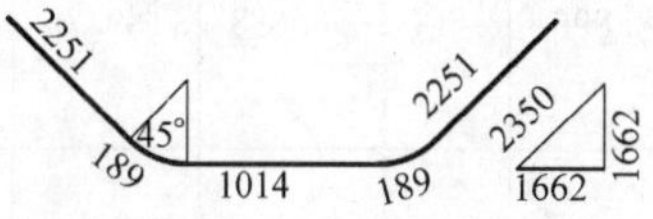 2251　45°　189　1014　189　2251　2350　1662　1662	Φ20	5.894	1	5.894	14.53	梁内主筋
2	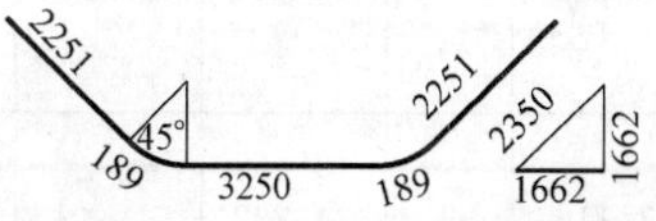 2251　45°　189　3250　189　2251　2350　1662　1662	Φ20	8.130	2	16.260	40.10	梁内主筋
3	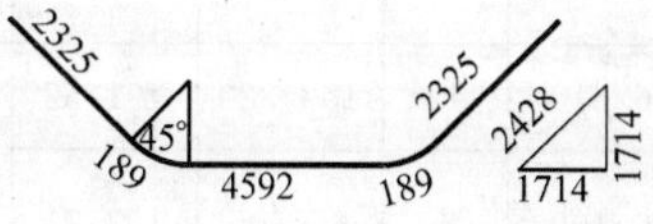 2325　45°　189　4592　189　2325　2428　1714　1714	Φ20	9.620	1	9.620	23.72	梁内主筋
4	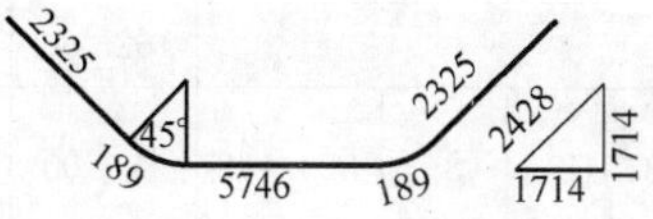 2325　45°　189　5746　189　2325　2428　1714　1714	Φ20	10.774	2	21.548	54.13	梁内主筋

续表

编号 N	图　示	直径 (mm)	每根长 (m)	数量	总长 (m)	总重 (kg)	备注
5	2325 45° 189 7004 189 2325 2428 1714 1714	Φ20	12.086	2	24.172	59.61	梁内主筋
6	2325 45° 189 8124 189 2325 2428 1714 1714	Φ20	13.206	2	26.412	65.13	梁内主筋
7	2325 45° 189 8124 189 2325 2428 1714 1714	Φ20	14.354	2	28.708	70.79	梁内主筋
8	2325 45° 189 8124 189 2325 2428 1714 1714	Φ20	15.220	2	30.440	75.07	梁内主筋
9	2325 45° 189 8124 189 2325 2428 1714 1714	Φ20	16.051	2	32.108	79.18	梁内主筋
10	2325 45° 189 8124 189 2325 2428 1714 1714	Φ20	16.818	2	33.636	82.95	梁内主筋
11	2425 45° 189 12352 189 2425 2524 1785 1785	Φ20	17.580	2	33.160	86.70	梁内主筋
12	157 300 76 1937 189 189 13200 R=100 300 157 76 1937 189 189 2524 1785 1785	Φ20	18.896	3	56.688	139.79	梁内主筋
13	157 300 477 1397 189 189 13964 R=100 300 157 477 1397 189 189 1595 1128 1128	Φ20	19.382	2	38.764	95.59	梁内主筋
14	918 189 14962 189 918 937 659 659	Φ20	17.116	2	34.232	84.42	梁内主筋
15	16440	Φ20	16.610	12	199.320	491.52	梁内主筋
16	16396	Φ20	16.600	4	66.400	163.75	梁内主筋
	Φ20 小计					1625.99	
21	144 1853	Φ8	3.918	84	329.112	130.00	腹板箍筋

续表

编号 N	图示	直径 (mm)	每根长 (m)	数量	总长 (m)	总重 (kg)	备注
22	239 1853	Φ8	4.013	48	192.624	76.09	腹板箍筋
27	11200	Φ8	11.268	26	292.968	115.72	腹板纵向水平筋
28	133.5 534 550 2780	Φ8	3.364	52	174.928	69.10	腹板纵向水平筋
Φ8 小计					989.632	390.91	
34	16460	Φ12	16.460	5	82.300	73.08	梁内架立筋
Φ12 小计					82.300	73.08	
53	16460	Φ8	16.460	4	65.840	26.01	下翼缘分布筋
62	190 190 240 269 100 269 129 129 622 190 190	Φ8	1.758	66	116.028	45.83	下翼缘箍筋
65	276	Φ6	0.351	72	25.272	5.61	腹板联系筋
66	466	Φ6	0.541	52	28.132	6.25	腹板联系筋

在说明算例之前，有必要了解钢筋构造的有关规定。

（1）钢筋的锚固规定

梁内的纵向受力钢筋，一部分弯起伸至受压区，一部分通过支承点，可能还有一部分在受拉区被截断。它们自不受力处算起都需要有一定的锚固长度，以避免钢筋被拔出。《桥规》列出了对钢筋的锚固规定，见表 2-9。

钢筋的最小锚固长度　　表 2-9

<table>
<tr><th rowspan="2">钢筋类型</th><th rowspan="2" colspan="3">锚固条件</th><th colspan="2">混凝土强度等级</th></tr>
<tr><th>C25</th><th>C30～C60</th></tr>
<tr><td rowspan="8">Q235</td><td colspan="3">受压钢筋</td><td colspan="2">30d 或(10d＋直钩)</td></tr>
<tr><td colspan="3">受拉构件钢筋</td><td>25d＋半圆钩</td><td>20d＋半圆钩</td></tr>
<tr><td colspan="2" rowspan="2">受弯及偏心受压构件中的受拉钢筋</td><td>锚于受压区</td><td colspan="2">10d＋直钩</td></tr>
<tr><td>锚于受拉区</td><td colspan="2">20d＋半圆钩</td></tr>
<tr><td rowspan="3">弯起钢筋</td><td colspan="2">伸入受压区长度不小于 20d</td><td colspan="2">不设与纵筋平行的直段，端部采用直钩</td></tr>
<tr><td colspan="2">伸入受压区长度小于 20d</td><td colspan="2">设与纵筋平行的长度为 10d 直段，并加直钩</td></tr>
<tr><td colspan="2">锚于受拉区</td><td colspan="2">25d＋半圆钩</td></tr>
<tr><td colspan="3">受压钢筋</td><td colspan="2">25d 或(15d＋直钩)</td></tr>
<tr><td rowspan="7">HRB335</td><td colspan="3">受拉构件钢筋</td><td>30d＋直钩</td><td>25d＋直钩</td></tr>
<tr><td colspan="2" rowspan="2">受弯及偏心受压构件中的受拉钢筋</td><td>锚于受压区</td><td colspan="2">15d</td></tr>
<tr><td>锚于受拉区</td><td colspan="2">25d＋直钩</td></tr>
<tr><td rowspan="3">弯起钢筋</td><td colspan="2">伸入受压区长度不小于 25d</td><td colspan="2">不设与纵筋平行的直段</td></tr>
<tr><td colspan="2">伸入受压区长度小于 25d</td><td colspan="2">设与纵筋平行的长度为 20d 直段</td></tr>
<tr><td colspan="2">锚于受拉区</td><td colspan="2">25d＋直钩</td></tr>
</table>

（2）钢筋的弯钩与弯曲

钢筋标准弯钩如图 2-11 所示。《桥规》规定，光圆钢筋端部半圆形弯钩的内径不得小于 $2.5d$（直钩的半径不得小于 $2.5d$），并在钩的端部留一直段，其长度不小于 $3d$。有关直钩的规定，也适用于带肋钢筋。

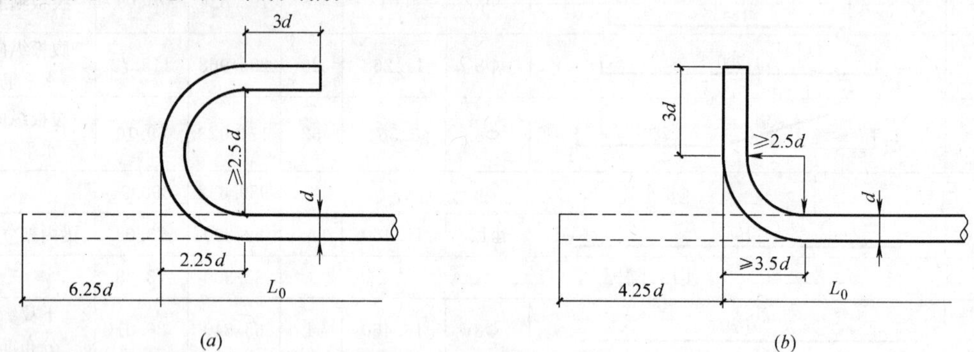

图 2-11　钢筋标准弯钩图

（a）半圆钩；（b）直钩

在钢筋布置图中，钢筋的纵向尺寸 l_0 应量至弯钩的外边缘，并在钢筋尺寸图中注明 l_0 的长度。钢筋的全长则包括弯钩圆弧段及端部的直段，故应在 l_0 之外加一个长度，每一个标准半圆钩的长度：

$$3d+\frac{\pi\times 3.5d}{2}-2.25d=6.25d \tag{2-1}$$

每一个标准直钩的长度为：

$$3d+\frac{2\pi\times 3d}{4}-3.5d\approx 4.25d \tag{2-2}$$

纵向受力钢筋需弯起时，其弯曲半径不宜过小，宜避免在弯转处的钢筋混凝土受到过大的局部压力而被压碎，如图 2-12 所示。《桥规》规定的最小弯曲半径 R：Q235 钢筋为 $10d$，HRB335 钢筋为 $12d$（d 为钢筋直径，以 mm 计）。

图中 T 与 S 分别表示切线长度与圆弧段长度。

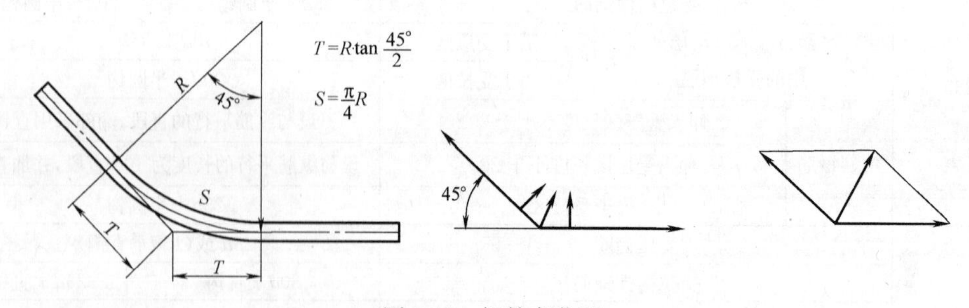

图 2-12　钢筋弯曲图

（3）算例

例一、表 2-8 中 N_1 钢筋长度计算

表 2-8 中的 N_1～N_{11} 钢筋形状相似，均可按图 2-13 计算。

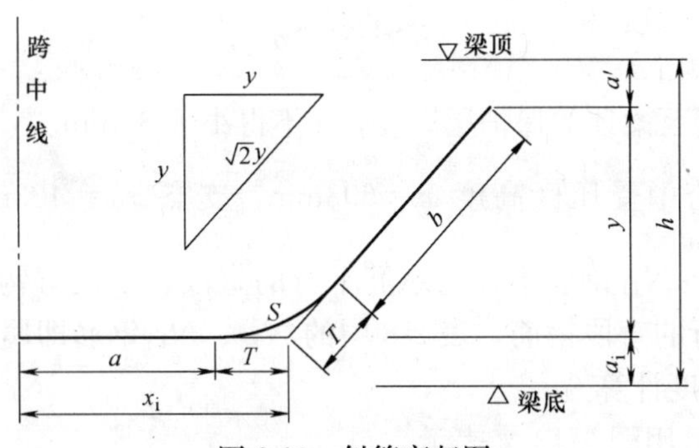

图 2-13　斜筋弯起图

N_1的全长为 l：

$$l=2(a+S+b)=2\times507+189+2251=5894\text{mm}$$

式中　a——水平直段长，$a=x_i-T=606-99=507$mm，其中 T 为切线长，

$T=R\cdot\tan\dfrac{45°}{2}=240\times\tan\dfrac{45°}{2}=99$mm；

S——圆弧段长，$S=\dfrac{\pi R}{4}=\dfrac{\pi\times240}{4}=189$mm；

b——斜段长，$b=\sqrt{2}y-T-\sqrt{2}\times1662-99=2251$mm。其中，$y$ 为斜筋弯起高度，

$y=h-a_i-a'=1900-183.2-55=1662$mm。$h$ 为梁高，a_i 为弯起主筋至梁下边缘的距离（见表 2-3 中第⑥行），a'为弯起主筋至梁顶的距离，标准设计中统一采用 55mm。a'的计算分为两种情况，如图 2-14 所示。在图 2-14（a）中，$a'=20+d_1+d_2+\dfrac{d}{2}$；在图 2-14（$b$）中，$a'=20+d_1+\dfrac{d}{2}$（其中 d_1 为箍筋的外径，单位以 mm 计；d_2 为架立钢筋的直径，单位以 mm 计；d 为主筋的外径，单位以 mm 计）。对于本梁箍筋采用Φ8 的光圆钢筋，架立钢筋采用Φ12 的带肋钢筋，主筋为Φ20 的带肋钢筋，在图 2-14（a）中，$a'=20+9+12+\dfrac{22}{2}=52$mm，在图 2-14（$b$）中，$a'=20+9+\dfrac{22}{2}=40$mm。本梁的计算考虑到与标准图中的钢筋设计一致，也均采用 $a'=55$mm。

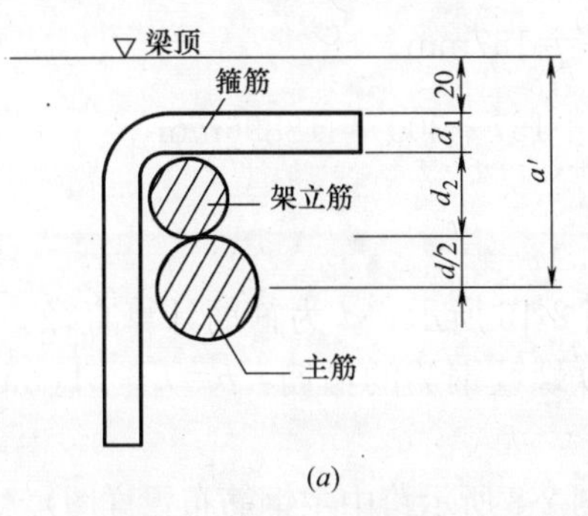

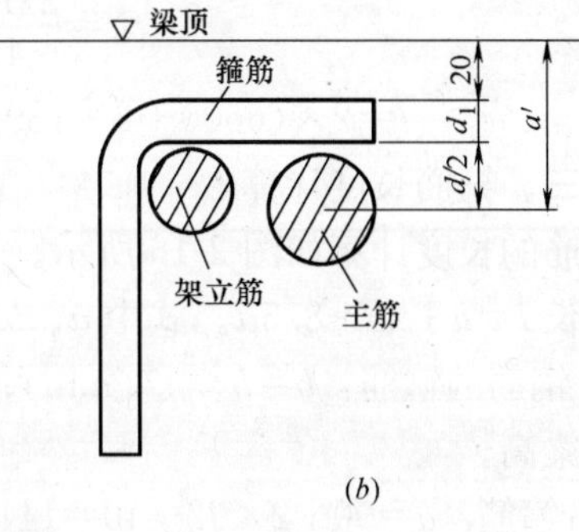

图 2-14　a'计算图

本梁中$N_1\sim N_{11}$钢筋均满足表 2-9 的规定：弯起钢筋伸到压力区的钢筋长度均大于规定的锚固长度 $20d$，即不设与纵筋平行的直段，不设弯钩。此时受压区高度 x 必须满足：

$$x \geqslant \frac{20d}{\sqrt{2}} + a' \tag{2-3}$$

式中　a'——钢筋顶端至梁顶的保护层厚度，a'不得小于30mm。

前边已经计算：跨中受压区高度 $x=693$mm，支点 $x_0=403$mm，均大于$\frac{20\times20}{\sqrt{2}}+55=338$mm。所以$N_1\sim N_{11}$钢筋不设与纵筋平行的直段，不设弯钩。若不满足式（1-3），则必须设置与纵筋平行的直段钢筋，表2-8中的N_{12}、N_{13}钢筋即属此种情况。

例二、N_{12}钢筋长度计算

N_{12}、N_{13}钢筋均可用图2-13来表示。

N_{12}钢筋全长及各段长度计算：

全长 $l=2(a+2S+b+c+S_1+15d)$（式中各符号的意义见图2-15）。

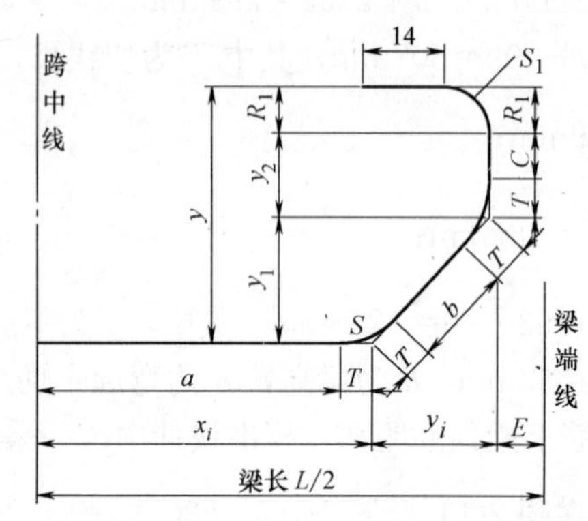

图2-15　斜筋弯起图

$$y=1900-60.1-55=1785\text{mm}$$

$$y_i=8250-x_i-E=8250-6699-41=1510\text{mm}$$

$$y_2=1785-100-1510=175\text{mm}$$

$$a=x_i-T=6699-99=6600\text{mm}$$

$$b=\sqrt{2}y_i-2T=\sqrt{2}\times1510-2\times99=1937\text{mm}$$

$$c=y_2-T=175-99=76\text{mm}$$

$$S_i=\frac{2\pi R_i}{4}=\frac{2\pi\times100}{4}=157\text{mm}$$

$$l=2\times(6600+2\times189+1937+76+157+300)=18896\text{mm}$$

例三、箍筋长度计算

箍筋的长度计算如图2-16所示。

全长 $l=a+2b+8.5d$。式中 a、b 的意义见图2-16所示，d 为箍筋计算直径。一般对于用Φ8钢筋的箍筋：$b=h-47$(mm)；对于用Φ10螺纹钢筋的箍筋：$b=h-54$(mm)，式中 h 为梁高。

N_{21}箍筋：$a=90+2\times22+10=144$mm（参见图2-8所示跨中主钢筋布置详图）。

$B=1900-47=1853$mm。

全长 $l=144+1853\times2+8.5\times8=3918$mm。

N_{22}箍筋：$a=95+90+22\times2+10=239$mm，参见图2-8所示。$b=1853$mm。

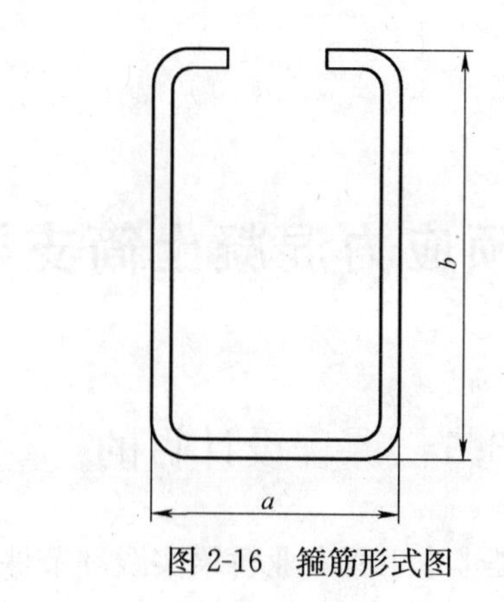

图 2-16　箍筋形式图

全长 $l=239+1853\times2+8.5\times8=4013\text{mm}$

参 考 文 献

［1］ 彦鹏主编．混凝土结构设计［M］．上海：同济大学出版社，2004.
［2］ 范立础主编．桥梁工程［M］．北京：人民交通出版社，2004.
［3］ 黄棠，等．结构设计原理（上册）［M］．北京：中国铁道出版社，2000.
［4］ 谢幼藩，车惠民，何广汉，等．铁路钢筋混凝土桥［M］．北京：中国铁道出版社，1984.

第3章 铁路预应力混凝土简支梁课程设计

3.1 课程设计目的

“预应力混凝土课程设计”是土木工程专业桥梁实践环节课，是一门重要的专业设计基础课，起着承上启下的作用。要求学生利用《铁路桥涵设计基本规范》（TB 10002.1—2005）和《铁路桥涵钢筋混凝土和预应力混凝土结构设计规范》（TB 1002.3—2005）等，完成预应力钢筋混凝土梁的结构设计。

通过本课程设计的练习，应能运用建筑材料、材料力学、结构力学，以及预应力混凝土结构设计原理的知识，掌握预应力工程结构的基本构件的计算理论和方法，培养设计动手能力，熟练运用桥涵设计规范，估算工程材料数量，以及训练工程制图能力。通过分析研究工作，培养学生科学研究的能力，使其初步具备对桥梁结构的分析及设计能力。

3.2 课程设计基础

1. 先修课程

为了完成任务书规定的内容，必须完成以下专业基础必修课：

(1)《工程制图》。

(2)《材料力学》和《结构力学》。

(3)《混凝土结构设计原理》。

(4)《建筑材料》或《道路建筑材料》。

2. 基本要求

通过前续课程的学习，在进行本课程设计之前，掌握预应力混凝土结构的材料特点、基本构件的构造和计算方法；了解荷载组合；掌握预应力筋的配筋原理、布置方法和各项预应力损失计算方法；掌握绘制工程图纸的相关知识；掌握桥梁工程现行规范的制定原理；初步学会运用规范。

3. 设计依据

(1)《铁路桥涵设计基本规范》（TB 10002.1—2005）。

(2)《铁路桥涵钢筋混凝土和预应力混凝土结构设计规范》（TB 10002.3—2005）（以下简称《桥规》）。

3.3 课程设计任务书范例

1. 设计工程名称

预应力混凝土简支梁设计。

2. 设计基本条件（工程说明、工程背景）

按教师指定的荷载类型、梁的计算跨度和截面类型，进行预应力混凝土简支梁结构设计。

3. 设计内容及要求

（1）依据附件资料，选定主梁的结构形式及主要尺寸。

（2）主梁内力计算。

按照主力和附加力组合的情况，算出在各个截面处的弯矩和剪力的最大值和最小值。

（3）预应力钢束的估算及其布置。

设计开始时首先确定每束钢束的张拉控制应力，然后再参考已有设计资料等估计或假定预应力钢筋的数量，即可对跨中截面和沿跨度方向对预应力钢筋进行布置。设计过程要密切结合规范进行。

（4）钢束预应力损失计算：

1）预应力钢束与孔道壁之间的摩擦损失。

2）锚具变形、钢束回缩引起的预应力损失。

3）混凝土弹性压缩引起的损失。

4）由钢束应力松弛引起的损失。

5）混凝土收缩和徐变引起的损失。

（5）主梁截面验算：

1）验算主梁正截面强度。

2）验算主梁正截面抗裂性。

3）完成正截面混凝土压应力和预应力筋拉应力验算。

（6）绘制预应力混凝土梁的构造图、主梁预应力钢筋束布置图、普通钢筋的布置图。

重点：主梁预应力束的配筋计算和各项检算。

难点：内力计算、预应力束配筋和预应力损失计算。

3.4 课程设计方法与步骤

1. 设计步骤

预应力混凝土梁，除应检算其正截面的强度外，还应检算其斜截面的强度。一般来说，其设计步骤大致如下：

（1）假定梁体截面尺寸，计算由于自重、恒载（钢轨及配件、轨枕、道碴、人行道等）、活载产生于跨间各截面（一般为跨中、跨度 1/4 处和端部腹板厚度变化处，以及其他各需要检算的截面）的弯矩和剪力。

（2）根据跨中的最大弯矩，选定跨中截面的预应力筋数量和排列，计算跨中正截面的强度并初步检算跨中抗裂性（可先假定或估算有效预应力值）。

（3）进行全梁预应力筋的布置，以确定预应力钢筋沿跨长的位置，计算截面特性。

（4）计算各项预应力损失，以确定有效预应力值。再按此值正式校核各截面的抗裂性，并检算正截面强度。

（5）计算各有关截面在运营状态下的正应力、剪应力和主拉应力以及斜截面（主拉应力方向）的抗裂性。

（6）计算锚具下直接承压部位的局部承压强度及抗裂性。

（7）计算运营状态下梁的挠度和张拉完毕预加应力阶段的上拱度。

一个正确的设计，往往需要经过多次反复的计算比较，才能最后确定合适的截面尺寸和配筋。

2. 注意的问题

课程设计进行中须注意以下几点：

（1）主梁梁高在合理范围内选择，可参考标准梁高。

（2）内力计算时，列车活载要考虑冲击系数。内力组合时，注意对分片式梁的恒、活载都应分片计入。道碴槽板的外侧板检算时要考虑最不利的荷载组合情况。

（3）钢筋的布置要符合构造要求，钢筋布置图要标明主要尺寸。

（4）斜筋设计可以采用公式计算，但还要用作图法来校核。

（5）检算项目要依据相关规范的要求。因为限于篇幅，本算例只给出主要检算项目。

（6）图纸绘制要注意尺寸标注的比例、字体格式及大小等。

3.5 课程设计要求

1. 能力培养要求

本课程设计主要培养学生在预应力混凝土梁设计方面的实践能力。培养学生综合应用所学知识，分析问题和解决问题的能力，培养严肃认真的科学态度，严谨求实的工作作风。学生完成本课程设计后，应该对相关的结构设计规范和标准图集的框架内容有所了解和掌握，能够熟练运用已学的专业知识，借助结构设计规范和标准图集，独立完成预应力混凝土梁的结构设计和检算，并绘制出规范、清晰的结构施工图。

2. 设计说明书的要求

按照前面所述的设计步骤，完成一份完整的预应力混凝土梁的设计计算书。计算书所要包含的主要内容有：

（1）设计资料；

（2）梁体截面尺寸的选定以及预应力钢筋的布置；

（3）截面特性、荷载及内力计算；

（4）预应力钢筋预应力计算；

（5）钢束预应力损失计算；

（6）主梁控制截面检算。

3. 设计图纸的要求

要求图纸能够清晰表达设计者的设计思路和设计意图，图面干净整洁、内容丰富，图面布置合理美观，符号和标注符合制图的一般规定。所有图纸均采用A3图纸绘制。

图纸至少包括以下内容：

（1）预应力混凝土梁的立（剖）面图，平（剖）面图；

（2）主梁跨中及支座截面的结构配筋图；

（3）$L/2$ 跨内的弯起钢筋布置图。

以上工程图纸可以手绘或计算机绘制，绘图比例自定。

4. 考核方法

要求勤学好问、独立完成；计算正确，书写工整。

总评成绩分为优、良、中、及格和不及格五个等级，按照计算书成绩、图纸成绩以及质疑三个方面综合评定。计算书成绩占 30%，图纸成绩占 30%，质疑成绩占 40%。

质疑方式：当面提问或开卷考试。

注意：一旦发现抄袭、雷同及解释不清的现象，则按作弊处理。

5. 设计时间安排（以表格形式）

本课程设计总时间为一周，设计进度安排详见下表所示：

时间安排	设计进度安排
第一天	结构尺寸拟定及道碴槽板的检算
第二天	主梁的荷载计算、内力计算、预应力钢束的布置及各项检算
第三天	
第四天	绘制工程图并编写课程设计计算书
第五天	
第六天	提交成果、参加质疑

3.6 铁路预应力混凝土简支梁设计例题

3.6.1 设计资料

1. 设计荷载

铁路列车竖向静活载必须采用中华人民共和国铁路标准活载，即“中－活荷载”。标准活载的计算图示见图 3-1。

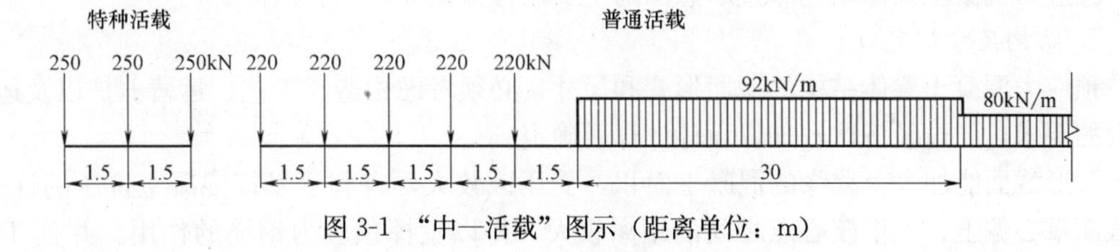

图 3-1 “中—活载”图示（距离单位：m）

2. 梁长

计算跨度 $L=32.2\text{m}$，梁全长 $L_0=32.8\text{m}$，直线梁。

3. 材料

预应力钢绞线为 7Φ5，混凝土强度等级 C50。

4. 混凝土及钢绞线的各项基本数据及安全系数

（1）7Φ5 钢绞线

1）公称直径：$d=15.2\text{mm}$。

2）面积：$A=139\text{mm}^2$。

3）抗拉强度标准值：$f_{pk}=1860\text{MPa}$；

抗拉强度设计值：$f_p=0.9f_{pk}=0.9\times1860=1674\text{MPa}$。

4）弹性模量：$E_p=1.95\times10^5\text{MPa}$。

（2）C50混凝土：

1）极限抗压强度：$f_c=33.5\text{MPa}$；

2）极限抗拉强度：$f_t=3.10\text{MPa}$；

3）弹性模量：$E_c=3.55\times10^4\text{MPa}$。

（3）非预应力钢筋

非预应力钢筋采用HRB335和Q235钢筋，直径分别为16mm和12mm两种。

（4）设计安全系数

1）强度安全系数：主力作用时，$K=2.0$；

主力和附加力共同作用时，$K=1.8$。

2）抗裂安全系数：$K_f=1.2$；

对安装荷载：$K_f=1.1$。

5. 基本构造参数：

预应力轨枕长度：2.5m；

轨枕下道碴厚度：0.29m；

挡碴墙高：0.3m；

道碴及线路设备、人行道等活载（一片梁）：19.6kN/m；

混凝土容重：25kN/m^3；

道碴容重：20kN/m^3。

以上数据均查自《桥规》。

3.6.2 梁体截面尺寸的选定以及预应力钢筋的计算

1. 全长结构布置示意图

预应力混凝土梁体结构布置示意图的主要尺寸如图3-2所示。

2. 结构尺寸拟定

预应力混凝土梁体结构的截面形式和尺寸，必须考虑构造、工艺、运营养护以及运输架设的要求，经过经济比较加以设计计算后确定。

T形截面能加大上翼缘的混凝土面积，受压区较大，有利于发挥混凝土抗压的性能；且截面重心偏上，上下核心点之间的距离较大，得以发挥预应力钢筋的作用。并且T形截面的表面积较小，模板可两侧安放，拆装方便，故选梁截面形式为T形。

预应力混凝土简支梁桥的主梁高度按截面形式、主梁片数及建筑高度要求，可在较大范围内变化。对于常用的等截面简支梁，其高跨比可在1/15～1/11内选取，通常随跨径增大而取较小值，随梁数减少而取较大值，从经济观点出发，当桥梁建筑高度不受限制时，采用较大的梁高显然是有利的，因为加高腹板使混凝土量增加不多，而节省预应力筋数量较多。

梁的上翼缘宽度主要取决于线路的要求；下翼缘的尺寸，则受预应力筋的布置及传力锚固阶段的应力状态所控制。为适应预应力筋布置的要求，T形梁的下翼缘一般要扩大成

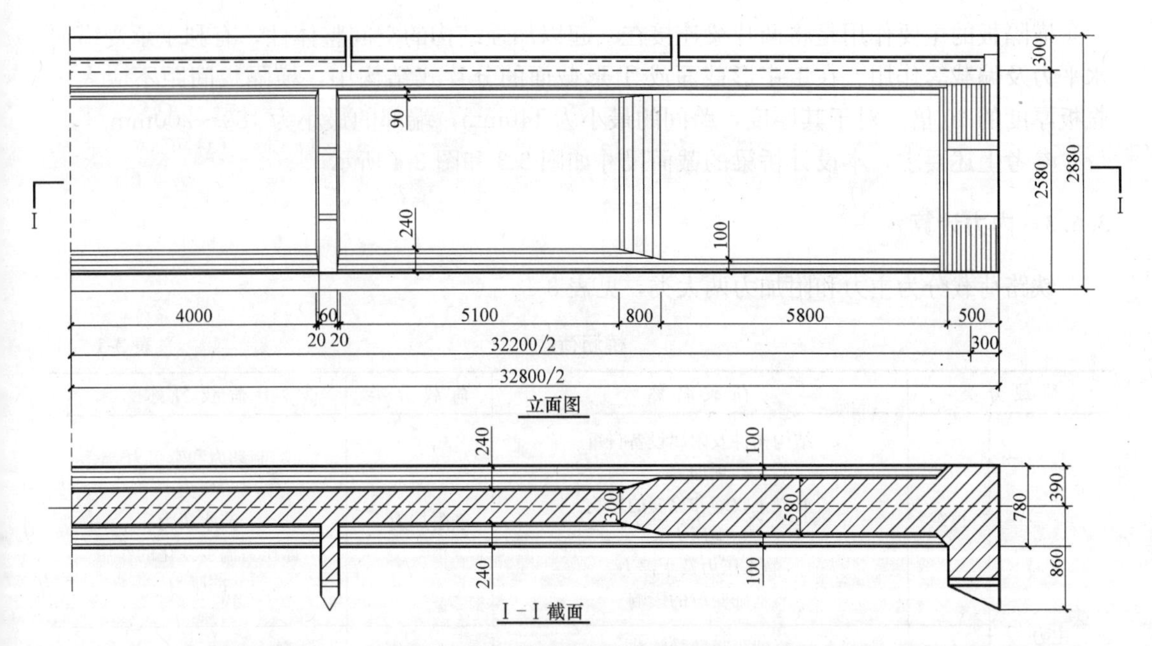

图 3-2 预应力混凝土梁体结构布置示意图（单位：mm）

马蹄形。马蹄宽度约为肋宽的 2～4 倍，并注意马蹄部分的孔道保护层厚度不宜小于 60mm。马蹄部分的斜坡应大于或等于 45°。但是马蹄部分不宜过高、过大，否则会降低截面形心。下翼缘最小厚度除端部外，不得小于 150mm。

梁的腹板，其厚度主要应根据剪应力和主拉应力的大小，同时又要考虑到预应力钢筋的布置来确定。对于后张法预应力桥梁，预应力钢筋沿跨度方向，逐步由跨中向两端弯起，而这些钢筋大都布置在腹板内，所以腹板厚度又受这些预应力钢筋布置的制约。《桥规》规定，腹板厚度不得小于 140mm；此外，梁的上下翼缘梗肋之间的腹板高度，当腹板内有预应力箍筋时，不应大于腹板厚度的 20 倍，当无预应力箍筋时，不应大于腹板厚度的 15 倍。同时，对于变截面的预应力混凝土 T 形梁，端部腹板加厚程度及加厚区段长度，视端部应力状态而定，一般长度在 1.5～1.8m。下翼缘垂直高度加高区段的长度需根据钢筋抬高位置而定。

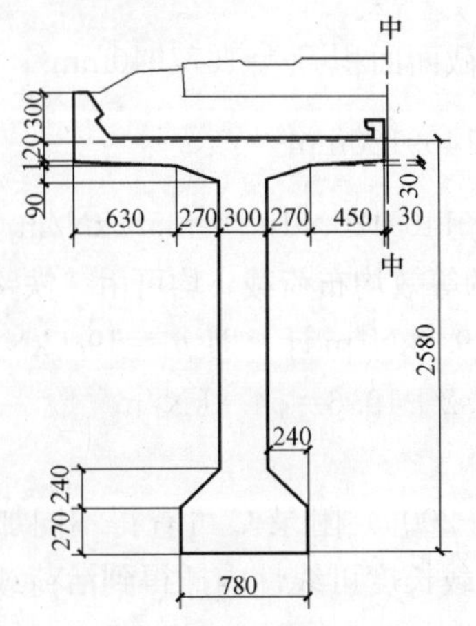

图 3-3 梁跨中截面尺寸图（单位：mm）

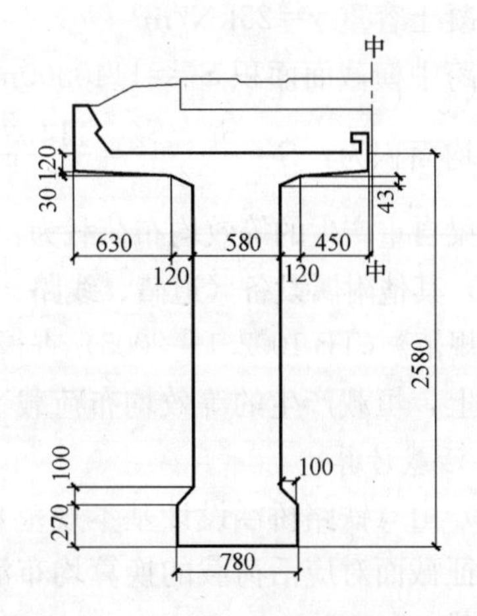

图 3-4 支座截面尺寸图（单位：mm）

横隔板的主要作用是将两片梁连接在一起以加强结构的空间整体性，有利于承受横向水平力及偏载等作用。在工字形截面或T形截面的分片式结构中，横隔板间距不应大于腹板厚度的30倍。对于其厚度，跨间的最小为140mm，端部的最小为180～200mm。

参考上述要求，本设计桥梁的截面尺寸如图3-3和图3-4所示。

3.6.3 内力计算

铁路荷载分为主力和附加力两大类，见表3-1。

桥涵荷载 **表3-1**

荷载分类		荷载名称	荷载分类	荷载名称
主力	恒载	结构构件及附属设备自重 预加力 混凝土收缩和徐变的影响 土压力 静水压力及水浮力 基础变位的影响	附加力	制动力和牵引力 风力 流水压力 冰压力温度变化的作用 冻胀力
	活载	列车竖向静活载 列车竖向动力作用 长钢轨纵向水平力(伸缩力和挠曲力) 离心力 横向摇摆力 活载土压力 人行道人行荷载	特殊荷载	列车脱轨荷载 船只或排筏的撞击力 施工临时荷载 地震作用 长钢轨断轨力

桥梁设计时，应仅考虑主力与一个方向（顺桥或横桥方向）的附加力相组合。根据各种结构的不同荷载组合，应将材料基本容许应力和地基容许承载力乘以不同的提高系数。对预应力混凝土结构中的强度和抗裂性计算，应采用不同的安全系数，具体见《铁路桥涵设计基本规范》（TB 10002.1—2005）中关于荷载组合的规定。

1. 恒载计算

（1）自重

混凝土容重 $\gamma=25\text{kN/m}^3$

梁跨中横截面面积 $S_1=1140300\text{mm}^2$，梁端部横截面面积 $S_2=1677940\text{mm}^2$

平均面积为：$S=\dfrac{S_1+S_2}{2}=\dfrac{1140300+1677940}{2}=1409120\text{mm}^2$

由梁自重产生的等效均布荷载为：$p_1=\gamma\cdot S=25\times1409120\times10^{-6}=35.2\text{kN/m}$

（2）其他附属设备（道碴、线路、人行道）产生的等效均布荷载，均可由《铁路桥涵设计基本规范》（TB 1002.1—2005）查得，这里每片按19.6kN/m计，即 $p_2=19.6\text{kN/m}$

综上，恒载产生的等效均布荷载 $p=p_1+p_2=35.2+19.6=54.8\text{kN/m}$

2. 活载计算

（1）由《铁路桥涵设计基本规范》（TB 1002.1—2005）附录C可查得不同加载长度下各特征截面对应活荷载的换算均布活载，不同的加载长度可线性内插得到活荷载的换算均布活载。

依据题目要求，取跨中、$L/4$ 及变截面（距支座 6.8m 处）为特征截面，计算梁的剪力 Q、弯矩 M，按《铁路桥涵设计基本规范》（TB 1002.1—2005）附录 C 中数据线性内插得到各特征截面的活荷载换算均布荷载见表 3-2 所示。

不同加载长度下各特征截面活载的换算均布荷载（单位：kN/m）　　表 3-2

加载长度	端部	距支点 6.8m 处	$L/4$ 处	$L/2$ 处
(m)	K_0	$K_{0.21}$	$K_{0.25}$	$K_{0.5}$
16	137.7	126.0	123.8	119.4
16.1	137.5	125.8	123.6	119.1
18	133.2	122.4	120.3	114.2
24.0	123.7	114.0	112.2	104.0
24.15	123.5	113.8	112.0	103.8
25.0	122.5	112.8	111.0	102.5
25.4	122.1	112.4	110.6	102.2
30.0	117.8	108.4	106.6	99.2
32	116.2	107.0	105.3	98.4
32.2	116.1	106.9	105.2	98.3
35	114.3	105.1	103.3	97.3

（2）活载冲击系数

依据《铁路桥涵设计基本规范》（TB 1002.1—2005）第 4.3.5 条规定：列车竖向活载包括列车竖向动力作用，该列车竖向活载等于列车竖向静活载乘以动力系数 $1+\mu$，其动力系数应按下列公式计算（对于本题，应与第（3）条对应）：

钢筋混凝土、混凝土、石砌的桥跨结构及涵洞、刚架桥，其顶上填土厚度 $h\geqslant 1\text{m}$（从轨底算起）时，不计列车竖向动力作用。当 $h\leqslant 1\text{m}$ 时，

$$1+\mu=1+\alpha\left(\frac{6}{30+L}\right)$$

式中，$\alpha=4(1-h)$；L 为梁计算跨度，$L=32.2\text{m}$。对于本算例，取 $h=0.5$，可得 $\alpha=2$。所以，$1+\mu=1+\alpha\left(\frac{6}{30+L}\right)=1+2\times\left(\frac{6}{30+32.2}\right)=1.193$。

（3）计算截面弯矩、剪力影响线（图 3-5、图 3-6）

活载与恒载的力矩影响线面积 A 均按下式计算：$A=\frac{\alpha}{2}(1-\alpha)L^2$

活载与恒载的剪力影响线面积 A 均按下式计算，且取两者的较大值。

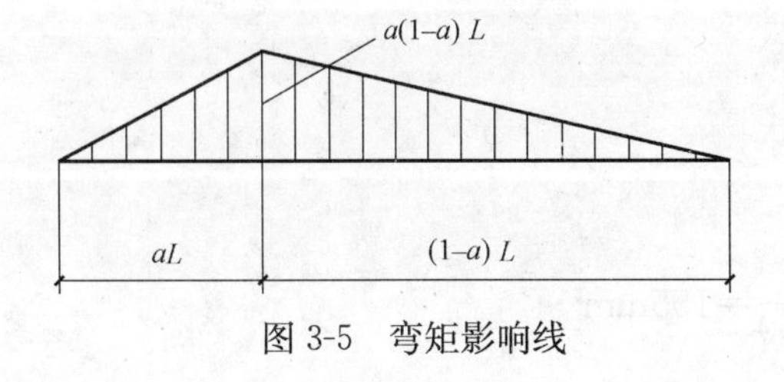

图 3-5　弯矩影响线

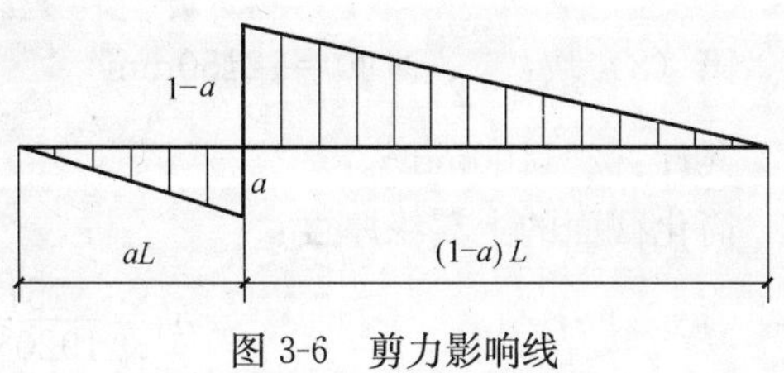

图 3-6　剪力影响线

$$\Lambda'_1=\frac{L(1-\alpha)^2}{2},\ \Lambda'_2=\frac{\alpha^2}{2}L$$

（4）内力计算

内力计算见表 3-3。

内力计算表 **表 3-3**

项目	计算截面	加载长度（m）	换算均布荷载 K（kN/m）	活载强度 $q=\frac{1+\mu}{2}K$（kN/m）	影响线面积 Ω（m^2）或（m）	恒载作用下 $M_q=q\Omega$ $Q_q=q\Sigma\Omega$（kN·m）或（kN）	活载作用下 $M_p=p\Omega$ $Q_p=p\Sigma\Omega$（kN·m）或（kN）	$M=M_p+M_q$ $Q=Q_p+Q_q$（kN·m）或（kN）
弯矩	$L/2$	32.2	98.3	55.1	129.6	7102.1	7141.0	14243.1
	$L/4$	32.2	105.2	58.9	97.2	5326.6	5725.1	11051.7
	距支点 6.8m	32.2	106.9	64.0	86.5	4740.2	5536.0	10276.2
剪力	$L/2$	16.1	119.1	66.6	4.0	219.2	266.4	485.6
	$L/4$	24.2	112.0	62.7	9.1	498.7	570.6	1069.3
	距支点 6.8m	25.4	112.4	64.5	10.0	548.0	645.0	1193.0

以上荷载均是加在单片梁上的。

3.6.4 预应力筋计算

1. 跨中截面图形的简化

将图 3-7 所示主梁截面的上翼缘按面积相等、宽度不变的原则简化为矩形截面（三角形垫层及挡碴墙不计入）。

原来的面积：

第（1）块：$720\times120=86400\text{mm}^2$

第（2）块：$900\times120=108000\text{mm}^2$

第（3）块：$\frac{450}{2}\times30=6750\text{mm}^2$

第（4）块：$\frac{630}{2}\times30=9450\text{mm}^2$

第（5）块：$270\times30=8100\text{mm}^2$

第（6）块：$270\times30=8100\text{mm}^2$

第（7）块：$\frac{270}{2}\times90=12150\text{mm}^2$

第（8）块：$\frac{270}{2}\times90=12150\text{mm}^2$

共计：251100mm^2。

简化截面的上翼缘厚度：

$$h'_f=\frac{251100}{1920-300}=155\text{mm}$$

主梁跨中截面简化图如图 3-8 所示。

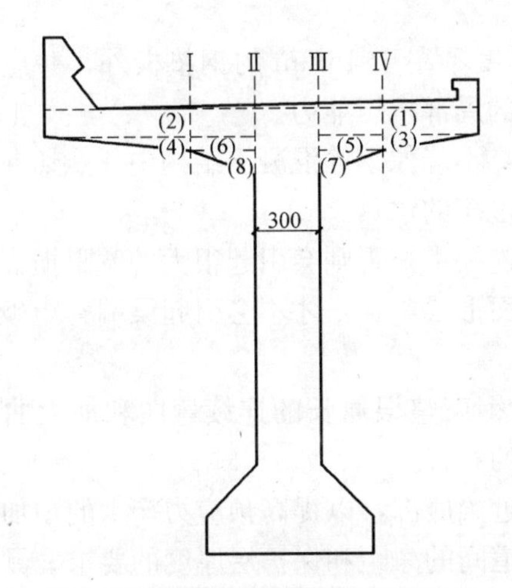

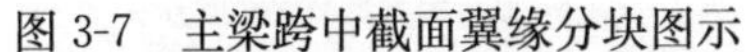

图 3-7　主梁跨中截面翼缘分块图示

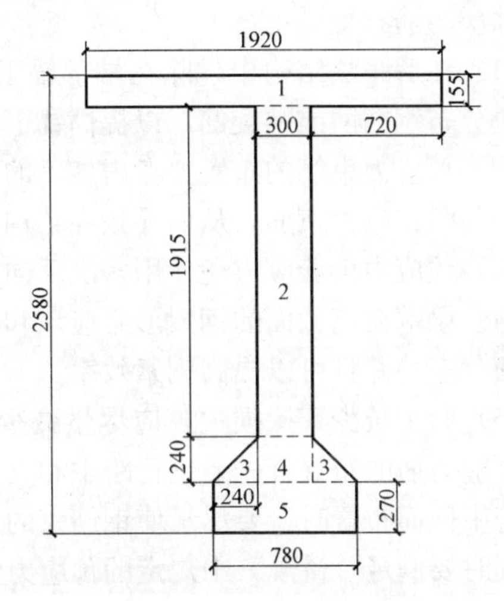

图 3-8　主梁跨中截面简化图（单位：mm）

2. 跨中截面钢束的估算和确定

预应力混凝土梁的设计，应满足不同设计状态下规范规定的控制条件要求，如承载力、抗裂性、裂缝宽度、变形及应力要求等。在这些控制条件中，最重要的是满足结构在使用性能和承载力要求的同时，要有一定的安全储备。

这里，根据跨中正截面抗弯承载力要求，确定预应力钢筋数量，所需的钢绞线面积为：

$$A_{\mathrm{p}} \geqslant \frac{KM}{f_{\mathrm{pk}} \cdot z}$$

式中，强度安全等级 $K \geqslant 2$；查表 3-3 得，$M=14243.1\mathrm{kN \cdot m}$；钢绞线抗拉强度标准值 $f_{\mathrm{pk}}=1860\mathrm{MPa}$；假设预应力钢筋的重心到梁底距离 $a_{\mathrm{p}}=250\mathrm{mm}$，则 $h_0=h-a_{\mathrm{p}}=2580-250=2330\mathrm{mm}$。

由图 3-8 得出上翼缘厚度 $h'_{\mathrm{f}}=155\mathrm{mm}$，则：

$$z=h_0-\frac{h'_{\mathrm{f}}}{2}=2330-\frac{155}{2}=2252.5\mathrm{mm}$$

故 $A_{\mathrm{p}}=\dfrac{KM}{f_{\mathrm{p}} \cdot z}=\dfrac{2 \times 14243.1 \times 10^6}{1860 \times 2252.5}=6799\mathrm{mm}^2$

采用 7Φ5 钢绞线，每根面积为 139mm²，初步估算钢绞线的根数 $n=\dfrac{6799}{139}=49$，取 58 根。

3. 预应力筋布置

合理地确定预加应力的作用位置是十分重要的，以全预应力混凝土连续梁为例，在跨中截面，预应力筋的最经济位置应是尽可能地靠近底部；在支点处，应尽可能地靠近截面重心。但对两者之间的其他截面，如仍保持总的预应力不变，需相应地减小预应力作用点到中性轴的距离，钢束必须起弯，从中性轴的一侧过渡到另一侧。而在靠近端部支点处，由于外荷载产生的弯矩逐渐趋于零，预应力的作用点则逐渐靠近中性轴，钢束的重心应尽量靠近中性轴处锚固。

预应力筋布置原则：

（1）在后张法结构中，除在端部锚下设置厚度不小于16mm的钢垫板外，并应在锚下设置分布钢筋网或螺旋筋，以提高锚下混凝土的局部抗压能力。

（2）预应力束筋的布置要考虑施工的方便性，不能像钢筋混凝土结构中任意切断钢筋那样去切断预应力束筋，从而导致在结构中布置过多的锚具。

（3）预应力束筋应避免使用多次反向曲率的连续束，否则会引起很大的摩阻损失。

（4）梁端支座截面的钢索形心应该和梁的截面形心重合，才不会引起梁端弯矩破坏荷载平衡状态，并且可以提高钢索效率。

（5）为了减少摩擦损失，应尽量减少预应力钢束整根通长的连续弯曲和加大曲线半径。预应力筋的布置首先要进行跨中和支座截面的布置。

跨中截面布置时，要尽量使钢筋束的重心靠近梁底部，以提高预应力产生的预加弯矩值。同时要满足《桥规》中规定的预应力钢束孔道间的净距和保护层厚度的要求，具体见表3-4。

孔道净距要求 **表3-4**

孔道直径（mm）	孔道间净距 d（mm）	顶、侧面保护层厚度（mm）	底面保护层厚度（mm）
$d \leqslant 55$	最小40	最小35	最小50
$d > 55$	最小65或 d	最小45	最小50

本例中，采用后张法进行张拉，跨中截面钢束分三排布置。采用16个波纹孔道，其中N2、N3、N6、N7、N9号孔道中分别放置4根钢绞线，其余每根孔道放置3束钢绞线。具体布置如图3-9所示。

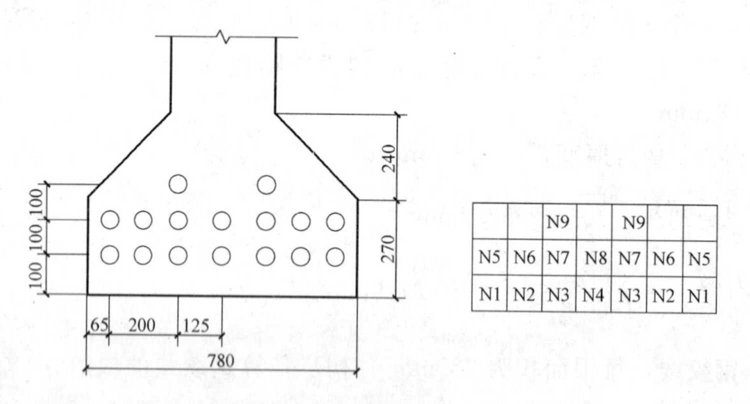

图3-9 跨中截面预应力筋孔道布置（单位：mm）

从图3-9可以得出，钢绞线重心到梁底距离 $a_{\mathrm{p}}=\dfrac{2\times 310+7\times 210+7\times 110}{16}=179\mathrm{mm}$，小于上面假设的250mm，符合要求。

梁端锚固如图3-10所示。

预应力筋弯起角度和线形的确定：在确定钢束弯起角度时，既要考虑到由预应力钢束弯起会产生足够的预剪力，又要考虑到所引起的摩擦预应力损失不宜过大。本算例除N8

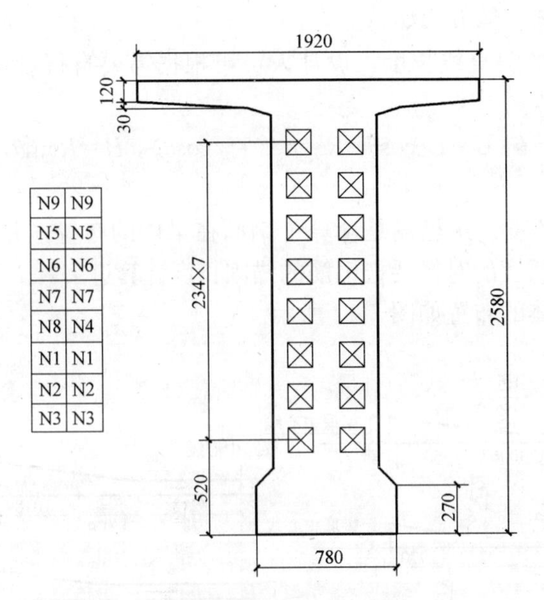

图 3-10　支座截面锚固图示（单位：mm）

弯起 6°外，其余钢筋弯起角度均为 8°。为了简化计算和施工，所有钢束布置的线形均为直线加圆弧。钢束弯起计算图示如图 3-11 所示。

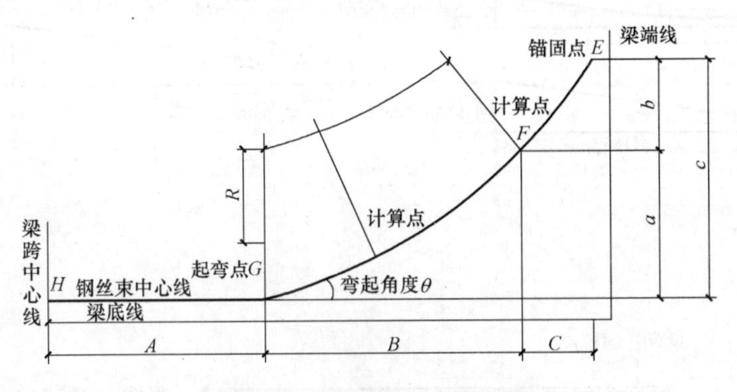

图 3-11　钢束弯起计算图示

钢束弯起计算表见表 3-5。

钢束弯起计算表　　　　表 3-5

钢束编号	起弯高度 c (cm)	b (cm)	a (cm)	斜线段长度 L_1(cm)	C(cm)	弯起角 (°)	R(cm)	B(cm)	A(cm)
N1	878.0	667.7	210.3	4800.0	4753.3	8.0	21609.9	3006.0	8340.7
N2	644.0	417.3	226.7	3000.0	2970.8	8.0	23293.6	3240.2	9889.0
N3	410.0	278.2	131.8	2000.0	1980.6	8.0	13542.5	1883.8	12235.6
N4	1112.0	773.8	338.2	5563.0	5508.9	8.0	34748.6	4833.6	5757.5
N5	1714.0	1663.7	50.3	11960.0	11843.7	8.0	5171.4	719.4	3536.9
N6	1480.0	1431.2	48.8	10289.0	10189.0	8.0	5011.3	697.1	5213.9
N7	1246.0	1029.4	216.6	7400.0	7328.1	8.0	22260.5	3096.5	5675.4
N8	1012.0	979.6	32.4	9376.0	9324.7	6.0	5921.1	618.6	6156.7
N9	1848.0	1793.0	55.0	12890.0	12764.7	8.0	5647.6	785.6	2549.7

表 3-5 中各参数的计算方法如下：

L_1为靠近锚固端的斜直线长度，设计人员可根据需要自行设定，其他参数可按下述公式计算：

$b=L_1\sin\theta$，$a=c-b$，$C=L_1\cos\theta$，$R=a/(1-\cos\theta)$，$B=R\sin\theta$，$A=L/2-B-C$（弯起角度为 θ）

式中，L 为计算跨度。这里只是计算了钢筋在梁体的布置，并没有把锚固长度计入，所以在计算钢筋的总长度的时候要把钢筋的锚固长度计算进去。

最终钢绞线在梁体的布置如图 3-12 所示。

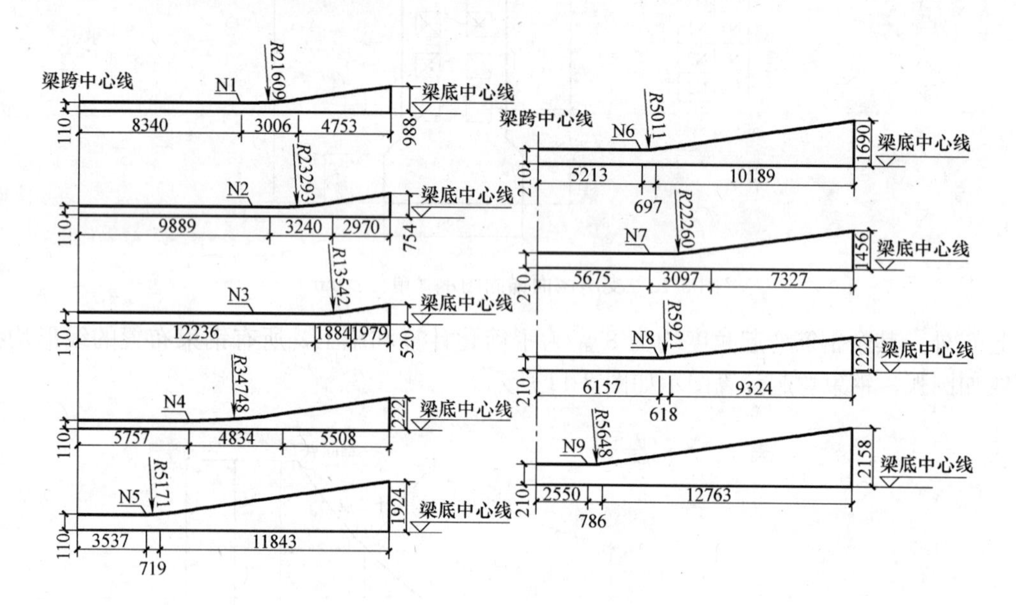

(a)

(b)

图 3-12　预应力钢筋布置图（单位：mm）

(a) 竖向弯起；(b) 水平弯起

3.6.5 截面特性计算

预应力混凝土梁由于施加预应力的结果，其中任意截面在各种荷载作用下均不会导致裂缝的出现（指运营荷载作用下的受拉区），全部截面均参加工作。但对后张法预应力混凝土梁，因施加预应力时，预应力筋（置于孔道内）与混凝土是脱离的，所以在计算孔道灌浆前阶段的截面应力时，应采用被孔道削弱后的净截面；而对于灌浆后的应力计算，则采用换算截面。所谓换算截面，即将预应力筋的截面面积乘以预应力筋的弹性模量与混凝土弹性模量之比 n 折算成的混凝土截面面积。

1. 跨中截面特性计算

以跨中截面为例，按照图 3-7 和图 3-8 所示，计算截面特性值如下。

（1）惯性矩的计算

1）在预加应力阶段，净截面的几何特性计算。

跨中截面毛面积 $A_c=1140300\text{mm}^2$

波纹管孔道截面积 $A_p=\pi\left(\frac{55}{2}\right)^2\times16=38013\text{mm}^2$

把截面化成几个小块，对上翼缘求静矩

$$\begin{aligned}S_1=&1920\times155\times\frac{155}{2}+1915\times300\times\left(\frac{1915}{2}+155\right)+\\&240\times240\times(160+1915+155)+\\&270\times780\times\left(\frac{270}{2}+240+1915+155\right)\\=&1.305\times10^9\text{mm}^3\end{aligned}$$

毛截面形心至上翼缘距离 $y=\frac{S_1}{A_c}=\frac{1.305\times10^9}{1140300}=1145\text{mm}$

孔道部分对上翼缘的静矩 $S_2=16\times\pi\left(\frac{55}{2}\right)^2\times2401=0.1\times10^9\text{mm}^3$

则重心轴到上翼缘距离 $y_{ns}=\frac{S_1-S_2}{A_c-A_p}=\frac{1.2\times10^9}{1140300-38013}=1088\text{mm}$

重心轴到下翼缘距离 $y_{nx}=2580-y_1=1492\text{mm}$

毛截面自身惯性矩（未考虑孔道削弱前）

$$\begin{aligned}I_1=&\frac{1920\times155^3}{12}+1920\times155\times\left(1145-\frac{155}{2}\right)^2+\\&\frac{300\times1915^3}{12}+1915\times300\times\left(\frac{1915}{2}+155-1145\right)^2+\\&\left(\frac{240\times240^3}{36}+\frac{1}{2}\times240\times240\times(160+1915+155-1145)^2\right)\times2+\\&\frac{780\times270^3}{12}+780\times270\times(135+240+1915+155-1145)^2\\=&9.41\times10^{11}\text{mm}^4\end{aligned}$$

考虑孔道削弱后，重心轴改变，利用惯性矩的移轴公式，可算得此时混凝土部分对净截面重心轴的惯性矩：

$$I'_1 = I_1 + A_c \cdot (1145-1088)^2 = 9.41\times10^{11} + 1140300\times58^2 = 9.45\times10^{11}\text{mm}^4$$

$$A_n = A_c - A_p = 1140300 - 38013 = 1102287\text{mm}^2$$

预应力孔道的自身惯性矩可忽略不计，但其对截面重心轴的惯性矩不可忽略。

孔道截面形心到下翼缘的距离 $a_p = 179$mm，到上翼缘的距离：

$a'_p = 2580 - a_p = 2401$mm，到重心轴 $e_n = y_{nx} - a_p = 1492 - 179 = 1313$mm

则其对净截面重心轴的惯性矩为：$I_2 = 38013\times1313^2 = 0.65\times10^{11}\text{mm}^4$

故净截面的惯性矩 $I_n = I'_1 - I_2 = 8.8\times10^{11}\text{mm}^4$

净截面对上翼缘抵抗矩 $W_{ns} = \dfrac{I_n}{y_{ns}} = \dfrac{8.8\times10^{11}}{1088} = 8.09\times10^8\text{mm}^3$

净截面对下翼缘抵抗矩 $W_{nx} = \dfrac{I_n}{y_{nx}} = \dfrac{8.8\times10^{11}}{1492} = 5.9\times10^8\text{mm}^3$

净截面对钢束重心处抵抗矩 $W_n = \dfrac{I_n}{e_n} = \dfrac{8.8\times10^{11}}{1313} = 6.7\times10^8\text{mm}^3$

2）换算截面的几何特性

弹性模量比：$n = \dfrac{E_p}{E_s} = \dfrac{1.95\times10^5}{3.55\times10^4} = 5.49$

纵向受力钢筋面积：$A_p = 58\times139 = 8062\text{mm}^2$

$(n-1)A_p = 4.49\times8062 = 36198\text{mm}^2$

$A_0 = A_c + (n-1)A_p = 1140300 + 36198 = 1176498\text{mm}^2$

换算混凝土对上翼缘的静矩：$S_2 = (n-1)\cdot A_p\cdot a'_p = 36198\times2401 = 0.087\times10^9\text{mm}^3$

则换算截面重心轴到上翼缘的距离：

$$y_{0s} = \frac{S_1 + S'_2}{A_c + (n-1)A_p} = \frac{1.305\times10^9 + 0.087\times10^9}{1176498} = 1183\text{mm}$$

重心轴到下翼缘的距离：$y_{0x} = h - y_{0s} = 2580 - 1183 = 1397$mm

重心轴到钢绞线作用点的距离：$e_0 = y_{0x} - a_p = 1397 - 179 = 1218$mm

换算截面的惯性矩：

$$I_0 = I_1 + A_c\cdot(1145-1183)^2 + (n-1)\cdot A_p\cdot e_0^2$$

$$= 9.41\times10^{11} + 1140300\times38^2 + 36198\times1218^2 = 9.96\times10^{11}\text{mm}^4$$

换算截面对上翼缘的抵抗矩：$W_{0s} = \dfrac{I_0}{y_{0s}} = \dfrac{9.96\times10^{11}}{1183} = 8.42\times10^8\text{mm}^3$

换算截面对下翼缘的抵抗矩：$W_{0x} = \dfrac{I_0}{y_{0x}} = \dfrac{9.96\times10^{11}}{1397} = 7.13\times10^8\text{mm}^3$

换算截面对力筋重心处抵抗矩：$W_0 = \dfrac{I_0}{e_0} = \dfrac{9.96\times10^{11}}{1218} = 8.18\times10^8\text{mm}^3$

(2) 截面静矩计算

预应力钢筋混凝土在张拉阶段和使用阶段都要产生剪应力，在这两个阶段的剪应力应该叠加。在每一个阶段中，都需要计算中性轴位置和面积突变处的剪应力。在张拉阶段和正常使用阶段应计算的截面静矩为（如图 3-13 所示）：

1）在张拉阶段，净截面的中性轴（简称为净轴）位置产生的最大剪应力，应该与张拉阶段在净轴位置产生的剪应力叠加。

2）在使用阶段，换算截面的中性轴（简称为换轴）位置产生的最大剪应力，应该与张拉阶段在换轴位置产生的剪应力叠加。

故对每一个荷载阶段，需要计算四个位置的剪应力，即需计算下面几种情况的静矩：

a—a 线以上（或以下）的面积对中性轴（净轴和换轴）的静矩；

b—b 线以上（或以下）的面积对中性轴（净轴和换轴）的静矩；

净轴 n—n 线以上（或以下）的面积对中性轴（净轴和换轴）的静矩；

换轴 0—0 线以上（或以下）的面积对中性轴（净轴和换轴）的静矩。

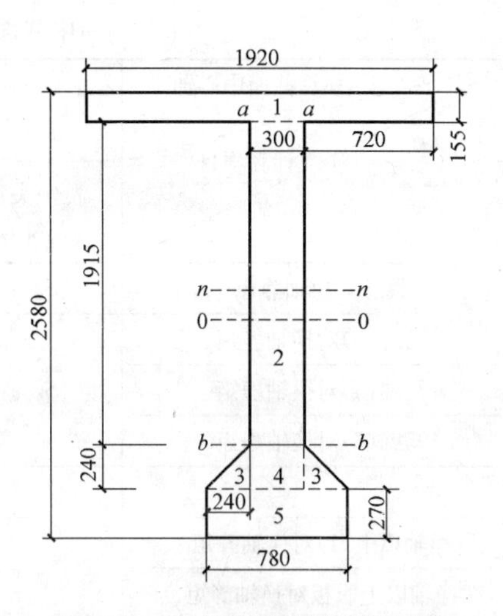

图 3-13　跨中截面静矩计算图示（单位：mm）

本算例中，$y_{ns}=1203$mm，$y_{0s}=1183$mm。

跨中截面对净截面重心轴静矩计算计算结果见表 3-6（1），跨中截面对换算截面重心轴静矩计算计算结果见表 3-6（2）。

跨中截面对净截面重心轴静矩计算　　　　**表 3-6（1）**

净截面重心轴 / 计算项目 / 静矩	已知 $y_{ns}=1203$mm，$h=2580$mm			
	静矩类别及符号	分块面积 A_i(mm^2)	分块截面重心至全截面重心距离 y_i(mm)	对净轴静矩 $S_i=A_iy_i$(mm^3)
翼缘对净轴静矩	S_{a-n}	297600	1125.5	334948800
马蹄(3)对净轴静矩	S_{b-n}	57600	1027	59155200
马蹄(4)对净轴静矩		72000	987	71064000
马蹄(5)对净轴静矩		210600	1242	261565200
				391784400
净轴以上(1)对净轴静矩	S_{n-n}	297600	1125.5	334948800
净轴以上腹板对净轴静矩		314400	524	164745600
求和				499694400
换轴以上(1)对净轴静矩	S_{0-n}	297600	1125.5	334948800
换轴以上腹板对净轴静矩		308400	534	164685600
求和				499634400

跨中截面对换算截面重心轴静矩计算 表 3-6（2）

静矩 \ 计算项目 \ 换算截面中心轴	已知 $y_{0s}=1183mm, h=2580mm$			
	静矩类别及符号	分块面积 $A_i(mm^2)$	分块截面重心至全截面重心距离 $y_i(mm)$	对净轴静矩 $S_i=A_iy_i(mm^3)$
翼缘对换轴静矩	S_{a-0}	297600	1105.5	328996800
马蹄(3)对换轴静矩	S_{b-0}	57600	1047	60307200
马蹄(4)对换轴静矩		72000	1007	72504000
马蹄(5)对换轴静矩		210600	1262	265777200
				398588400
净轴以上(1)对换轴静矩	S_{n-0}	297600	1105.5	328996800
净轴以上腹板对换轴静矩		314400	504	158457600
求和				487454400
换轴以上(1)对换轴静矩	S_{0-0}	297600	1105.5	328996800
换轴以上腹板对换轴静矩		308400	514	158517600
求和				487514400

2. 各检算截面几何特性

各检算截面的几何特性汇总见表 3-7。

截面特性汇总表 表 3-7

截面类型	计算项目		符号	单位	截面 跨中	截面 L/4 处截面	截面 距支点 6.8m 处截面
混凝土净截面	净面积		A_n	mm^2	1102287	1097557	1317068
	净惯性矩		I_n	$\times10^{11}mm^4$	8.8	9.4	9.9
	净轴到上翼缘距离		y_{ns}	mm	1088	1196	1183
	净轴到下翼缘距离		y_{nx}	mm	1492	1384	1397
	截面抵抗矩	上翼缘	W_{ns}	$\times10^8mm^3$	8.09	7.85	8.37
		下翼缘	W_{nx}	$\times10^8mm^3$	5.9	6.79	7.09
	对净轴静矩	翼缘部分面积	S_{a-n}	mm^3	334948800	351696240	369281052
		净轴以上面积	S_{n-n}	mm^3	499694400	524679120	550913076
		换轴以上面积	S_{0-n}	mm^3	499634400	524616120	550846926
		马蹄部分面积	S_{b-n}	mm^3	391784400	411373620	431942301
	钢束群重心到净轴距离		e_n	mm	1313	1184	940
混凝土换算	换算面积		A_0	mm^2	1176498	1294148	1529447
	换算惯性矩		I_0	$\times10^{11}mm^4$	9.96	10.04	10.65
	换轴到上翼缘距离		y_{0s}	mm	1183	1176	1124
	换轴到下翼缘距离		y_{0x}	mm	1397	1404	1456

续表

截面类型	计算项目		符号	单位	截面		
					跨中	$L/4$处截面	距支点6.8m处截面
混凝土换算	截面抵抗矩	上翼缘	W_{0s}	$\times10^8mm^3$	8.42	8.53	9.48
		下翼缘	W_{0x}	$\times10^8mm^3$	7.13	7.15	7.31
	对换轴静矩	翼缘部分面积	S_{a-0}	mm^3	328996800	338866704	349032705
		净轴以上面积	S_{n-0}	mm^3	487454400	502078032	517140373
		换轴以上面积	S_{0-0}	mm^3	487514400	502139832	517204027
		马蹄部分面积	S_{b-0}	mm^3	398588400	410546052	422862434
	钢束群重心到换轴距离		e_0	mm	1218	1204	999
钢束群重心到截面下翼缘距离			a_p	mm	179	200	457

3.6.6 预应力钢筋有效预应力计算

各项预应力损失值（σ_{L1}，σ_{L2}，σ_{L4}，σ_{L5}，σ_{L6}以及钢筋与锚固口间的摩擦等）均按《桥规》规定计算。

1. 张拉控制应力σ_{con}的选定

钢丝、钢绞线的锚下控制应力值，取：$\sigma_{con}\leqslant0.75f_{pk}$，取$\sigma_{con}=0.7f_{pk}=0.7\times1860=1302MPa$

2. 预应力筋的预应力损失值计算

（1）由于钢筋与孔道间的摩擦引起的应力损失σ_{L1}值计算

$$\sigma_{L1}=\sigma_{con}[1-e^{-(\mu\theta+kx)}]$$

式中 μ——钢绞线与孔道壁之间的摩擦系数，对预埋波纹管，取为0.25；

x——从张拉端至计算截面的长度；

k——考虑孔道对其设计位置偏差的系数，在《桥规》中查表得$k=0.0015$；

θ——从张拉端至计算截面长度上，预应力钢筋弯起角度之和，以弧度计，可取每个截面处各钢筋角度的平均值。

以跨中截面为例：

$x=16.1$，$\sigma_{L1}=1302\times[1-e^{-(0.25\times0.14+0.0015\times16.1)}]=73.7MPa$。

计算结果见表3-8。

各截面摩擦损失计算表 **表3-8**

截面	$\theta=\phi-\alpha$	弧度	x	$\mu\theta+kx$	$1-e^{-(\mu\theta+kx)}$	$\sigma_{L1}=\sigma_{con}[1-e^{-(\mu\theta+kx)}]$
单位	°	rad	m			MPa
跨中	7.78	0.14	16.10	0.06	0.06	73.70
$L/4$处	3.45	0.06	8.05	0.03	0.03	34.85
距支座6.8m处	2.56	0.04	6.80	0.02	0.02	27.53

（2）由于锚头变形、钢筋回缩和接缝压缩引起的应力损失 σ_{L2} 值计算

钢绞线平均有效长度为 32469mm，由规范可查得每端钢绞线回缩及锚具变形为 4mm，则：

$$\sigma_{L2}=\frac{\Delta L}{L}E_{p}=\frac{2\times4}{32469}\times1.95\times10^{5}=48\text{MPa}$$

式中　L——预应力钢筋的有效长度；

ΔL——锚头变形、钢筋回缩和接缝压缩值。

（3）由于混凝土的弹性压缩引起的应力损失 σ_{L4} 值计算

$$\sigma_{L4}=n_{p}\cdot\Delta\sigma_{c}\cdot Z$$

式中　n_{p}——钢绞线弹性模量与混凝土弹性模量之比，$n_{p}=5.49$；

$\Delta\sigma_{c}$——先进行张拉的预应力钢筋重心处，由于后来张拉钢筋而产生的混凝土正压力；

Z——在所计算的钢绞线张拉后再进行张拉的钢绞线根数，采用平均值，$Z=\frac{16-1}{2}=7.5$。

对于跨中处截面计算为例（截面特性值取跨中净截面特性值）：

$$N_{p}=A_{p}\cdot\sigma_{con}=139\times3\times1302=542934\text{N}$$

$$\Delta\sigma_{c}=\frac{N_{p}}{A_{n}}+\frac{N_{p}\cdot e_{n}}{W_{n}}=\frac{542934}{1102287}+\frac{542934\times1313}{6.7\times10^{8}}=1.56\text{MPa}$$

$\sigma_{L4}=5.49\times1.56\times7.5=64.3\text{MPa}$。

（4）钢筋松弛引起的应力损失 σ_{L5} 计算

$$\sigma_{L5}=\xi\cdot\sigma_{con}$$

式中　σ_{L5}——是由钢筋松弛引起的预应力损失，只有当钢筋束在预加应力时钢筋应力 $\sigma_{con}\geqslant0.5f_{pk}$ 时才考虑；

ξ——松弛系数。对钢丝，普通松弛时，按 $0.4\left(\frac{\sigma_{con}}{f_{pk}}-0.5\right)$ 采用；对钢丝、钢绞线，低松弛时，当 $\sigma_{con}\leqslant0.7f_{pk}$ 时，$\xi=0.125\left(\frac{\sigma_{con}}{f_{pk}}-0.5\right)$；当 $0.7f_{pk}<\sigma_{con}\leqslant0.8f_{pk}$ 时，$\xi=0.2\left(\frac{\sigma_{con}}{f_{pk}}-0.575\right)$；对精轧螺纹钢筋，一次张拉时，按 0.05 采用，超张拉时按 0.035 采用；这里 $\sigma_{con}\leqslant0.7f_{pk}$，故 $\sigma_{L5}=0.125\times(0.7-0.5)\sigma_{con}=32.6\text{MPa}$。

（5）由混凝土收缩、徐变引起的预应力损失 σ_{L6} 的计算

$$\sigma_{L6}=\frac{0.8n_{p}\sigma_{c0}\phi_{\infty}+E_{p}\varepsilon_{\infty}}{1+\left(1+\frac{\phi_{\infty}}{2}\right)\mu_{n}\rho_{A}}$$

$$\mu_{n}=\frac{n_{p}A_{p}+n_{B}A_{B}}{\text{A}}$$

$$\rho_{A}=1+\frac{e_{A}^{2}}{i^{2}}$$

式中　σ_{L6}——由收缩、徐变引起的应力损失终极值（MPa）；

σ_{c0}——传力锚固时，在计算截面上预应力钢筋重心处，由于预加应力和梁自重产生的混凝土正应力；对简支梁可取跨中与跨度 1/4 截面的平均值（MPa）；

ϕ_{∞}——混凝土徐变系数的终极值；

ε_{∞}——混凝土收缩应变的终极值；

μ_n——梁的配筋率换算系数，本题只考虑预应力筋，故 $\mu_n=\frac{n_p A_p}{A}$；

n_B——非预应力钢筋弹性模量与混凝土弹性模量之比；

A_p，A_B——预应力钢筋与非预应力钢筋的截面面积（m）；

e_A——预应力钢筋与非预应力钢筋重心至梁截面重心轴的距离（m）；

i——截面回转半径（m），$i=\sqrt{\frac{I}{A}}$；

I——截面惯性矩。对后张法构件，可按净截面计算。

其中，φ_{∞}、ε_{∞} 可按《桥规》表 6.3.4-3 采用。

以跨中截面为例进行计算：

先计算 σ_{c0}（此时截面特性按净截面计算，见表 3-7）

传力锚固时的有效预加应力：

$$\sigma_p=\sigma_{con}-\sigma_{L1}-\sigma_{L2}-\sigma_{L4}=1302-73.7-48-64.3=1116\text{MPa}$$

$$N_p=A_p\cdot\sigma_p=58\times139\times1116=8997192\text{N}$$

则跨中截面钢筋重心处的应力为（自重产生的弯矩查表 3-3）：

$$\sigma_p=\frac{N_p}{A_n}+\frac{N_p\cdot e_n}{W_n}-\frac{M_g}{W_n}=\frac{8997192}{1102287}+\frac{8997192\times1313}{6.7\times10^8}-\frac{5562\times10^6}{6.7\times10^8}=17.5\text{MPa}$$

同理，计算得 L/4 处钢筋重心处应力为 9.24MPa，则 $\sigma_{c0}=\frac{17.5+9.24}{2}=13.37\text{MPa}$。

以下面积均按净截面面积计算：

$$\mu_n=\frac{A_p}{A}=\frac{58\times139}{1102287}=0.0073$$

$$i=\sqrt{\frac{I_n}{A_n}}=\sqrt{\frac{8.8\times10^{11}}{1102287}}=893.5\text{mm}$$

$$\rho_A=1+\frac{e_A^2}{i^2}=1+\frac{1313^2}{893.5^2}=3.16$$

截面周长　　$u=8058.8\text{mm}$

$\frac{2A}{u}=\frac{2\times1102287}{8058.8}=274\text{mm}$，然后查《桥规》表 6.3.4-3 可得：

$$\varepsilon_{\infty}=153\times10^{-6},\varphi_{\infty}=1.43$$

$$\sigma_{L6}=\frac{0.8n_p\sigma_{c0}\phi_{\infty}+E_p\varepsilon_{\infty}}{1+\left(1+\frac{\phi_{\infty}}{2}\right)\mu_n\rho_A}=\frac{0.8\times5.49\times13.37\times1.43+1.95\times10^5\times153\times10^{-6}}{1+\left(1+\frac{1.43}{2}\right)\times0.0073\times3.15}=109.5\text{MPa}$$

3. 预应力损失汇总

预应力损失汇总见表 3-9。

预应力损失汇总表（MPa） **表 3-9**

截面 / 应力	$L/2$处	$L/4$处	距支座6.8m处
σ_{L1}	73.7	34.9	27.5
σ_{L2}	48	48	48
σ_{L4}	64.3	45.4	42
σ_{L5}	32.6	32.6	32.6
σ_{L6}	109.5	95	96.5
锚固时预应力损失 $\sigma_{L\mathrm{I}}=\sigma_{L1}+\sigma_{L2}+\sigma_{L4}$	186	128.3	117.5
锚固时钢束应力 $\sigma_{p0}=\sigma_{con}-\sigma_{L\mathrm{I}}$	1116	1173.7	1184.5
锚固后预应力损失 $\sigma_{L\mathrm{II}}=\sigma_{L5}+\sigma_{L6}$	142.1	127.6	129.1
正常使用阶段钢束有效应力 $\sigma_{pe}=\sigma_{p0}-\sigma_{L\mathrm{II}}$	973.9	1046.1	1055.4

施工阶段传力锚固应力 $\sigma_{p0}=\sigma_{con}-\sigma_{LI}$，其中传力锚固时的损失 $\sigma_{L}=\sigma_{L1}+\sigma_{L2}+\sigma_{L4}$，由 σ_{p0} 产生的预加力：

纵向力 $$N_{p0}=\sigma_{p0}\cdot A_p\cdot\cos\alpha$$

弯矩 $$M_{p0}=N_{p0}\cdot e_n$$

剪力 $$V_{p0}=\sigma_{p0}\cdot A_p\cdot\sin\alpha$$

式中 α——钢束弯起后与梁轴线的夹角；由于同一截面不同钢束与梁轴线的夹角不同，这里对每个截面，取 α 的平均值计算；

A_p——钢束的面积，$A_p=139\times58=8062\text{mm}^2$。

预加力阶段由预应力钢束产生的预加力作用效应计算结果见表 3-10。

应用有效预应力 σ_{pe}，总预应力损失 $\sigma_L=\sigma_{L1}+\sigma_{L2}+\sigma_{L4}+\sigma_{L5}+\sigma_{L6}$，计算出正常使用阶段由张拉钢束产生的预加力作用效应 N_p、M_p、V_p，计算结果见表 3-11。

预加应力阶段作用效应 **表 3-10**

计算项目 / 截面	预加力阶段由预应力钢束产生的预加力作用效应					
	$\sin\alpha$	$\cos\alpha$	$\sigma_{p0}\cdot A_p$	N_{p0}	V_{p0}	M_{p0}
			N	N	N	kN·m
$L/2$处	0	1	8997192	8997192	0	11813.3
$L/4$处	0.076	0.997	9462369	9433982	719140	11842.6
距支座6.8m处	0.091	0.996	9549439	9511241	868999	13584.2

正常使用阶段预应力筋作用效应 **表 3-11**

计算项目 / 截面	正常使用阶段由预应力钢束产生的预加力作用效应					
	$\sin\alpha$	$\cos\alpha$	$\sigma_{pe}\cdot A_p$	N_{pe}	V_{pe}	M_{pe}
			N	N	N	kN·m
$L/2$处	0	1	7851582	7851582	0	9563.2
$L/4$处	0.076	0.997	8433658	8408357	640958	9762.5
距支座6.8m处	0.091	0.996	8508635	8474600	774286	7846.3

3.6.7 正截面抗弯强度计算

以跨中截面为例，进行正截面抗弯强度验算。在此，不考虑非预应力钢筋的受力。跨中截面简化后如图 3-8 所示。

已知 $b_f'=1920\text{mm}$，$f_{pk}=1860\text{MPa}$，$A_p=139\times58=8062\text{mm}^2$，$f_c=33.5\text{MPa}$，$h_0=2580-179=2401\text{mm}$，$M=14243.1\text{kN}\cdot\text{m}$。

先假设 x 在翼缘内，则 $x=\dfrac{A_p f_{pk}}{f_c b_f'}=\dfrac{8062\times1860}{33.5\times1920}=233\text{mm}$，$x>155\text{mm}$，故中性轴在腹板内，按第二类 T 形截面计算。

计算受压区在腹板内的高度 a 为：

$$a=\frac{A_p f_{pk}-1920\times155\times33.5}{f_c b}=\frac{8062\times1860-1920\times155\times33.5}{33.5\times300}=500\text{mm}$$

其中 $b=300\text{mm}$ 为腹板厚度。从而可得：

$$M_p=155\times1920\times33.5\times\left(h_0-\frac{155}{2}\right)+a\times b\times33.5\times\left(h_0-155-\frac{a}{2}\right)$$

$$=\left[155\times1920\times33.5\times\left(2401-\frac{155}{2}\right)+500\times300\times33.5\times\left(2401-155-\frac{500}{2}\right)\right]$$

$$=3.32\times10^{10}\text{N}\cdot\text{mm}=3.32\times10^{4}\text{kN}\cdot\text{m}$$

$$K=\frac{M_p}{M}=\frac{3.4\times10^4}{14343.1}=2.33>2$$

$$x=a+155=655\text{mm}>2a_p=358\text{mm}$$

$$x=a+155=655\text{mm}<\xi_b h_0=0.4h_0=960.4\text{mm}$$

满足适筋梁的条件。

各个截面抗弯强度安全系数计算结果汇总见表 3-12。

截面抗弯强度安全系数汇总 **表 3-12**

截面	$L/2$ 处	$L/4$ 处	距支座 6.8m 处
安全系数 K	2.33	2.53	2.48

3.6.8 传力锚固阶段和运营阶段混凝土与力筋应力的检算

1. 应力验算控制值

为了保证梁的正常使用和耐久性及其承载力的要求，需要对预加应力阶段及运营阶段混凝土和力筋的应力进行检算。

依据规范要求，预加应力阶段，力筋最大应力 $\sigma_p\leqslant0.65f_{pk}=1209\text{MPa}$；

混凝土最大压应力 $\sigma_c\leqslant0.7f_c'=18.8\text{MPa}$，最大拉应力 $\sigma_t\leqslant0.7f_t'=1.75\text{MPa}$。

这里的混凝土最大容许应力与构件制作、运输和安装各施工阶段相应的混凝土抗压强度、抗拉强度标准值相对应。考虑到混凝土强度达到 C50 时开始张拉预应力钢束，则：

$f_c'=33.5\times0.8=26.8\text{MPa}$，$f_t'=3.1\times0.8=2.5\text{MPa}$。

运营阶段，纵向受力钢筋最大应力 $\sigma_p \leqslant 0.6f_{pk}=1116\text{MPa}$；

混凝土最大压应力 $\sigma_c \leqslant 0.5f_c=16.75\text{MPa}$，并且受拉区不允许出现拉应力。

2. 跨中截面计算

(1) 传力锚固阶段（按净截面）

对后张法构件，在此阶段，孔道尚未灌浆，预应力筋与混凝土还未粘结在一起，计算截面应力时应采用扣除孔道影响的净截面几何特征值。

1) 力筋

查表 3-9 可得，$\sigma_p=\sigma_{p0}=1116 \leqslant 0.65f_{pk}=1209\text{MPa}$，满足要求。

2) 混凝土

由表 3-10 可查得，N_{p0}、M_{p0}的数值，则

下翼缘应力：

$$\sigma_c=\frac{N_{p0}}{A_n}+\frac{N_{p0}\cdot e_n}{W_{nx}}-\frac{M_{g1}}{W_{nx}}=\frac{8997192}{1102287}+\frac{8997192\times 1313}{5.9\times 10^8}-\frac{5562\times 10^6}{5.9\times 10^8}=18.76\text{MPa}$$

$\sigma_c<0.7f_c'=18.8\text{MPa}$，满足要求。

上翼缘应力：

$$\sigma_c=\frac{N_{p0}}{A_n}-\frac{N_{p0}\cdot e_n}{W_{ns}}+\frac{M_{g1}}{W_{ns}}=\frac{8997192}{1102287}-\frac{8997192\times 1313}{8.09\times 10^8}+\frac{5562\times 10^6}{8.09\times 10^8}=0.44\text{MPa}$$

不出现拉应力，满足要求。

其中 $M_{g1}=5562\text{kN}\cdot\text{m}$ 为桥梁自重产生的跨中弯矩值。

(2) 正常使用阶段（按换算截面）

正常使用阶段经历的时间比较长，荷载组合的工况也较复杂。在这一阶段，一般假定预应力损失已经全部完成，预应力筋对混凝土的作用为扣除全部预应力损失的有效预加力。对后张法构件，此时孔道已经灌浆，预应力筋与混凝土已经粘结在一起共同受力，计算截面应力时应采用考虑预应力筋作用的换算截面的几何特征值。

1) 力筋

查表 3-9 可得，$\sigma_{pe}=973.9\text{MPa}$

$$\sigma_p=\sigma_{pe}+n_p\frac{M_{G2}}{I_0}e_0=973.9+5.49\times\frac{14243.1\times 10^6}{9.96\times 10^{11}}\times 1218=1069.2\text{MPa}$$

$M_{G2}=14243.1\text{kN}\cdot\text{m}$ 为跨中截面处梁的恒载与活载弯矩值，可由表 3-3 查得。

$\sigma_p \leqslant 0.6f_{pk}=1116\text{MPa}$，满足要求。

2) 混凝土

由表 3-11，可查得 N_{pe}、M_{pe}的数值，则

下翼缘应力：

$$\sigma_c=\frac{N_{pe}}{A_0}+\frac{N_{pe}\cdot e_0}{W_{0x}}-\frac{M_{g2}}{W_{0x}}=\frac{7851582}{1176498}+\frac{7851582\times 1218}{7.13\times 10^8}-\frac{14243.1\times 10^6}{7.13\times 10^8}=0.11\text{MPa}>0,$$

满足要求。

上翼缘应力：

$$\sigma_c=\frac{N_{pe}}{A_0}-\frac{N_{pe}\cdot e_0}{W_{0s}}+\frac{M_{g2}}{W_{0s}}=\frac{7851582}{1176498}-\frac{7851582\times 1218}{8.42\times 10^8}+\frac{14243.1\times 10^6}{8.42\times 10^8}=12.23\text{MPa}$$

$\sigma_c \leqslant 0.5f_c = 16.75\text{MPa}$，满足要求。

以上截面特性值，均由表 3-7 查得。

各个计算截面力筋、混凝土最大应力总汇见表 3-13。

各个计算截面在传力锚固阶段和运营阶段混凝土及力筋最大应力值（单位：MPa）

表 3-13

计算阶段 \ 位置 \ 截面		跨中截面处	$\frac{L}{4}$截面处	距支座 6.8m 处
预加应力阶段	力筋	1020.5	1022.1	1050.5
	下翼缘	17.8	9.31	6.25
	上翼缘	−0.14	1.02	1.40
运营阶段	力筋	1069.2	981.1	1004.81
	下翼缘	0.11	· 1.04	0.87
	上翼缘	12.23	8.47	8.96

3.6.9 正截面抗裂性验算

1. 抗裂性计算公式

依据《桥规》第 6.3.9 条规定：对于不允许出现拉应力的构件，其抗裂性对于受弯、大偏心受拉或大偏心受压构件，应按下列公式计算：

$$K_f\sigma \leqslant \sigma_c + \gamma f_{ct} \qquad \gamma = \frac{2S_0}{W_0}$$

式中 K_f——抗裂安全系数，本式中 $K_f = 1.2$；

σ——计算荷载在截面受拉边缘的混凝土中产生的正应力；

σ_c——扣除相应阶段预应力损失后混凝土的预压应力，

$$\sigma_c = \frac{N_p}{A} \pm \frac{N_p e_0 y}{I}$$

f_{ct}——混凝土极限抗拉强度，本例中，$f_{ct} = 3.1\text{MPa}$；

γ——考虑混凝土塑性的修正系数；

W_0——对所检算的拉应力边缘的换算截面的抵抗矩；

S_0——换算截面重心轴以下的面积对重心轴的静矩。

2. 跨中截面计算结果

预应力筋在截面下翼缘处产生的应力值为：

$$\sigma_c = \frac{N_{pe}}{A_0} + \frac{N_{pe} \cdot e_0}{W_{0x}} = \frac{7851582}{1176498} + \frac{7851582 \times 1218}{7.13 \times 10^8} = 20.08\text{MPa}$$

荷载在截面下翼缘处产生的应力值为：

$$\sigma = \frac{M_{G2}}{W_0} = \frac{14243.1 \times 10^6}{7.13 \times 10^8} = 19.97\text{MPa}$$

$$\gamma=\frac{2S_{0-0}}{W_0}=\frac{2\times487514400}{7.13\times10^8}=1.37,\ K=\frac{\sigma_c+\gamma f_{ct}}{\sigma}=\frac{20.08+1.37\times3.1}{19.97}=1.22>K_f=1.2$$

满足要求。

3. 各个计算截面抗裂安全系数总汇

各个计算截面抗裂安全系数均大于 1.2，满足要求。各截面安全系数汇总见表 3-14。

各个计算截面的抗裂安全系数表 **表 3-14**

计算截面	跨中截面处	$L/4$ 截面处	距支点 6.8m 处
系数 K	1.22	1.48	1.56

3.6.10 斜截面抗裂验算

1. 验算公式

根据《桥规》第 6.3.7 条规定：主应力计算应针对下列部位进行：

（1）在构件长度方向，应计算剪力及弯矩均较大的区段，以及构件外形和腹板厚度有变化之处。

（2）沿截面高度方向，应计算截面重心轴处及腹板与上、下翼缘相接处。包括运营荷载及抗裂荷载。

对于上述两种情况，需用相应的荷载及检算条件进行检算，计算公式如下：

$$\sigma_{tp}=\frac{\sigma_{cx}+\sigma_{cy}}{2}-\sqrt{\left(\frac{\sigma_{cx}-\sigma_{cy}}{2}\right)^2+\tau_c^2}$$

$$\sigma_{cp}=\frac{\sigma_{cx}+\sigma_{cy}}{2}+\sqrt{\left(\frac{\sigma_{cx}-\sigma_{cy}}{2}\right)^2+\tau_c^2}$$

$$\sigma_{cx}=\sigma_{c1}\pm\frac{k_{f1}\cdot M\cdot y_0}{I_0}$$

$$\sigma_{cy}=\frac{n_{pv}\sigma_{pv}a_{pv}}{bs_{pv}}$$

$$\tau_c=K_{f1}\tau-\frac{V_{pb}\cdot S}{bI}$$

式中 σ_{tp}，σ_{cp}——混凝土的主拉应力及主压应力（MPa）；

σ_{cx}，σ_{cy}——计算纤维处混凝土的法向应力及竖向压应力（MPa）；

σ_{c1}——计算纤维处混凝土的有效预加应力（MPa）；

τ_c——计算纤维处混凝土的剪应力（MPa）；

τ——相应于计算弯矩 M 的荷载作用下，计算纤维处混凝土的剪应力（MPa）；

M——计算弯矩（MN·m）；

y_0——计算纤维处至换算截面重心轴的距离（m）；

I_0——换算截面惯性矩（m^4）；

σ_{pv}——预应力竖筋中的有效预加应力（MPa）；

n_{pv}——预应力竖筋的肢数；

a_{pv}——单支预应力竖筋的截面积（m^2）；

s_{pv}——预应力竖筋的间距（m）；

V_{pb}——由弯起预应力筋预加力产生的剪力（MN）；

b——计算主应力点处构件截面宽度（m）；

K_{f1}——系数，当对不允许出现拉应力的构件进行抗裂性检算时，按《桥规》表 6.1.5 取值，其他情况下取 1.0；

S，I——截面的静矩及惯性矩。

由于无弯起钢筋和预应力竖筋，所以 $\sigma_{cy}=0$，$\tau_c=K_{f1}\dfrac{QS_0}{bI_0}$。

2. 跨中截面验算（采用换算截面特性值）

由表 3-7 查得，$A_0=1176498\text{mm}^2$，$N_p=N_{pe}=7851582\text{N}$，$I_0=9.96\times10^{11}\text{mm}^4$，$e_0=1218\text{mm}$。

上梗到重心轴的距离：$y_1=1028\text{mm}$

下梗到重心轴的距离：$y_2=887\text{mm}$

上梗抵抗矩：$W_1=\dfrac{I_0}{y_1}=\dfrac{9.96\times10^{11}}{1028}=9.69\times10^8\text{mm}^3$

下梗抵抗矩：$W_2=\dfrac{I_0}{y_2}=\dfrac{9.96\times10^{11}}{887}=1.12\times10^9\text{mm}^3$

上梗：$\sigma_{cl}=\dfrac{N_p}{A_0}-\dfrac{N_p\cdot e_0}{W_1}=\dfrac{7851582}{1176798}-\dfrac{7851582\times1218}{9.69\times10^8}=-3.2\text{MPa}$

重心：$\sigma_{cl}=\dfrac{N_p}{A_0}=\dfrac{7851582}{1176798}=6.67\text{MPa}$

下梗：$\sigma_{cl}=\dfrac{N_p}{A_0}+\dfrac{N_p\cdot e_0}{W_2}=\dfrac{7851582}{1176798}+\dfrac{7851582\times1218}{1.12\times10^9}=15.2\text{MPa}$

由《桥规》表 6.1.5，得 $K_f=1.2$

所以，上梗：$\sigma_{cx}=\sigma_{cl}+\dfrac{K_f M_{g2}}{w_1}=-3.2+\dfrac{1.2\times14243.1\times10^6}{9.69\times10^8}=14.4\text{MPa}$

重心：$\sigma_{cx}=\sigma_{cl}=6.67\text{MPa}$

下梗：$\sigma_{cx}=\sigma_{cl}-\dfrac{K_f M}{w_2}=15.2-\dfrac{1.2\times14243.1\times10^6}{1.12\times10^9}=-0.06\text{MPa}$

由公式 $\tau_c=K_f\dfrac{QS_0}{bI_0}$，查表 3-3，得 $Q=485.6\text{kN}$。跨中无预应力筋弯起，故 $V_{pb}=0$。$I_0=9.96\times10^{11}\text{mm}^4$，$b=300\text{mm}$。

上梗：$S_1=S_{a-0}=328996800\text{mm}^3$

重心：$S_0=S_{0-0}=487514400\text{mm}^3$

下梗：$S_2=S_{b-0}=398588400\text{mm}^3$

上梗：$\tau_c=K_f\dfrac{QS_1}{bI_0}=1.2\times\dfrac{485.6\times10^3\times328996800}{300\times9.96\times10^{11}}=0.64\text{MPa}$

重心：$\tau_c=K_f\frac{QS_0}{bI_0}=1.2\times\frac{485.6\times10^3\times487514400}{300\times9.96\times10^{11}}=0.95\text{MPa}$

下梗：$\tau_c=K_f\frac{QS_2}{bI_0}=1.2\times\frac{485.6\times10^3\times398588400}{300\times9.96\times10^{11}}=0.78\text{MPa}$

最终，上梗：

$$\sigma_{tp}=\frac{\sigma_{cx}+\sigma_{cy}}{2}-\sqrt{\left(\frac{\sigma_{cx}-\sigma_{cy}}{2}\right)^2+\tau_c^2}=\frac{14.4}{2}-\sqrt{\left(\frac{14.4}{2}\right)^2+0.64^2}=-0.03\text{MPa}$$

$$\sigma_{cp}=\frac{\sigma_{cx}+\sigma_{cy}}{2}+\sqrt{\left(\frac{\sigma_{cx}-\sigma_{cy}}{2}\right)^2+\tau_c^2}=\frac{14.4}{2}+\sqrt{\left(\frac{14.4}{2}\right)^2+0.64^2}=14.4\text{MPa}$$

重心：

$$\sigma_{tp}=\frac{\sigma_{cx}+\sigma_{cy}}{2}-\sqrt{\left(\frac{\sigma_{cx}-\sigma_{cy}}{2}\right)^2+\tau_c^2}=\frac{6.67}{2}-\sqrt{\left(\frac{6.67}{2}\right)^2+0.95^2}=-0.13\text{MPa}$$

$$\sigma_{cp}=\frac{\sigma_{cx}+\sigma_{cy}}{2}+\sqrt{\left(\frac{\sigma_{cx}-\sigma_{cy}}{2}\right)^2+\tau_c^2}=\frac{6.67}{2}+\sqrt{\left(\frac{6.67}{2}\right)^2+0.95^2}=6.8\text{MPa}$$

下梗：

$$\sigma_{tp}=\frac{\sigma_{cx}+\sigma_{cy}}{2}-\sqrt{\left(\frac{\sigma_{cx}-\sigma_{cy}}{2}\right)^2+\tau_c^2}=\frac{-0.06}{2}-\sqrt{\left(\frac{-0.06}{2}\right)^2+0.78^2}=-0.81\text{MPa}$$

$$\sigma_{cp}=\frac{\sigma_{cx}+\sigma_{cy}}{2}+\sqrt{\left(\frac{\sigma_{cx}-\sigma_{cy}}{2}\right)^2+\tau_c^2}=\frac{-0.06}{2}+\sqrt{\left(\frac{-0.06}{2}\right)^2+0.78^2}=0.75\text{MPa}$$

3. 计算结果汇总（见表 3-15）

主应力 σ_{ct} 和 σ_{cp} 计算（单位：MPa） **表 3-15**

截面	位置＼应力	σ_{cx}	τ_c	σ_{tp}	σ_{cp}
$L/2$ 处	上梗	14.4	0.64	−0.03	14.4
	重心	6.67	0.95	−0.13	6.8
	下梗	−0.06	0.78	−0.81	0.75
$L/4$ 处	上梗	12.38	0.55	−0.03	12.38
	重心	5.74	0.82	−0.11	5.85
	下梗	−0.05	0.67	0.70	0.65
6.8m 处	上梗	13.04	0.58	−0.03	13.04
	重心	6.04	0.86	−0.12	6.16
	下梗	−0.05	0.71	0.73	0.68

表 3-15 中各个截面应力均满足 $\begin{cases}\sigma_{tp}\leqslant f_{ct}=3.1\text{MPa}\\ \sigma_{cp}\leqslant0.6f_c=20.1\text{MPa}\end{cases}$，且 $\sigma_{tp}<\frac{f_{ct}}{2}=1.55\text{MPa}$，故不需要计算箍筋，仅按构造要求配置箍筋即可。

3.6.11 锚下混凝土抗裂性和局部承压强度检算

1. *局部承压区的抗裂性验算*

局部承压区的抗裂性检算公式为：

$$K_{cf}N_c \leqslant \beta f_c A_c$$

式中 N_c——预加应力时的预压力；

K_{cf}——局部承压抗裂安全系数，取 1.5；

β——混凝土局部承压时强度提高系数，值为$\sqrt{\frac{A}{A_c}}$；

A_c——局部承压面积。

A、A_c的计算细节见《桥规》第 5.2.1 条规定。

取预加应力较大的 N6 波纹管锚固端为例进行计算。

现锚头直径为 110mm，垫板为 140mm×140mm 的正方形，厚度为 16mm，孔道外部直径为 55mm，内部直径为 50mm，故一个锚头的局部承压面积：

$$A_c = 140^2 - \frac{\pi}{4} \times 50^2 = 17637.5\text{mm}^2$$

局部承压时的计算底面积：

$$A = 340 \times 340 = 115600\text{mm}^2$$

所以，$\beta = \sqrt{\frac{115600}{17637.5}} = 2.6$

$$N_c = A_p \cdot \sigma_{con} = 4 \times 139 \times 1302 = 723912\text{N}$$

故抗裂安全系数 $K_{cf} = \frac{\beta f_c A_c}{N_c} = \frac{2.6 \times 33.5 \times 115600}{723912} = 13.9 > 1.5$，满足要求。

2. *局部承压区的强度验算*

锚下间接钢筋的配置应符合端部锚固区的混凝土局部承压强度验算要求，可按下式计算：

$$K_c N_c \leqslant A_c(\beta f_c + 2.0\mu_t \beta_{he} f_s)$$

式中 K_c——局部承压强度安全系数，取 2.0；

β_{he}——配置间接钢筋的混凝土局部承压强度提高系数 $\beta_{he} = \sqrt{\frac{A_{he}}{A_c}}$；

A_{he}——包在钢筋网或螺旋形配筋范围以内的混凝土核心面积，但不大于局部承压计算底面积，且其重心应与局部承压计算面积 A_c的重心相重合，计算时扣除孔道面积；

f_s——锚下间接钢筋的抗拉计算强度；

μ_t——间接钢筋的体积配筋率。

本算例采用的间接钢筋为 HRB335 螺旋筋，$f_s = 335$MPa，直径为 12mm，螺旋筋中心直径为 160mm，间距 $s = 60$mm。则有：

$$A_{he}=\frac{\pi}{4}\times(160-12)^2-\frac{\pi}{4}\times 50^2=15234\text{mm}^2$$

$$\beta_{he}=\sqrt{\frac{A_{he}}{A_c}}=\sqrt{\frac{15234}{17637.5}}=0.93$$

$$\mu_t=\frac{4A_s}{d_{he}s}=\frac{4\times\frac{\pi}{4}\times 12^2}{(160-12)\times 60}=0.05$$

$$K_c=\frac{A_c(\beta f_c+2.0\mu_t\beta_{he}f_s)}{N_c}=\frac{17637.5\times(2.6\times 33.5+2.0\times 0.05\times 0.93\times 335)}{723912}=2.9>2.0$$

满足要求。

3.6.12　挠度及上拱度计算

在正常使用阶段，预应力混凝土梁是不会开裂的，计算截面包括全部混凝土截面在内。规范规定，计算预应力混凝土结构的变形时，截面抗弯刚度 B 应按下式计算：

$$B=\beta_p\beta_1 E_c I_0$$

$$\beta_p=\frac{1+\lambda}{2}$$

$$\beta_1=\frac{\lambda-0.5}{0.95\lambda-0.45}$$

式中　B——梁截面抗弯刚度；

I_0——全部换算截面惯性矩；

β_p——考虑预应力度的折减系数；

β_1——考虑疲劳影响的刚度折减系数；

λ——预应力度，$\lambda=\frac{\sigma_c}{\sigma}$，$\sigma_c$为运营荷载引起的受拉边缘的应力，$\sigma$为由有效预加力（扣除所有应力损失）引起的受拉边缘的应力；当 $\lambda\geqslant 1$ 时，取 $\lambda=1$。

在本例中，从第 3.6.8 节的截面混凝土应力验算可以得到跨中截面的下翼缘应力为：

$$\sigma=\frac{N_{pe}}{A_0}+\frac{N_{pe}\cdot e_0}{W_{0x}}=\frac{7851582}{1176498}+\frac{7851582\times 1218}{7.13\times 10^8}=20.09\text{MPa}$$

$$\sigma_c=\frac{M_{g2}}{W_{0x}}=\frac{14243.1\times 10^6}{7.13\times 10^8}=19.98\text{MPa}$$

则：

$$\lambda=\frac{19.98}{20.09}=0.99$$

$$\beta_p=\frac{1+\lambda}{2}=0.995$$

$$\beta_1=\frac{\lambda-0.5}{0.95\lambda-0.45}=1$$

用下式计算变形：

$f=\frac{5qL^4}{384\beta_p\beta_1 E_c I}$，其中 L 为梁的计算跨度，本算例中为 32.2m。

$$I=I_0=9.96\times10^{11}\text{mm}^4=0.996\text{m}^4$$

（1）梁自重产生的挠度

$$f_1=\frac{5q_1L^4}{384\beta_p\beta_1 E_c I}=\frac{5\times35.2\times32.2^4}{384\times0.995\times3.55\times10^4\times0.996}=14\text{mm}$$

（2）由道碴线路设备产生的挠度

$$f_2=\frac{5q_2L^4}{384\beta_p\beta_1 E_c I}=\frac{5\times19.6\times32.2^4}{384\times0.995\times3.55\times10^4\times0.996}=7.8\text{mm}$$

（3）由活载产生的挠度

$$f_3=\frac{5ML^2}{48\beta_p\beta_1 E_c I}=\frac{5\times14243.1\times32.2^2}{48\times0.995\times3.55\times10^4\times0.996}=43.7\text{mm}$$

（4）预加应力产生的上拱度

计算预加力产生的上拱度时，《桥规》规定梁截面抗弯刚度取 E_cI。

采用 $L/4$ 截面处的有效预应力作为全梁平均预加力矩的计算值，查表 3-11 得：

$$M_p=9762.5\text{KN}\cdot\text{m}$$

所以张拉时的上拱度为：

$$f_4=-\frac{5M_pL^2}{48E_cI}=-\frac{5\times9762.5\times32.2^2}{48\times3.55\times10^4\times0.996}=-29.9\text{mm}$$

$f=43.7+14+7.8-29.9=35.6$mm，小于《桥规》规定的 $L/800=40$mm，满足要求。

3.6.13　预应力筋计算小结

针对第 3.6.4 节给出的预应力筋初步估算面积和根数的假设，通过以上正截面抗弯强度计算、传力锚固阶段和运营阶段混凝土与力筋应力的检算、正截面抗裂性验算、斜截面抗裂验算、锚下混凝土抗裂性和局部承压强度检算、挠度及上拱度计算等均满足设计要求，说明原先对预应力筋初步估算面积和根数的假设是合理的。若在上述验算中出现某一项或几项指标与设计要求不符（安全性不满足）或差别较大（造成材料浪费），都需对预应力筋面积和根数重新估算和假设，直到满足以上全部设计要求为止。

3.6.14　非预应力钢筋的布置

预应力构件中，除配置预应力钢筋外，为了防止施工阶段因混凝土收缩和温度差及施加预加预应力过程中引起预拉区裂缝，以及防止构件在制作、堆放、运输、吊装时出现裂缝或缩小裂缝宽度，可在构件截面设置足够的非预应力钢筋。

在后张法预应力混凝土构件的预拉区和预压区，应设置纵向非预应力构造钢筋；在预应力钢筋弯折处，应加密箍筋或沿折弯处内侧布置非预应力钢筋网片，以加强在钢筋弯折区段的混凝土。

根据《桥规》规定计算，当截面内的主拉应力 $\sigma_{tp} \leqslant f_{ct}/K_2$ 时，箍筋只需构造配筋即可；当 $\sigma_{tp} \geqslant f_{ct}/K_2$ 时，需要计算配置箍筋。其中，根据规范规定 $K_2=2.0$。由第 3.6.10 节计算可知，本例中各个截面均有 $\sigma_{tp} \leqslant f_{ct}/K_2$，所以只需按构造配置箍筋。

对于非预应力钢筋，《桥规》中的要求如下：

1. 在预应力混凝土结构中应根据计算设置箍筋。如采用非预应力箍筋时，应符合下列要求：

1）箍筋直径不应小于 8mm；

2）腹板箍筋间距不应大于 200mm，并宜采用 HRB335 级钢筋；

3）在布置有纵向预应力钢筋的翼缘中，应设置闭合形或螺旋形箍筋，其间距不大于 100mm；而在梁跨端部 500mm 范围翼缘内，其间距应为 80～100mm；

4）当梁翼缘宽度大于 500mm 时，箍筋不应少于四肢；

5）用于抗扭的箍筋必须是闭合箍筋。

2. 距结构表面最近的箍筋等普通钢筋的净保护层厚度不得小于 35mm。

3. 在运营荷载作用下的截面受拉边缘，应按下列要求设置非预应力纵向钢筋：

1）对于不允许出现拉应力的构件，钢筋直径不宜小于 8mm，间距不宜大于 100mm；

2）对于允许出现拉应力和允许开裂的构件，宜采用 HRB335 级钢筋，钢筋面积应根据计算确定，但不宜小于 0.3% 的混凝土受拉区面积。钢筋宜采用较小直径及较密间距。

4. 如预应力钢筋集中在构件端部上、下翼缘内，则在该处应设足够的非预应力箍筋或预应力竖向钢筋。

按照上述构造要求，普通钢筋的布置形式如图 3-14 所示，普通钢筋用量见表 3-16。

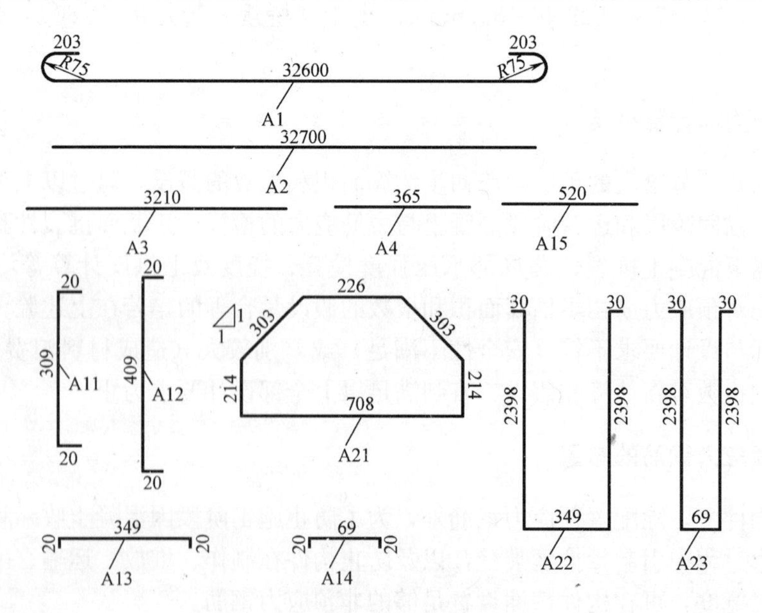

图 3-14　钢筋大样图（单位：mm）

普通钢筋用量表 **表 3-16**

编号	直径（mm）	单根长（mm）	根数（根）	总长（m）	每延米重（kg/m）	总重（kg）
A1	Φ16	33479	8	267.8	1.58	423.12
A2	Φ16	32700	20	654.0		1033.32
A3	Φ16	6210	28	173.9		274.76
A4	Φ16	365	24	8.8		13.90
A11	Φ16	349	520	181.5		286.77
A12	Φ16	449	520	233.5		368.93
A13	Φ16	389	24	9.3		14.69
A14	Φ16	109	840	91.6		144.73
A15	Φ16	520	24	12.5		19.75
A21	Φ16	1966	260	511.2		807.70
A22	Φ16	平均 5246	116	608.5		961.43
A23	Φ16	4925	260	1280.5		2023.19
Φ16 钢筋总计				4033.1	1.58	6372.15

预应力筋用量见表 3-17。

预应力钢筋用量表 **表 3-17**

编号	规格	工作长度（mm）	下料长度（mm）	根数	锚具	每延米重（kg/m）	总重（kg）
N1	3—7Φ5	32312.9	32800	2	OVM15-5	3.303	216.68
N2	4—7Φ5	32279.4	32800	2	OVM15-5	4.404	288.90
N3	4—7Φ5	32251.1	32800	2	OVM15-5	4.404	288.90
N4	3—7Φ5	32339.6	32800	1	OVM15-5	3.303	108.34
N5	3—7Φ5	32437.2	32800	2	OVM15-5	3.303	216.68
N6	4—7Φ5	32404.6	32800	2	OVM15-5	4.404	288.90
N7	4—7Φ5	32364.0	32800	2	OVM15-5	4.404	288.90
N8	3—7Φ5	32304.9	32800	1	OVM15-5	3.303	108.34
N9	4—7Φ5	32455.7	32800	2	OVM15-5	4.404	288.90
总计	3—7Φ5		196800	6		3.303	650.03
	4—7Φ5		328000	10		4.404	1444.51

预应力钢筋和非预应力钢筋在梁体中的立面布置如图 3-15 所示，截面布置如图 3-16 所示。

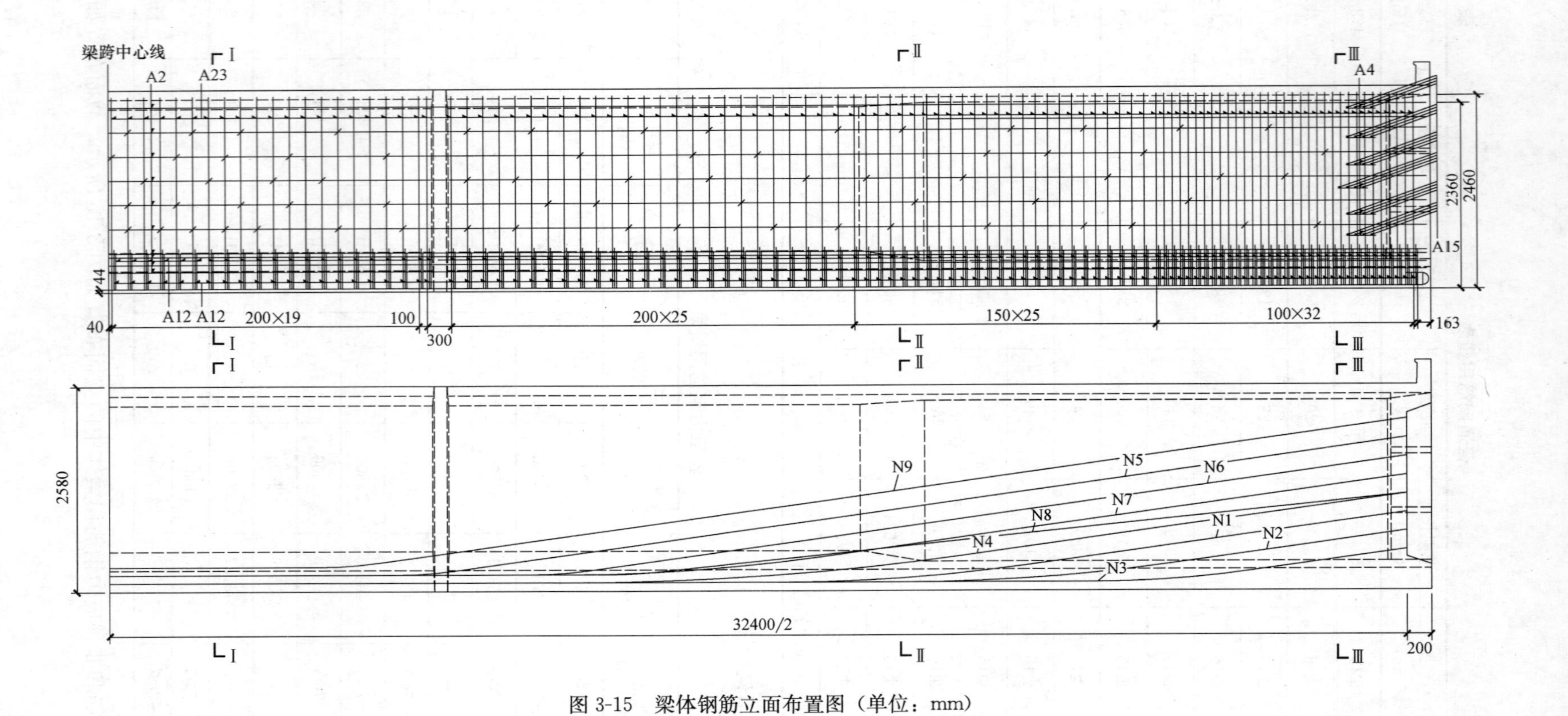

图 3-15 梁体钢筋立面布置图（单位：mm）

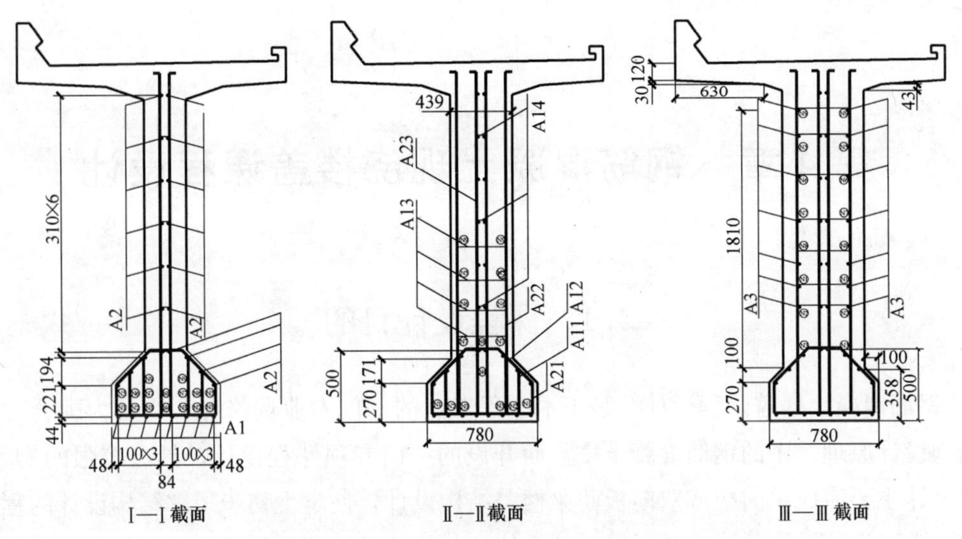

图 3-16　梁体钢筋截面布置图（单位：mm）

因预应力筋的布置已经给出，这里就不再详细的标出每个截面的预应力筋编号。

第4章　钢筋混凝土现浇楼盖课程设计

4.1　课程设计目的

"钢筋混凝土楼盖课程设计"是土木工程专业的一门专业选修课，它是为配合"混凝土结构设计原理"中的钢筋混凝土楼盖而开设的一门专项课程设计，具有较强的实践性。课程设计主要完成单向板或双向板肋梁楼盖结构设计，使学生初步了解结构设计的程序和方法；掌握设计计算的原理和手段；熟悉使用与结构设计相关的规范、规程、标准图和设计计算手册；学会编写结构计算书、绘制结构施工图，为其将来的设计、施工、工程管理等工作奠定基础。

完成本课程设计后，应该对相关的结构设计规范和标准图集的框架和内容有所了解和掌握，能够熟练运用已学的专业知识，借助结构设计规范和标准图集，独立完成钢筋混凝土楼盖的结构设计和计算，并绘制规范、明晰的结构施工图，结构施工图的内容能够清晰表达自己的设计思路和设计意图。

4.2　课程设计基础

1. 先修课程

(1) 土木工程制图及计算机绘图；

(2) 房屋建筑学；

(3) 结构力学；

(4) 混凝土结构设计原理。

2. 基本要求

要求学生在进行本课程设计之前，通过以上基础课及专业基础课的学习，能够了解单向板和双向板肋梁楼盖的结构特点；掌握其平面布置的原则、构件尺寸的确定、荷载和内力计算及配筋计算的方法。

3. 设计依据

(1)《建筑结构荷载规范》(GB 50009－2012)；

(2)《混凝土结构设计规范》(GB 50010－2010)；

(3)《建筑结构制图标准》(GB/T 50105－2010)；

(4) 相关的国家建筑标准设计图集、设计手册及教材。

4.3　单向板肋梁楼盖课程设计任务书范例

1. 设计题目

某多层房屋采用现浇钢筋混凝土单向板肋梁楼盖，承重结构为钢筋混凝土柱（或外周边砖墙、内部为框架柱），柱网布置及楼面做法见各分项说明；顶棚做法：白灰抹底15mm厚（16 kN/m^3）。楼梯间布置可不考虑。

各分方案设计条件和工况要求如下：

（1）支撑体系方案

方案一：全框架柱承重体系。

方案二：周边为370mm厚砖墙、内部为框架柱承重体系。柱均关于轴线居中布置。

（2）柱网轴线尺寸 $l_1 \times l_2$

方案一：6m×6.9m。

方案二：6.9m×7.5m。

（3）楼面用途（据此查找活荷载标准值）

方案一：商场。

方案二：密集柜书库。

荷载分项系数见荷载规范。

（4）面层做法

方案一：

铺地砖楼面	①现浇钢筋混凝土楼板； ②刷素水泥浆一道； ③25mm厚1：2干硬性水泥砂浆结合层； ④撒素水泥面(洒适量清水)； ⑤8～10mm厚铺地砖，稀水泥浆填缝

方案二：

细石混凝土楼面	①现浇钢筋混凝土楼板； ②刷素水泥浆一道； ③40mm厚C20细石混凝土随捣随抹平(表面撒1：1干水泥砂子压实抹光)

（5）跨数

方案一：4×4跨。

方案二：3×3跨。

对上述的设计条件可以进行组合，有32种组合方式，学生可以选择不同的组合进行设计。

支撑体系方案一

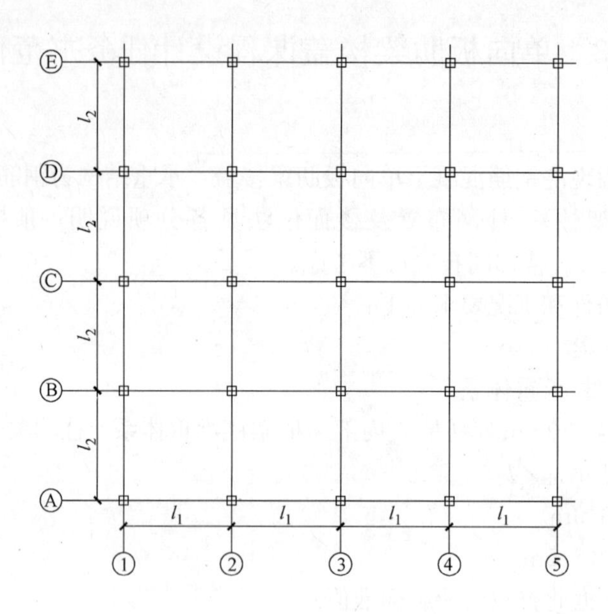

支撑体系方案二

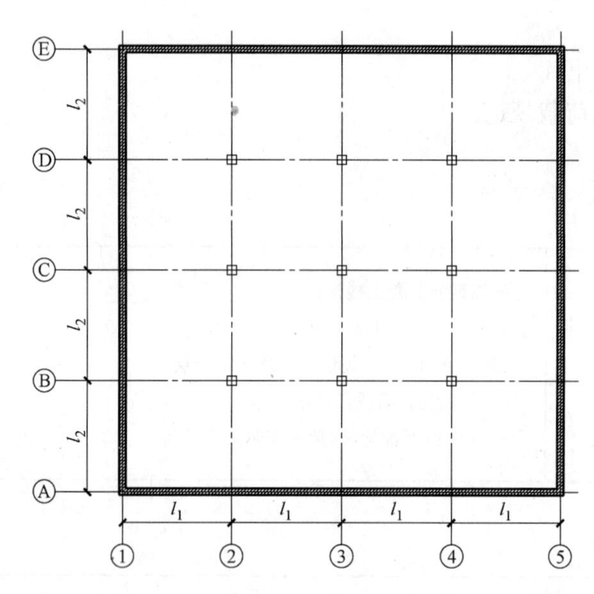

2. 材料选用

根据柱网尺寸及荷载大小进行楼面结构布置，包括梁的布置方式、间距等；确定构件的混凝土强度等级、梁内受力钢筋的强度等级、板内受力钢筋的强度等级等。

混凝土强度等级参考范围为 C20～C40。梁内纵向受力钢筋宜采用 HRB400、HRB500、HRBF400、HRBF500 钢筋，也可采用 HRB335、HRBF335、RRB400 钢筋，梁内箍筋宜采用 HRB400、HRBF400、HPB300、HRB500、HRBF500 钢筋，也可采用 HRB335、HRBF335 钢筋；板内钢筋宜采用 HPB300、HRB335 和 HRB400 级。

3. 设计要求

(1) 结构布置

① 根据柱网尺寸及结构的要求布置主梁、次梁轴线位置；

② 按照跨高比确定板厚及主梁和次梁的截面尺寸；

③ 确定材料的强度等级。

（2）板的设计

① 板荷载计算；

② 板计算简图；

③ 板内力计算；

④ 板正截面受弯承载力计算（板计算所需钢筋面积的配筋率宜在 0.3%～0.8%之间）；

⑤ 板裂缝宽度验算；

⑥ 绘制板施工图。

（3）次梁设计

① 次梁荷载计算；

② 次梁计算简图；

③ 次梁内力计算；

④ 次梁正截面受弯承载力计算（梁计算所需纵向钢筋的配筋率宜在 0.6%～1.5%之间）；

⑤ 次梁斜截面受剪承载力计算；

⑥ 次梁裂缝宽度验算；

⑦ 绘制次梁施工图。

（4）主梁设计

① 主梁荷载计算；

② 主梁计算简图；

③ 主梁内力分析；

④ 主梁弯矩、剪力包络图；

⑤ 主梁正截面受弯承载力计算（梁计算所需纵向钢筋的配筋率宜在 0.6%～1.5%之间）；

⑥ 主梁斜截面受剪承载力计算；

⑦ 主梁裂缝宽度验算；

⑧ 主梁挠度验算；

⑨ 绘制主梁施工图。

4. 考核

（1）能力培养要求

本课程设计使学生综合运用已有的专业知识解决实际工程问题，是专业知识的学习和实际运用的训练。在完成整个设计的过程中培养学生的结构设计能力和分析问题、解决问题的能力。

（2）设计计算书的要求

手写完成一份完整的钢筋混凝土现浇楼盖结构设计计算书，计算书所要包含的主要内容有：

① 设计资料；

② 楼盖的结构平面布置，确定主、次梁的跨度，并画出结构平面布置图；

③ 板的设计；

④ 次梁的设计；

⑤ 主梁的设计。

(3) 设计图纸的要求

结构施工图要求能够清晰表达设计者的设计思路和设计意图，图纸干净整洁，图面布置合理，内容充实全面，符号和标注等应符合建筑制图的一般规定。

施工图绘制包括以下内容。

① 楼盖结构平面布置图（绘制比例1：100)，包括定位轴线，柱、墙、主梁、次梁的相对位置及截面尺寸，板区格的划分。

② 板配筋图（绘制比例1：100)，按照分离式配筋方式绘制板的施工图，注意板上分布钢筋的合理布置。

③ 次梁配筋立面图（绘制比例1：50)、次梁配筋剖面图（绘制比例1：20)。选取一根典型次梁进行配筋，注意钢筋的锚固要求需要体现在施工图中。

④ 主梁配筋立面图（绘制比例1：50)、主梁配筋剖面图（绘制比例1：20)。选取一根典型主梁进行配筋，注意钢筋的锚固要求需要体现在施工图中。

以上内容要求在两张 A2 图纸上绘出（均要求手绘)。

(4) 考核方法

要求独立完成；计算正确，书写工整，施工图符合要求。

总评成绩分为优、良、中、及格和不及格五个等级，按照计算书成绩、施工图成绩及质疑成绩三个方面综合评定。其中计算书成绩占30%，施工图成绩占30%，质疑成绩占40%。

抄袭或施工图绘制等未达到制图标准和设计内容的要求，则当事人没有权利获得本课程设计的学分。

4.4 单向板肋梁楼盖课程设计方法与步骤

1. 结构的平面布置

根据任务书所给平面及荷载情况，进行单向板肋梁楼盖体系中次梁和主梁的平面布置。应满足实用经济的原则，并注意主、次梁布置形成的板块应满足单向板的要求。梁的布置力求简单、规整，以减少构件的类型，便于设计和施工。根据工业与民用建筑的最小板厚要求及梁布置后的板块跨度，并考虑荷载水平后，确定梁的截面尺寸及板的厚度。

2. 板的设计（按塑性内力重分布的方法进行设计)

根据所采用的计算方法确定板的计算简图（1m 板带)，计算板的弯矩并进行配筋计算。对于中间轴线的板带由于板的四周与梁整体连接，需考虑其内拱作用，跨中截面及中间支座截面的计算弯矩可减少20%，其他截面处的计算弯矩则不予降低（如板的角部区格、边跨的跨中截面)。

3. 次梁的设计（按塑性内力重分布的方法进行设计)

根据所采取的计算方法确定次梁的计算简图。当多跨连续次梁的跨数超过5跨，并且各跨荷载相同，且跨度相差不超过10%时，可按5跨等跨度连续梁计算，所有中间跨的内力和配筋都按第3跨处理。次梁承受的荷载主要由板传来，并考虑次梁的自重和粉刷的重量。采用弯矩调幅法进行梁的内力计算，根据弯矩系数和剪力系数得到次梁的弯矩和剪力。根据次梁控制截面的不同位置分别按T形截面和矩形截面进行正截面受弯承载力的纵筋配筋计算。根据弯矩调幅法计算所得的剪力进行斜截面受剪承载力计算。

4. 主梁的设计（按弹性的方法进行设计）

根据弹性理论确定主梁的计算简图。假定主梁的线刚度比支撑柱（或墙）的线刚度大很多，可将主梁视作铰支于支撑柱（或墙）的连续梁进行计算。主梁除了承受自重和直接作用在主梁上的荷载外，主要是次梁传来的集中荷载。为简化计算，将主梁的自重等效为集中荷载，其作用点与次梁的位置相同。按弹性方法计算主梁的内力并进行正截面受弯和斜截面受剪的配筋验算。

5. 附加横向钢筋的计算

在主梁与次梁相交处，为防止次梁的集中荷载有可能使主梁下部开裂，应以次梁集中荷载设计值作为集中力进行主梁与次梁相交处横向附加钢筋的设计验算。横向附加钢筋有附加箍筋及吊筋两种，宜优先采用箍筋，当集中荷载较大时，可增设吊筋。

6. 变形、裂缝验算

应对主次梁进行弯矩作用下的变形和裂缝验算。注意正常使用极限状态的验算，应根据不同的设计要求，采用荷载效应的标准组合、频遇组合或准永久组合进行变形和裂缝宽度的计算，并满足规范规定的限值要求。钢筋混凝土连续梁板在正常使用极限状态下的挠度，可根据构件的刚度用结构力学的方法计算。在等截面构件中，可假定各同号弯矩区段内的刚度相等，并取用该区段内最大弯矩处的刚度。当计算跨度内的支座截面刚度不大于跨中截面刚度的两倍或不小于跨中截面刚度的1/2时，该跨也可按等刚度构件进行计算，其构件刚度可取跨中最大弯矩处截面的刚度。

7. 有关制图的说明

(1) 图纸

采用A2或A2加长的图纸。

(2) 字体及图线

图纸上所有字体一律采用仿宋字，所有图线、图例及尺寸标注等均应符合制图标准。

4.5 单向板肋梁楼盖设计例题

1. 设计资料

某工业建筑仓库为外部砖墙内部框架结构体系，楼盖为钢筋混凝土楼盖，设计使用年限为50年，环境类别为一类，年平均相对湿度小于60%，最大裂缝宽度限值为0.4mm。楼盖主梁、次梁的布置如图4-1所示。图4-1中板块编号根据单向板的尺寸及边界条件进行区分，计算及绘图时可只对代表性板块进行表示。

① 楼面建筑面层做法：20mm厚水泥砂浆抹面（重度$\gamma=20\text{kN/m}^3$），20mm厚混合砂浆天棚抹灰（重度$\gamma=17\text{kN/m}^3$）。

② 活荷载：标准值为6kN/m^2，组合值系数$\psi_c=0.7$，准永久值系数$\psi_q=0.5$。

③ 材料选用：混凝土强度等级采用C25，梁内受力纵筋采用HRB335，其他钢筋采用

HPB300。

板伸入砖墙内120mm，次梁伸入砖墙内240mm，主梁伸入砖墙内370mm；柱截面尺寸为400mm×400mm。

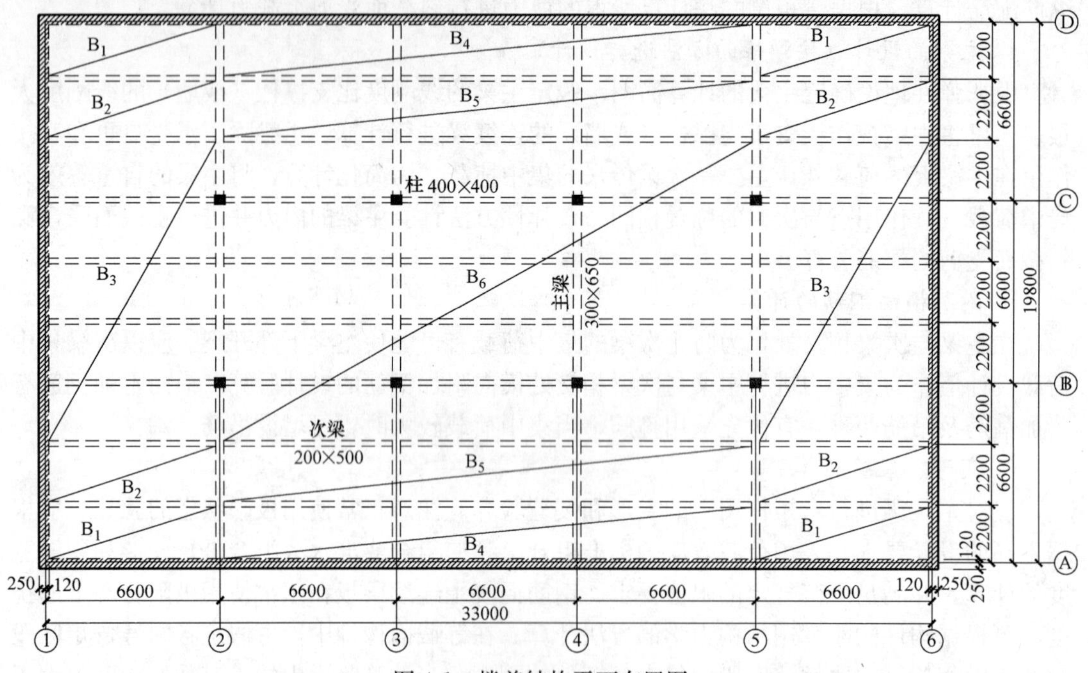

图 4-1　楼盖结构平面布置图

2. 楼盖的结构平面布置

板的长边与短边长度之比：$\frac{l_2}{l_1}=\frac{6600}{2200}=3\geqslant 3$，故按单向板设计。

板的厚度需满足最小厚度要求并按单向板短边长度对应的跨高比来确定：$h>\frac{l}{30}\approx\frac{2200}{30}=73.3$mm，取$h=80$mm。

次梁的截面高度亦按常用跨高比为12～18来确定，此时次梁的跨度为6600mm，则次梁高度$h=\left(\frac{1}{12}\sim\frac{1}{18}\right)l_0=\left(\frac{1}{12}\sim\frac{1}{18}\right)\times 6600=367\sim 550$mm，取$h=500$mm。

次梁宽度可取次梁梁高的$\frac{1}{2}\sim\frac{1}{3}$，即$b=\left(\frac{1}{2}\sim\frac{1}{3}\right)h=\left(\frac{1}{2}\sim\frac{1}{3}\right)\times 500=167\sim 250$mm，取$b=200$mm。同理，主梁的截面高度按主梁跨度和常用跨高比确定，此时主梁的跨度为6600mm，即主梁高度$h=\left(\frac{1}{15}\sim\frac{1}{10}\right)l_0=440\sim 660$mm，取$h=650$mm，主梁宽度$b=\left(\frac{1}{2}\sim\frac{1}{3}\right)h=217\sim 325$mm，取$b=300$mm。

3. 板的设计

板按考虑塑性内力重分布的方法进行设计。

(1) 荷载计算

板的永久荷载标准值（面荷载＝材料厚度×材料重度）：

20mm 厚水泥砂浆抹面	$0.02\times20=0.40\text{kN/m}^2$
80mm 钢筋混凝土板	$0.08\times25=2.00\text{kN/m}^2$
20mm 板底混合砂浆	$0.02\times17=0.34\text{kN/m}^2$

永久荷载标准值：$g_k=2.74\text{kN/m}^2$

由于是工业建筑楼盖，且楼面活荷载标准值大于 4.0kN/m^2，根据《荷载规范》规定，可变荷载分项系数可取 $\gamma_Q=1.3$。由于单向板的设计特点，可以用荷载设计值代替效应设计值来判断是否永久荷载或可变荷载起控制作用。对于由可变荷载效应控制的组合，总荷载设计值为

$$q_{总1}=\gamma_G g_k+\gamma_Q q_k=1.2\times2.74+1.3\times6=11.09\text{kN/m}^2$$

对于由永久荷载效应起控制的组合，总荷载设计值为

$$q_{总2}=\gamma_G g_k+\gamma_Q\psi_c q_k=1.35\times2.74+1.3\times0.7\times6=9.16\text{kN/m}^2$$

故本设计为由可变荷载效应控制的组合，可得到作用在板面上的各类荷载设计值：

永久荷载设计值　　$g=\gamma_G g_k=1.2\times2.74=3.29\text{kN/m}^2$

可变荷载设计值　　$q=\gamma_Q q_k=1.3\times6=7.80\text{kN/m}^2$

板的设计荷载值总值　　$g+q=11.09\text{kN/m}^2$

若取 1m 宽的板带进行设计，则作用在板上的线荷载设计值为 $g+q=11.09\text{kN/m}$，如图 4-2 所示。

(2) 板的计算简图

由于次梁截面尺寸为 200mm×500mm，墙上支承长度为 120mm，则板的计算跨度为：

边跨计算跨度 $l_{01}=l_n+\frac{1}{2}h=(2200-100-120)+\frac{80}{2}=2020\leqslant1.025l_n=2030\text{mm}$，取 $l_{01}=2020\text{mm}$；中间跨计算跨度 $l_{02}=l_n=2200-200=2000\text{mm}$。其中，$l_n$ 为次梁支座间的板净跨度，h 为板的厚度。

边跨跨度和中间跨跨度相差小于 10%，可按等跨连续板计算，则计算简图如图 4-2 所示。

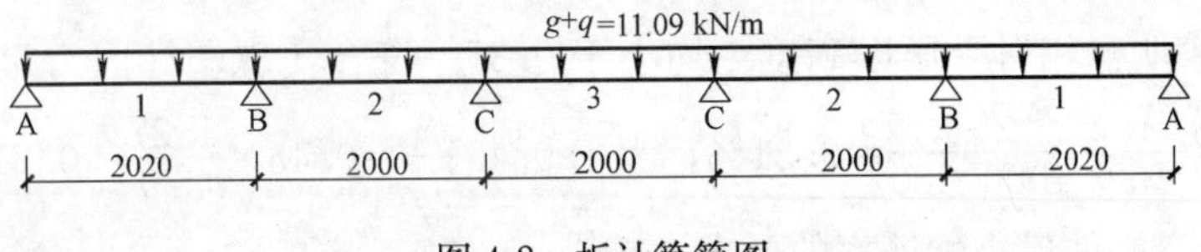

图 4-2　板计算简图

(3) 弯矩设计值

板各控制截面弯矩设计值的计算见表 4-1。

(4) 正截面受弯承载力计算

由于环境类别为一类，且混凝土强度等级为 C25，则板的混凝土保护层厚度 $c=20\text{mm}$，板的截面有效高度取 $h_0=h-a_s=80-25=55\text{mm}$，板宽 $b=1000\text{mm}$。对于 C25

混凝土，$\alpha_1=1.0$，$f_c=11.9N/mm^2$，$f_t=1.27N/mm^2$。采用 HPB300 钢筋，则 $f_y=270N/mm^2$。板配筋计算见表 4-2。

板弯矩设计值的计算 **表 4-1**

截面位置	1 边跨跨中	B 离端第二支座	2,3 中间跨跨中	C 中间支座
弯矩系数 α_m	1/11	−1/11	1/16	−1/14
计算跨度 l_0(m)	2.02	2.02	2.0	2.0
$M=\alpha_m(g+q)l_0^2$(kN·m)	4.11	−4.11	2.77	−3.17

板配筋计算 **表 4-2**

截面		1	B	2,3	C
M(kN·m)		4.11	−4.11	2.77	−3.17
$\alpha_s=\frac{\|M\|}{\alpha_1 f_c b h_0^2}$		0.114	0.114	0.077	0.088
相对受压区高度 $\xi=1-\sqrt{1-2\alpha_s}$		0.121	0.121	0.08	0.092
轴线 ①-② ⑤-⑥	计算配筋 $A_s=\frac{\xi b h_0 \alpha_1 f_c}{f_y}$ (mm²)	293	293	194	223
	实际配筋 A_s(mm²)	Φ8@150 $A_s=335$	Φ8@150 $A_s=335$	Φ8@200 $A_s=251$	Φ8@200 $A_s=251$
中间 轴线 ②-⑤	计算配筋 $A_s=\frac{\xi b h_0 \alpha_1 f_c}{f_y}$ (mm²)	293	293	194×0.8=155	223×0.8=178
	实际配筋 A_s(mm²)	Φ8@150 $A_s=335$	Φ8@150 $A_s=335$	Φ8@200 $A_s=251$	Φ8@200 $A_s=251$

表中对轴线②～⑤板带中间板块的跨中和支座弯矩设计值进行折减 20%时，近似对所计算的钢筋面积乘以 0.8 来处理。

计算结果表明：相对受压区高度 ξ 均小于 0.35，符合实现塑性内力重分布要求；板的全截面配筋率$\frac{A_s}{bh}=\frac{251}{1000\times80}=0.31\%$，大于 $0.45\frac{f_t}{f_y}=0.45\times\frac{1.27}{270}=0.21\%$，同时大于 0.2%，满足受弯构件最小配筋率的要求。

(5) 板裂缝宽度的验算

板所受的荷载标准值 $g_k=2.74kN/m$，$q_k=6kN/m$；混凝土保护层厚度 $c=20mm$；构件受力特征系数 $\alpha_{cr}=1.9$，$f_{tk}=1.78N/mm^2$，$E_s=2.1\times10^5N/mm^2$。板裂缝宽度采用效应的准永久组合计算见表 4-3。

最大裂缝宽度小于 0.4mm，符合裂缝宽度限值要求。板挠度验算此处略去。板的配筋图见图 4-8。

板裂缝宽度计算表 **表 4-3**

截面位置	1 边跨跨中	B 离端第二支座	2,3 中间跨跨中	C 中间支座
弯矩系数 α_m	1/11	−1/11	1/16	−1/14
$M_q=\alpha_m(g_k+\psi_q q_k)l_0^2$(kN·m)	2.1	−2.1	1.4	−1.6
A_s(mm²)	335	335	251	251
$d_{eq}=\frac{\sum n_i d_i^2}{\sum n_i \nu_i d_i}$(mm)	11.4	11.4	11.4	11.4
$A_{te}=0.5bh$(mm²)	40000	40000	40000	40000
$\sigma_s=\frac{\lvert M_q\rvert}{0.87A_s h_0}$(N/mm²)	131	131	116.6	133.2
$\rho_{te}=\frac{A_s}{A_{te}}$	0.008<0.01 取 0.01	0.008<0.01 取 0.01	0.006<0.01 取 0.01	0.006<0.01 取 0.01
$\psi=1.1-\frac{0.65f_{tk}}{\rho_{te}\sigma_s}$	0.22	0.22	0.11<0.20 取 0.2	0.23
$l_m=1.9c_s+0.08\frac{d_{eq}}{\rho_{te}}$(mm) ($c_s$=20mm)	129.2	129.2	129.2	129.2
$w_{max}=1.9\psi\frac{\sigma_s}{E_s}l_m$(mm)	0.03	0.03	0.03	0.04

4. 次梁的设计

次梁按考虑塑性内力重分布的方法进行设计。根据楼盖的实际情况，楼盖次梁和主梁的可变荷载均不考虑梁从属面积的活荷载折减。根据图 4-1，次梁间轴线距离为 2200mm，梁间净距 $s_n=2000$mm。

(1) 荷载计算

永久荷载标准值：

板传来的荷载　　$2.74\times2.2=6.03$kN/m

次梁自重　　$0.2\times(0.5-0.08)\times25=2.10$kN/m

次梁粉刷　　$0.02\times(0.5-0.08)\times2\times17=0.28$kN/m

小计：　　$g_k=8.41$kN/m

永久荷载设计值：　　$g=\gamma_G g_k=1.2\times8.41=10.10$kN/m

可变荷载标准值：　　$q_k=6\times2.2=13.20$kN/m

可变荷载设计值：　　$q=\gamma_Q q_k=1.3\times13.20=17.16$kN/m

荷载总设计值：　　$g+q=10.1+17.16=27.26$kN/m

(2) 计算简图

次梁在砖墙上支承长度为 $a=240$mm，主梁截面为 300mm×650mm，则次梁计算跨度为：

边跨计算跨度 $l_{01}=l_n+\frac{1}{2}a=(6600-120-300/2)+240/2=6450\leqslant 1.025l_n=6488$mm，取 $l_{01}=6450$mm；中间跨计算跨度 $l_{02}=l_n=6600-300=6300$mm

边跨和中间跨跨度相差小于 10%，可按等跨连续梁计算，则次梁计算简图如图 4-3 所示。

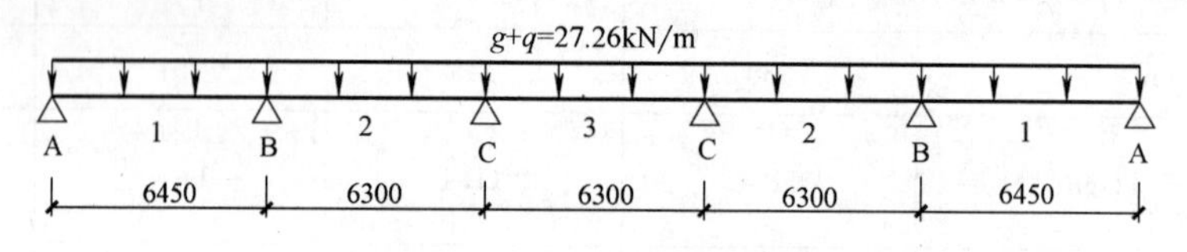

图 4-3 次梁计算简图

（3）内力计算

次梁弯矩设计值的计算见表 4-4，次梁剪力设计值的计算见表 4-5。

次梁弯矩设计值的计算 **表 4-4**

截面位置	1 边跨跨中	B 离端第二支座	2,3 中间跨跨中	C 中间支座
弯矩系数 α_m	1/11	−1/11	1/16	−1/14
计算跨度 l_0(m)	6.45	6.45	6.30	6.30
$M=\alpha_m(g+q)l_0^2$(kN·m)	103.1	−103.1	67.6	−77.3

次梁剪力设计值的计算 **表 4-5**

截面位置	A 边支座	B(左) 离端第二支座	B(右) 离端第二支座	C 中间支座
剪力系数 α_v	0.45	0.60	0.55	0.55
净跨度 l_n(m)	6.33	6.33	6.30	6.30
$V=\alpha_v(g+q)l_n$(kN)	77.65	103.5	94.5	94.5

（4）承载力计算

① 正截面受弯承载力计算。

根据梁不同位置处的弯矩特征，梁的支座处截面配筋按矩形截面设计，梁跨内截面按 T 形截面设计。由于板厚为 $h_f'=80$mm 与次梁高度 h 的比值 $h_f'/h>0.1$，故 T 形截面翼缘宽度 b_f' 可取①$l_0/3$；②$b+s_n$ 两者中的较小值。其中，b 为次梁宽度，s_n 为次梁间净距。混凝土采用 C25，次梁纵筋采用 HRB335 级钢筋，箍筋采用 HPB300 级钢筋。

由于 $l_0/3=6450/3=2150$mm，$b+s_n=200+2000=2200$mm，故取 $b_f'=2150$mm。钢筋均按布置一排考虑，次梁截面有效高度 $h_0=h-a_s=500-40=460$mm。

经表 4-6 计算判断，各跨中截面的受压区高度均小于翼缘厚度，属于第一类 T 形截面。

次梁正截面配筋计算见表 4-6。

次梁正截面配筋计算 **表 4-6**

截面	1	B	2,3	C
M(kN·m)	103.1	−103.1	67.6	−77.3
$\alpha_s=\frac{\lvert M\rvert}{\alpha_1 f_c b h_0^2}$(支座)或 $\alpha_s=\frac{\lvert M\rvert}{\alpha_1 f_c b_f' h_0^2}$(跨中)	0.019	0.205	0.012	0.15
$\xi=1-\sqrt{1-2\alpha_s}$	0.019	0.232	0.012	0.163
计算配筋(mm^2) $A_s=\frac{\xi b h_0 \alpha_1 f_c}{f_y}$(支座) 或 $A_s=\frac{\xi b_f' h_0 \alpha_1 f_c}{f_y}$(跨中)	745	847	471	595
配筋方案及实际面积 A_s(mm^2)	3Φ18=763	2Φ20+1Φ18=882	2Φ18=509	3Φ16=603

计算结果表明：支座截面处的相对受压区高度 ξ 均小于 0.35，符合实现塑性内力重分布的要求，受拉区钢筋的全截面配筋率 $\frac{A_s}{bh}=\frac{509}{200\times500}=0.509\%$ 大于 $\rho_{min}=0.45\frac{f_t}{f_y}=0.45\times\frac{1.27}{300}=0.19\%$，同时也大于 0.2%，满足受弯构件最小配筋率的要求。

② 斜截面受剪承载力计算。

为防止斜压破坏，验算次梁截面尺寸：

次梁腹板高度 $h_w=h_0-h_f'=460-80=380$mm，因 $h_w/b=380/200=1.9<4$，截面尺寸按下式计算：

$0.25\beta_c f_c b h_0=0.25\times1\times11.9\times200\times460=273.7\text{kN}>V_{max}=103.5\text{kN}$，故截面尺寸满足要求。

腹筋计算：

次梁截面仅按构造配置箍筋的最大剪力限值为 $0.7f_t b h_0=0.7\times1.27\times200\times460=81.8$kN，对比各截面的剪力效应设计值，除了 A 截面按照构造配箍筋外，其余各截面应按计算配置腹筋。

计算所需腹筋：

采用直径Φ6 的双肢箍筋，对于支座 B 左侧截面。$V_{Bl}=103.5$kN，由 $V_{cs}=0.7f_t b h_0+f_{yv}\frac{A_{sv}}{s}h_0$，可得箍筋间距：

$$s=\frac{f_{yv}A_{sv}h_0}{V_{Bl}-0.7f_t b h_0}=\frac{270\times56.6\times460}{103.5\times10^3-0.7\times1.27\times200\times460}=324\text{mm}$$

为保证弯矩调幅的顺利实现，支座截面处受剪承载力应予以加强，可将梁局部范围内计算的箍筋面积增加 20%或箍筋间距减小 20%，现调整箍筋间距，则 $s=0.8\times324=259$mm，为了满足最小配箍率的要求，最后取箍筋间距 $s=150$mm。为了方便施工，间距沿梁长保持不变。

按照《钢筋混凝土连续梁和框架考虑内力重分布设计规程》的要求，正截面承载力按弯矩调幅进行设计时，要求调幅截面处的配箍率不小于：$0.3\dfrac{f_t}{f_{yv}}=0.3\times\dfrac{1.27}{270}=0.14\%$，实际配箍率 $\rho_{sv}=\dfrac{A_{sv}}{bs}=\dfrac{56.6}{200\times150}=0.19\%>0.14\%$，满足要求。

（5）次梁裂缝宽度的验算

作用在次梁上的荷载标准值，$g_k=8.41\text{kN/m}$，$q_k=13.2\text{kN/m}$，混凝土保护层厚度 $c=25\text{mm}$，纵筋保护层厚度 $c_s\approx30\text{mm}$；构件受力特征系数 $\alpha_{cr}=1.9$，$f_{tk}=1.78\text{N/mm}^2$，$E_s=2.0\times10^5\text{N/mm}^2$。次梁裂缝宽度计算见表 4-7。

次梁裂缝宽度计算表 **表 4-7**

截面位置	1 边跨跨中	B 离端第二支座	2,3 中间跨跨中	C 中间支座
弯矩系数 α_m	1/11	−1/11	1/16	−1/14
$M_q=\alpha_m(g_k+\psi_q q_k)l_0^2$(kN·m)	56.7	−56.7	37.2	−42.5
A_s(mm²)	763	882	509	603
$d_{eq}=\dfrac{\sum n_i d_i^2}{\sum n_i \nu_i d_i}$ (mm)	18	19.4	18	16
$A_{te}=0.5bh$(mm²)	50000		50000	
$A_{te}=0.5bh+(b_f'-b)h_f'$(mm²)		206000		206000
$\sigma_s=\dfrac{M_q}{0.87A_s h_0}$(N/mm²)	185.7	160.6	182.6	176.1
$\rho_{te}=\dfrac{A_s}{A_{te}}$	0.015	0.0043<0.01 取 0.01	0.01	0.0029<0.01 取 0.01
$\psi=1.1-\dfrac{0.65f_{tk}}{\rho_{te}\sigma_s}$	0.68	0.38	0.47	0.44
$l_m=1.9c_s+0.08\dfrac{d_{eq}}{\rho_{te}}$ (c_s=30mm)(mm)	153	212	201	185
$w_{max}=1.9\psi\dfrac{\sigma_s}{E_s}l_m$(mm)	0.18	0.12	0.16	0.14

裂缝宽度满足 0.4mm 宽度限值的要求。次梁挠度计算略。次梁的配筋图见图 4-9。

5. 主梁的设计

主梁按弹性方法进行设计。

（1）荷载计算（将主梁自重等效为次梁位置处的集中荷载）

次梁传来的永久荷载设计值：　　$10.1\times6.6=66.66\text{kN}$

主梁自重（含粉刷）等代的集中荷载：$1.2\times[(0.65-0.08)\times0.3\times2.2\times25+2\times(0.65-0.08)\times0.02\times2.2\times17]=12.31\text{kN}$

永久荷载 $G=66.66+12.31=78.97\text{kN}$　　　取 $G=80\text{kN}$

可变荷载 $Q=17.16\times6.6=113.2\text{kN}$　　　取 $Q=115\text{kN}$

（2）计算简图

主梁按连续梁计算，端部支承在砖墙上，支承长度为 $a=370\text{mm}$，中间与 400mm×400mm 的混凝土柱整浇，假定主梁线刚度与柱的线刚度之比大于 5，主梁可视为铰支在柱顶上的连续梁。主梁的计算跨度：边跨净跨度为 $l_n = 6600 - 200 - 120 = 6280\text{mm}$，因 $0.025l_n = 157\text{mm} < a/2 = 185\text{mm}$，取边跨计算跨度 $l_{01} = 1.025l_n + b/2 = 1.025 \times 6280 + 400/2 = 6637\text{mm}$，近似取 $l_{01} = 6640\text{mm}$。

中间跨计算跨度：$l_0 = 6600\text{mm}$

计算简图如图 4-4 所示。

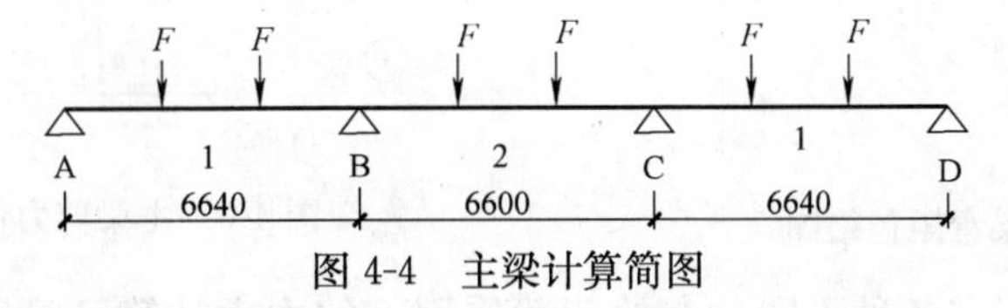

图 4-4 主梁计算简图

(3) 内力计算

① 弯矩设计值：在各种不同分布荷载作用下的内力计算可采用等跨连续梁的内力系数表进行，并考虑活荷载的不利布置，跨内和支座截面的最大弯矩按下式计算。

$$M = kGl_0 + kQl_0$$

其中，k 可由书中附表 4-1 查取；l_0 为计算跨度，对于 B 支座，计算跨度可取相邻两跨的平均值。取 $l_0 = 6620\text{mm}$。具体计算结果见表 4-8。将这几种最不利荷载组合下的弯矩图叠画在同一坐标图上，即可得出主梁的弯矩包络图，如图 4-5 所示。

主梁弯矩计算（kN·m） **表 4-8**

项次	计算简图	k/M_1	k/M_B	k/M_2	k/M_C
①	G G G G G G	0.244 / 129.6	−0.267 / −141.4	0.067 / 35.4	−0.267 / −141.4
		−141.4; 35.4; 82.8; 129.6			
②	Q Q Q Q	0.289 / 220.7	−0.133 / −101.3	−0.133 / −101.3	−0.133 / −101.3
		−101.3; 187; 220.7			
③	Q Q		−0.133 / −101.3	0.200 / 151.8	−0.133 / −101.3
		−34.4; −68.8; −101.3; 151.8			
④	Q Q Q Q	0.229 / 174.9	−0.311 / −236.8	0.170 / 129	−0.089 / −67.8
		−236.8; −67.8; −45.2; −22.6; 72.5; 129; 96.7; 174.9			

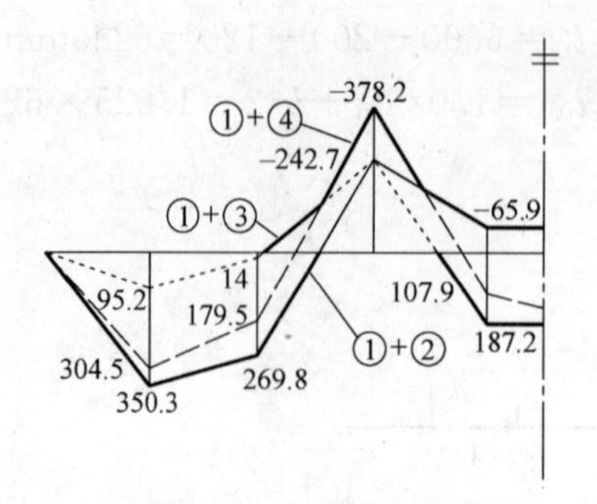

图 4-5　主梁弯矩包络图

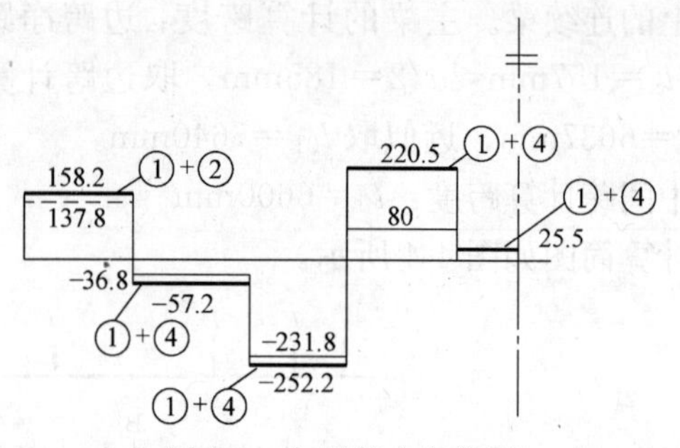

图 4-6　主梁剪力包络图

② 剪力设计值：在各种不同分布的荷载作用下的内力计算可采用等跨连续梁的内力系数表进行，支座截面的最大剪力按下式计算。

$$V=kG+kQ$$

其中，k 可由书中附表 4-1 查取。具体计算结果见表 4-9。将这几种最不利荷载组合下的剪力图叠画在同一坐标图上，即可得出主梁的剪力包络图，见图 4-6。

主梁剪力计算（kN）　　　　**表 4-9**

项次	计算简图	k/V_A	$k/V_{B左}$	$k/V_{B右}$
①	G G G G G G	$\frac{0.733}{58.6}$	$\frac{-1.267}{-101.4}$	$\frac{1.00}{80}$
		58.6　−21.4　−101.4　80		
②	Q Q Q Q	$\frac{0.866}{99.6}$	$\frac{-1.134}{-130.4}$	$\frac{0}{0}$
		99.6　−15.4　−130.4		
④	Q Q Q Q	$\frac{0.689}{79.2}$	$\frac{-1.311}{-150.8}$	$\frac{1.222}{140.5}$
		79.2　−35.8　−150.8　140.5　25.5　−89.5　10.2		

（4）主梁正截面承载力计算

与次梁正截面设计类似，主梁的支座按矩形截面设计，主梁跨中按 T 形截面设计，T 形截面的翼缘宽度 b_f' 取 $l_0/3$ 和 $b+s_n$ 两者中的较小值，由于 $\frac{1}{3}l_0=\frac{1}{3}\times6600=2200\text{mm}$，$b+s_n=6600\text{mm}$，故取 $b_f'=2200\text{mm}$。主梁跨中底部按布置一排筋考虑。

① 主梁跨中截面有效高度 $h_0=h-a_s=650-45=605\text{mm}$。

翼缘厚：　　$h_f'=80\text{mm}$。

判定 T 形截面类型：

$\alpha_1 f_c b_f' h_f'\left(h_0-\frac{h_f'}{2}\right)=1.0\times11.9\times2200\times80\times\left(605-\frac{80}{2}\right)=1183.3\times10^6=1183.3\text{kN}\cdot\text{m}>$

350.3kN·m 故各跨中截面均属于第一类 T 形截面。

② 支座截面按矩形截面计算，离端第二支座 B 截面上部按布置两排纵向钢筋考虑，取 $h_0=h-a_s=650-85=565$mm。具体计算过程见表 4-10。

主梁正截面配筋计算 **表 4-10**

截　面	1	B	2	
弯矩 M(kN·m)	350.3	−378.2	187.2	−65.9
$V_0b/2$ (kN·m)		(80+115)×0.4/2=39		
$M-\frac{1}{2}V_0b$		−339.2		
$\alpha_s=\frac{\lvert M\rvert}{\alpha_1 f_c bh_0^2}$或$\alpha_s=\frac{\lvert M\rvert}{\alpha_1 f_c b_f' h_0^2}$	0.037	0.297	0.020	0.050
$\xi=1-\sqrt{1-2\alpha_s}$ ($\leqslant\xi_b=0.550$)	0.038	0.36	0.020	0.051
$A_s=\frac{\alpha_1 f_c b\xi h_0}{f_y}$或$A_s=\frac{\alpha_1 f_c b_f'\xi h_0}{f_y}$ (mm²)	2006	2420	1056	367
选用钢筋	2Φ25 +3Φ22(弯)	3Φ22(弯)+4Φ22	2Φ25+1Φ18	2Φ22
实际钢筋截面面积 (mm²)	2122	2661	1236.5	760

(5) 主梁斜截面承载力计算

主梁斜截面配筋计算见表 4-11。

主梁斜截面配筋计算 **表 4-11**

截　面	A	$B_{左}$	$B_{右}$
V (kN)	158.2	252.2	220.5
h_0(mm)	605	565	565
	$\frac{h_w}{b}=605/300=2.02<4$， 截面尺寸按下式验算	$\frac{h_w}{b}=565/300=1.9<4$， 截面尺寸按下式验算	$\frac{h_w}{b}=565/300=1.9<4$， 截面尺寸按下式验算
$0.25\beta_c f_c bh_0$(kN)	540>V 截面满足	504.3>V 截面满足	504.3>V 截面满足
$V_c=0.7f_tbh_0$(kN)	161.4>V 需按构造配箍筋	150.7<V 需计算配箍筋	150.7<V 需计算配箍筋
箍筋肢数、直径	2Φ8	2Φ8	2Φ8
$A_{sv}=nA_{sv1}$(mm²)	100.6	100.6	100.6
$s=f_{yv}A_{sv}h_0/(V-V_c)$(mm)	150	151	220
实配箍筋间距(mm)	取 150	取 150	取 150
验算最小配箍率	$\rho_{sv}=\frac{A_{sv}}{bs}=\frac{100.6}{300\times150}=0.22\%>0.24\frac{f_t}{f_{yv}}=0.113\%$，满足要求		

(6) 次梁两侧附加横向钢筋的计算

次梁传来的集中力：$F_l=66.66+115=181.66$kN，选用附加双肢箍筋Φ8@50，则需要箍筋的排数：$m=\frac{F_l}{nf_{yv}A_{sv1}}=\frac{181.66\times10^3}{2\times270\times50.3}=7$，考虑到附加箍筋要在次梁两侧对称布置，因此两边各配置 4 道箍筋，不需另配置吊筋。

(7) 主梁裂缝宽度的验算

次梁位置处集中荷载标准值 $G_k=66.7$ kN，$Q_k=88.5$kN，主梁裂缝宽度计算见表 4-12（表中各弯矩系数均按各计算截面的最大弯矩选用）。

主梁裂缝宽度计算表　　　　　　　　表 4-12

截面位置	1 边跨跨中	B 离端第二支座柱边	2 中间跨跨中
$M_q=k_1G_kl_0+k_2\psi_qQ_kl_0$(kN·m)	193	−177.9	87.9
A_s(mm^2)	2122	2661	1236.5
$d_{eq}=\frac{\sum n_id_i^2}{\sum n_i\nu_id_i}$ (mm)	23.3	22	23.1
$A_{te}=0.5bh$(mm^2)	97500		97500
$A_{te}=0.5bh+(b_f'-b)h_f'$(mm^2)		249500	
$\sigma_s=\frac{M_q}{0.87A_sh_0}$ (N/mm^2)	172.8	136	135
$\rho_{te}=\frac{A_s}{A_{te}}$	0.022	0.01	0.013
$\psi=1.1-\frac{0.65f_{tk}}{\rho_{te}\sigma_s}$	0.80	0.25	0.44
$l_m=1.9c_s+0.08\frac{d_{eq}}{\rho_{te}}$ (mm) ($c_s=c+d_v\approx35$mm)	151.2	261.5(c_s=45mm)	208.7
$w_{max}=1.9\psi\frac{\sigma_s}{E_s}l_m$(mm)	0.20	0.08	0.12

裂缝宽度满足 0.4mm 的宽度的要求。

(8) 主梁挠度计算

由于本楼盖体系中的主梁在第一跨的跨中弯矩最大，因此挠度也最大，故只验算此跨的挠度即可。主梁为作用有两个集中荷载的连续梁，需要用图乘法求挠度，基本体系选用简支梁，在单位荷载下的弯矩图如图 4-7 所示，将单位荷载下的弯矩图与荷载作用下的弯矩图图乘，即可求出第一跨的最大挠度。

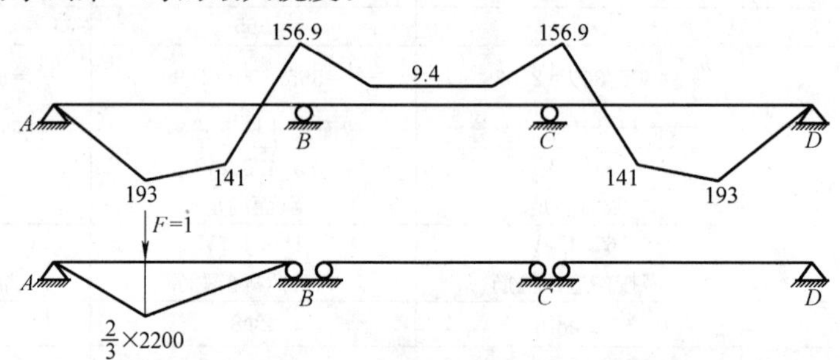

图 4-7　主梁在荷载标准值作用下的弯矩图及单位荷载下的弯矩图

由表 4-12 可得，$\psi=0.80$，$\rho=\frac{A_s}{bh_0}=\frac{2122}{300\times605}=0.012$，准永久荷载组合下第一跨跨中最大弯矩为：

$$M_q=k_1G_kl_0+k_2Q_kl_0\times0.5$$
$$=0.244\times66.7\times6.64+0.289\times88.5\times6.64\times0.5=193\text{kN}\cdot\text{m}$$

第二跨跨中最大弯矩为

$$M_q=k_1G_kl_0+k_2Q_kl_0\times0.5$$
$$=0.067\times66.7\times6.60-0.133\times88.5\times6.60\times0.5=-9.4\text{kN}\cdot\text{m}$$

B 支座弯矩为：

$$M_q=k_1G_kl_0+k_2Q_kl_0\times0.5$$
$$=-0.267\times66.7\times6.62-0.133\times88.5\times6.62\times0.5=-156.9\text{kN}\cdot\text{m}$$

其中，k_1、k_2 由附表 4-1 查得。

钢筋与混凝土弹性模量比：$\alpha_E=\frac{E_s}{E_c}=\frac{2\times10^5}{2.8\times10^4}=7.14$

$$\gamma'_f=\frac{(b'_f-b)h'_f}{bh_0}=\frac{(2200-300)\times80}{300\times605}=0.837$$

截面的短期刚度为：

$$B_s=\frac{E_sA_sh_0^2}{1.15\psi+0.2+\frac{6\alpha_E\rho}{1+3.5\gamma'_f}}=\frac{2.0\times10^5\times2122\times605^2}{1.15\times0.80+0.2+\frac{6\times7.14\times0.012}{1+3.5\times0.837}}$$

$$=1.24\times10^{14}(\text{N}\cdot\text{mm}^2)$$

则受弯构件考虑荷载长期作用影响的刚度

$$B=\frac{B_s}{\theta}=\frac{1.24\times10^{14}}{2}=6.2\times10^{13}\text{N}\cdot\text{mm}^2$$

其跨中最大竖向位移，由图乘法得：

$$f_{max}=\frac{1}{B}\left[\frac{1}{2}\times193\times2200\times\frac{2}{3}\times2200\times\frac{2}{3}+\frac{1}{2}\times193\times4400\times\frac{2}{3}\times2200\times\frac{2}{3}+\right.$$

$$\frac{1}{2}\times141\times2200\times\frac{1}{3}\times2200\times\frac{2}{3}+\frac{1}{2}\times\frac{141}{2}\times2200\times\frac{2}{3}\times2200\times\frac{2}{3}+\frac{141}{2}\times2200\times$$

$$\frac{1}{2}\times\left(\frac{2}{3}\times2200+\frac{1}{3}\times2200\right)+\frac{1}{2}\times\frac{141}{2}\times2200\times\left(\frac{2200}{3}+\frac{2200}{3}\times\frac{1}{3}\right)-\frac{1}{2}\times\frac{2}{3}\times$$

$$\left.2200\times2200\times\frac{156.9}{3}\times\frac{2}{3}-\frac{1}{2}\times\frac{2}{3}\times2200\times4400\times\left(\frac{156.9}{3}+\frac{2\times156.9}{3}\times\frac{1}{3}\right)\right]\times10^6$$

$$=\frac{1}{6.2\times10^{13}}(2.08\times10^8+4.15\times10^8+7.58\times10^7+7.58\times10^7+1.71\times10^8+7.58\times10^7$$

$$-5.62\times10^7-2.81\times10^8)\times10^6$$

$$=11.03\text{mm}<f_{lim}=\frac{l}{200}=33\text{mm}$$

挠度满足规范要求。主梁配筋图如图 4-10 所示。

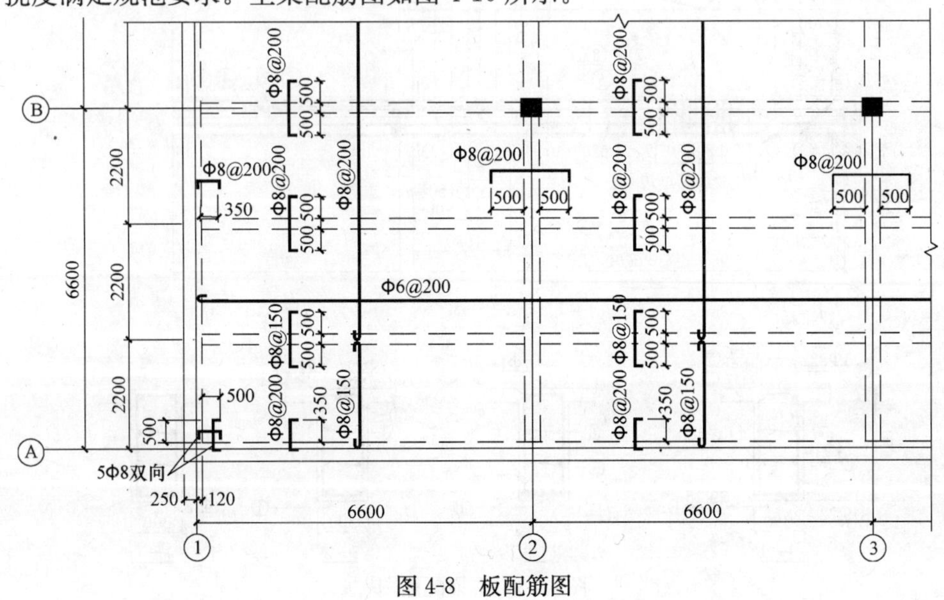

图 4-8　板配筋图

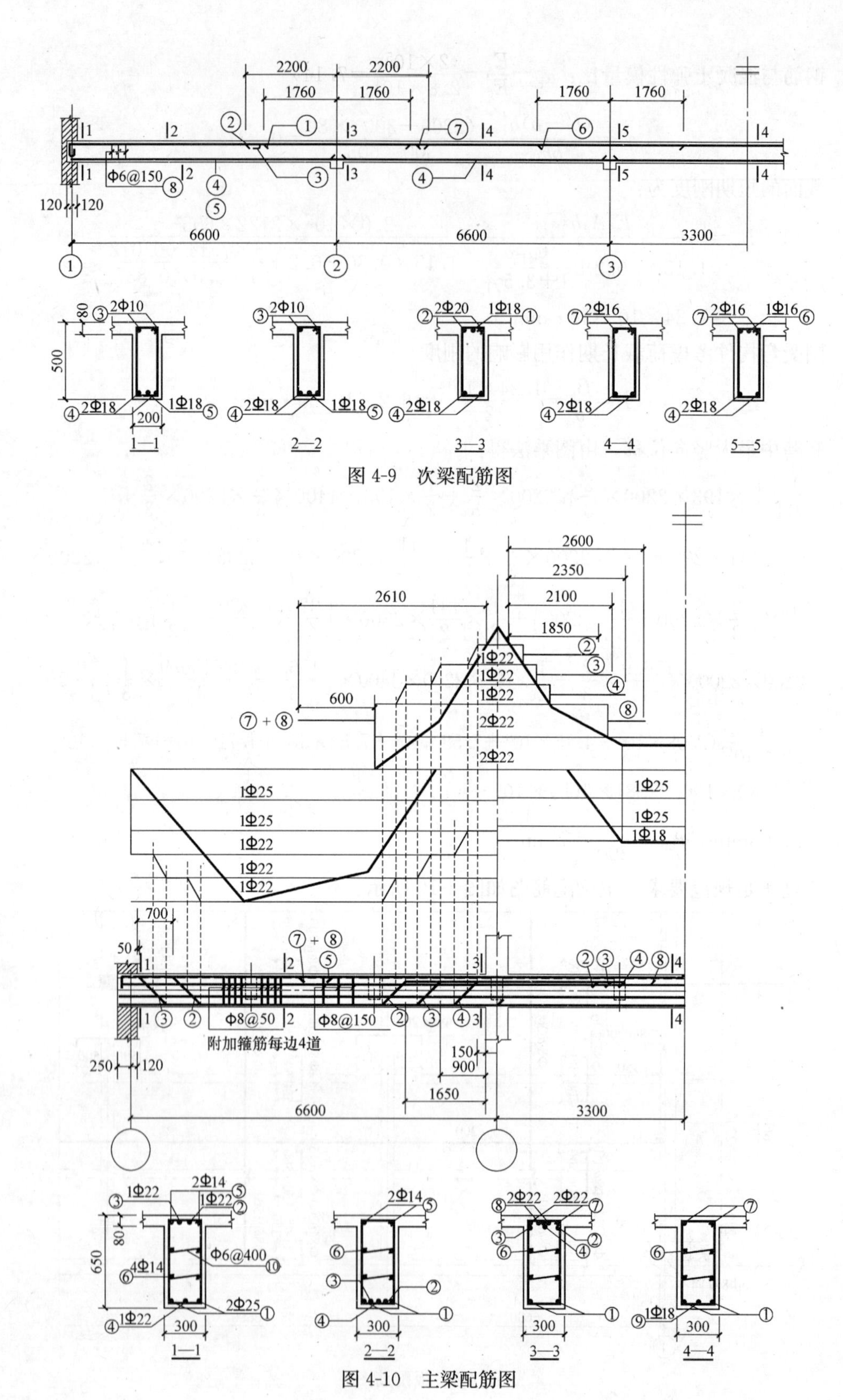

图 4-9　次梁配筋图

图 4-10　主梁配筋图

4.6　双向板肋梁楼盖课程设计任务书范例

1. 设计任务

某多层房屋采用现浇钢筋混凝土双向板肋梁楼盖，承重结构为钢筋混凝土柱（或外砖墙内框架），柱网布置及楼面做法见各分项说明。顶棚做法：白灰抹底 15mm 厚（16kN/m^3）。楼梯间布置可不考虑。

各分方案设计条件和工况要求如下。

（1）支撑体系方案

方案一：全框架柱承重体系。

方案二：周边为 370mm 厚砖墙，内部为框架柱承重体系。柱均关于轴线居中布置。

（2）柱网轴线尺寸 $l_1 \times l_2$

方案一：4.5m×3.9m。

方案二：5m×4m。

（3）楼面用途（据此查找活荷载标准值）

方案一：商场。

方案二：密集柜书库，荷载分项系数见荷载规范。

（4）面层做法

方案一：

铺地砖楼面	①现浇钢筋混凝土楼板； ②刷素水泥浆一道； ③25mm 厚 1∶2 干硬性水泥砂浆结合层； ④撒素水泥面(洒适量清水)； ⑤8～10mm 厚铺地砖，稀水泥浆填缝

方案二：

细石混凝土楼面	①现浇钢筋混凝土楼板； ②刷素水泥浆一道； ③40mm 厚 C20 细石混凝土随捣随抹平(表面撒 1∶1 干水泥砂子压实抹光)

（5）跨数

方案一：4×4 跨。

方案二：3×3 跨。

对上述的设计条件可以进行组合，有 32 种组合方式，学生可以选择不同的组合进行设计。

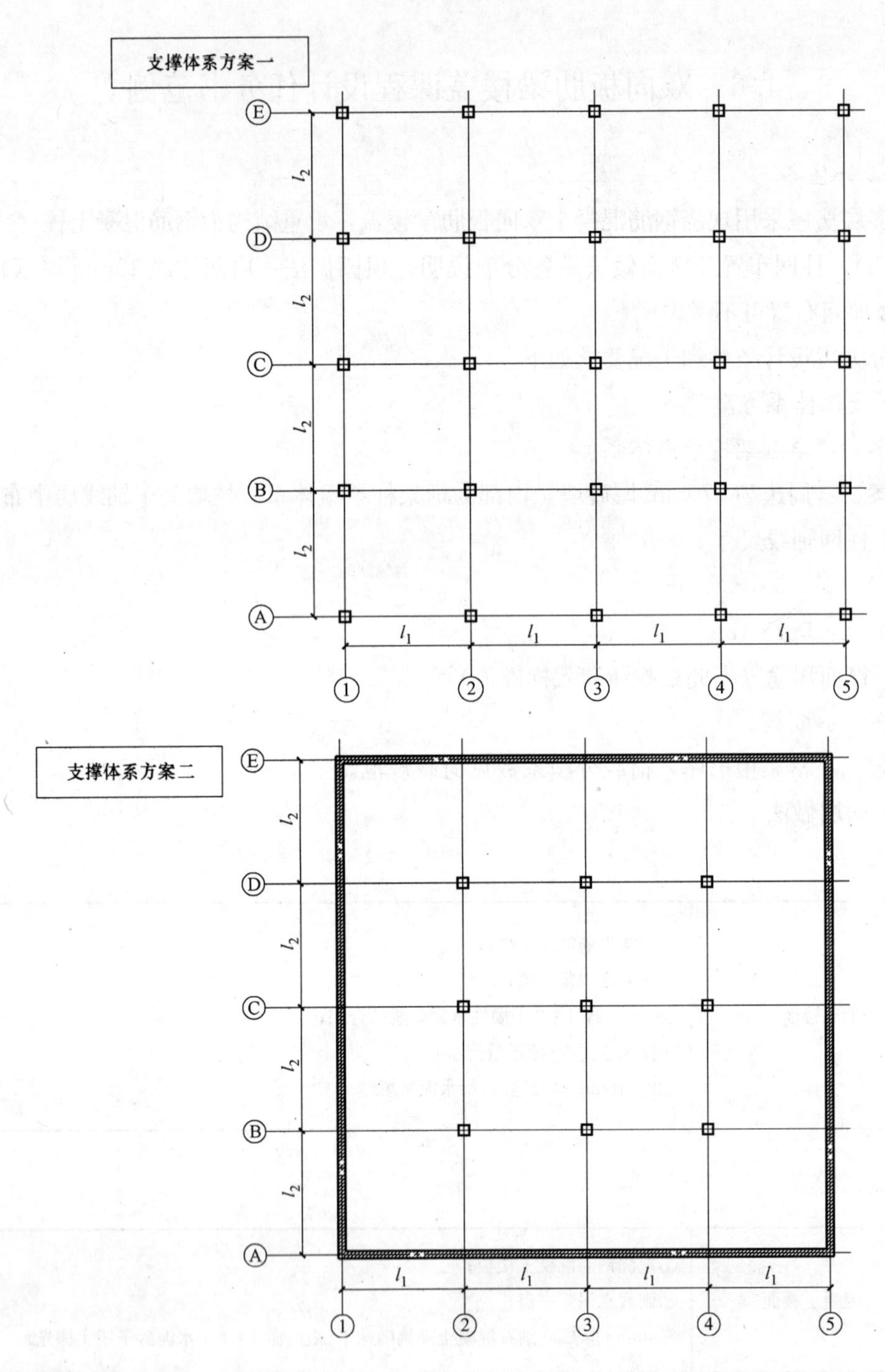

2. 材料选用

确定构件的混凝土强度等级、梁内受力钢筋的强度等级、板内受力钢筋的强度等级。混凝土强度等级参考范围为 C20～C40。梁内纵向受力钢筋宜采用 HRB400、HRB500、HRBF400、HRBF500 钢筋，也可采用 HRB335、HRBF335、RRB400 钢筋，梁内箍筋宜采用 HRB400、HRBF400、HPB300、HRB500、HRBF500 钢筋，也可采用 HRB335、HRBF335 钢筋，板内钢筋宜采用 HPB300、HRB335 和 HRB400 级。

3. 设计要求

(1) 板的设计

① 板荷载计算；

② 板按弹性理论计算并设计；

③ 板按塑性理论计算并设计；

④ 绘制板施工图。

(2) 梁设计

① 梁荷载计算；

② 梁计算简图；

③ 梁按弹性理论计算并设计；

④ 绘制梁施工图。

4. 考核

(1) 能力培养要求

本课程设计使学生综合运用已有的专业知识解决实际工程问题，是专业知识的学习和实际运用的训练。在完成整个设计的过程中培养了学生的结构设计能力和分析问题、解决问题的能力。

(2) 设计计算书的要求

手写完成一份完整的钢筋混凝土现浇楼盖结构设计计算书，计算书所要包含的主要内容有：

① 设计资料；

② 楼盖的结构平面布置；

③ 板的设计；

④ 梁的设计。

(3) 设计图纸的要求

结构施工图要求能够清晰表达设计者的设计思路和设计意图，图纸干净整洁，图面布置合理、内容充实全面，符号和标注等应符合建筑制图的一般规定。

施工图绘制包括以下内容。

① 楼盖结构平面布置图（绘制比例 1∶100）包括定位轴线，柱、墙、梁的相对位置及截面尺寸，板区格的划分。

② 板按弹性理论计算的配筋图（绘制比例为 1∶100）。

③ 板按塑性理论计算的配筋图（绘制比例为 1∶100）。

④ 梁配筋图（绘制比例为 1∶50）。

以上内容要求在两张 A2 的图纸上绘出（均要求手绘）。

(4) 考核方法

要求独立完成；计算正确，书写工整，施工图符合要求。

总评成绩分为优、良、中、及格和不及格五个等级，按照计算书成绩、施工图成绩以及质疑三个方面综合评定。其中计算书成绩占 30%，施工图成绩占 30%，质疑成绩占 40%。

抄袭或施工图绘制等未达到制图标准和设计内容的要求，则当事人没有权利获得本课程设计的学分。

4.7 双向板肋梁楼盖课程设计方法与步骤

1. 结构的平面布置

根据任务书所给平面以及荷载情况，将楼盖体系中次梁和主梁的平面布置设计成满足长短边之比不大于 2 的双向板主次梁体系，并满足实用经济的原则。主次梁布置力求简单、规整，以减少构件的类型，便于设计和施工。根据工业与民用建筑的最低板厚要求及梁布置后的板块跨度，确定梁的截面尺寸及板的厚度。

2. 双向板按弹性理论方法的计算

（1）单区格双向板的内力计算

单区格板根据其四周支承条件的不同，可划分为 6 种不同边界条件的双向板，分别是：①四边简支；②一边固定，三边简支；③两对边固定，两对边简支；④四边固定；⑤两邻边固定，两邻边简支；⑥三边固定，一边简支。根据设计计算手册中的计算系数表，按照支承情况和长短跨比值的不同分别查出弯矩系数，进行截面弯矩的计算。

（2）多跨连续双向板的内力计算

多跨连续双向板的内力计算，将支承梁作为板的不动铰支座。并考虑活荷载在整个平面中的最不利作用位置，分别对支座负弯矩和跨中正弯矩的计算采用不同的支座形式和活荷载布置，求解其跨中最大弯矩和支座最大弯矩。

3. 双向板支承梁的计算

支承梁计算简图中，按板的塑性绞线确定其受荷载范围。并根据支座弯矩等效的原则，将连续梁承受的三角形或梯形荷载换算成均布荷载，再采用取隔离体的方法，按荷载实际分布情况计算跨中弯矩。

4. 双向板按塑性理论方法的计算

双向板按塑性理论的计算方法最常用的是塑性铰线法，具体内容可参见相关书籍，在此不作赘述。

5. 双向板的构造要求

（1）多区格连续双向板的空间内拱作用

多区格连续双向板在荷载作用下，由于四边支承梁的约束作用，与多跨连续单向板相似，双向板也存在空间内拱作用，使板的支座及跨中截面弯矩值均将减小。因此周边与梁整体连接的双向板，其截面弯矩计算值按规定予以减小。

（2）钢筋布置

双向板的受力钢筋在板的两个方向均有布置，平行于板块的短边和长边。配筋方式类似于单向板，有弯起式和分离式两种，为施工方便，目前在工程中多采用分离式配筋。

按弹性理论计算时，板跨内截面配筋数量是根据中央板带最大正弯矩确定的，而靠近两边的板带跨内截面正弯矩值向两边逐渐减小，故配筋数量亦应向两边逐渐减小。当双向板短边方向跨度 $l_x \geqslant 2.5$m 时，考虑施工方便，可将板在两个方向上各划分成三个板带，即边区板带和中间板带。板的中间板带跨中截面按最大正弯矩配筋；而边区板带配筋数量可减少一半，且每米宽度内不得少于 3 根，如图 4-11 所示。当 $l_x < 2.5$m 时可不划分板

带，统一按中间板带配置钢筋。在配筋率相同时，采用直径较小的钢筋对抑制混凝土裂缝开展有利。

对于多区格连续板支座截面负弯矩配筋，在支座宽度范围内均匀设置。

按塑性理论计算时，板的跨内及支座截面钢筋通常均匀设置。

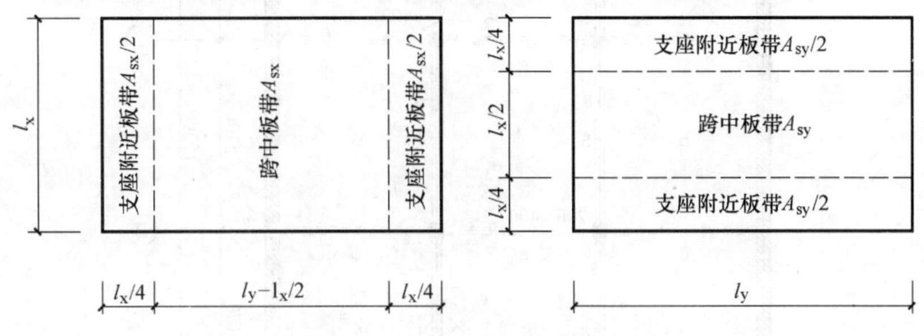

图 4-11　双向板配筋时板带的划分

4.8　双向板肋梁楼盖设计例题

1. 设计资料

(1) 结构形式

建筑的平面尺寸为 15.3m×13.5m，结构为外砖墙内框架承重体系，楼盖采用钢筋混凝土双向板肋梁楼盖，外墙厚 370mm，钢筋混凝土柱截面尺寸为 400mm×400mm，楼面活荷载标准值 $q_k=3.0\text{kN/m}^2$。

板材料的选用：混凝土强度等级 C20，钢筋强度等级 HPB300。

(2) 楼面建筑做法

水泥砂浆面层 20mm 厚，石灰砂浆板底抹灰 15mm 厚。

2. 设计内容

(1) 双向板肋梁楼盖结构布置；

(2) 按弹性理论进行板的设计；

(3) 按塑性理论进行板的设计；

(4) 支撑梁的设计。

3. 楼盖的结构平面布置

双向板肋梁楼盖的结构平面布置如图 4-12 所示，双向板板厚一般不小于短边跨度的 1/40，即 $l/40=4500/40=112.5\text{mm}$，考虑活荷载水平等因素，此处取板厚为 120mm。

支承梁的截面高度一般取其跨度的 1/14～1/8，则长跨梁的截面高度为

$\frac{5100}{14}\sim\frac{5100}{8}=364.3\sim637.5$ (mm)，取 $h=500\text{mm}$，截面宽度取 $b=250\text{mm}$；

短跨梁的截面高度为 $\frac{4500}{14}\sim\frac{4500}{8}=321.4\sim562.5\text{mm}$，取 $h=400\text{mm}$，截面宽度取 $b=200\text{mm}$。

根据板块尺寸及边界支承条件，共有 A、B、C、D 四种典型板区格，如图 4-12 所示。

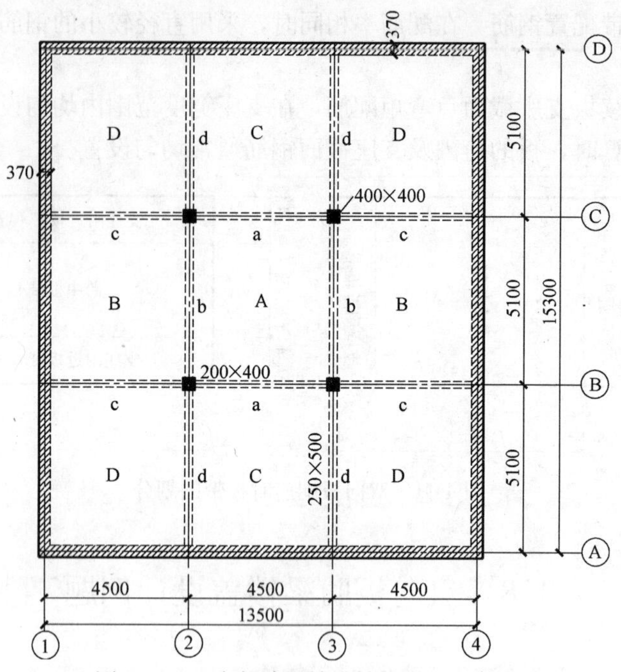

图 4-12　双向板肋梁楼盖结构平面布置图

4. 荷载计算

板的永久荷载标准值（面荷载＝材料厚度×材料重度）：

120mm 厚钢筋混凝土板：0.12×25＝3kN/m^2

20mm 厚水泥砂浆面层：0.02×20＝0.4kN/m^2

15mm 厚石灰砂浆抹底：0.015×17＝0.255kN/m^2

永久荷载标准值：$g_k=3+0.4+0.255=3.655\text{kN/m}^2$

活荷载标准值：$q_k=3\text{kN/m}^2$

5. 按弹性理论设计板

当求各区格跨中最大弯矩时，活荷载应按棋盘式布置，它可简化为当内支座固定时 $p'=g+q/2$ 作用下的跨中弯矩值与当内支座铰接时 $p''=\pm q/2$ 作用下的跨中弯矩之和。即：

$$p'=g+q/2=1.2g_k+\frac{1.4q_k}{2}=1.2\times3.655+1.4\times3.0/2=6.5\text{kN/m}^2$$

$$p''=q/2=1.4\times3.0/2=2.1\text{kN/m}^2$$

支座最大负弯矩可近似按活荷载满布求得，即内支座固定时 $g+q$ 作用下的支座弯矩。此时总荷载设计值：

$$p=1.2g_k+1.4q_k=1.2\times3.655+1.4\times3.0=8.6\text{kN/m}^2$$

以下各区格板跨中弯矩系数均按混凝土泊松比为 1/6 考虑，考虑泊松比的弯矩计算方法见附表 4-2。表内有 M_{xmax} 或 M_{ymax} 的系数时，选用其对应数值。

(1) A 区格板计算（四边固定）

1) 计算跨度

短边计算跨度 $l_x=4.5\text{m}$，长边计算跨度 $l_y=5.1\text{m}$，$l_x/l_y=4.5/5.1=0.88$

2）跨中弯矩（以下弯矩为板单位宽度内的弯矩）

M_x=(弯矩系数×p'+弯矩系数×p'')l_x^2

=(0.0258×6.5+0.0535×2.1)×4.5²=5.67kN·m/m

M_y=(弯矩系数×p'+弯矩系数×p'')l_x^2

=(0.02×6.5+0.0433×2.1)×4.5²=4.47kN·m/m

3）支座弯矩

b支座，M_x^b=弯矩系数×pl_x^2=−0.0603×8.6×4.5²=−10.5kN·m/m

a支座，M_x^a=弯矩系数×pl_x^2=−0.0545×8.6×4.5²=−9.49kN·m/m

（2）B区格板计算（三边固定，一边简支）

1）计算跨度

$l_y=l_n+\frac{h+b}{2}$=4.5−0.185−0.25/2+(0.12+0.25)/2

$=4.375\text{m}<l_n+\frac{a+b}{2}$=4.5−0.185−0.25/2+(0.37+0.25)/2=4.5m

取计算跨度 l_y=4.375m，l_x=5.1m，l_y/l_x=4.375/5.1=0.86

2）跨中弯矩

M_y=(弯矩系数×p'+弯矩系数×p'')l_y^2

=(0.0305×6.5+0.0554×2.1)×4.375²=6.02kN·m/m

M_x=(弯矩系数×p'+弯矩系数×p'')l_y^2

=(0.0276×6.5+0.0432×2.1)×4.375²=5.17kN·m/m

3）支座弯矩

b支座 M^b=弯矩系数×pl_y^2=−0.0699×8.6×4.375²=−11.51kN·m/m

c支座 M^c=弯矩系数×pl_y^2=−0.0678×8.6×4.375²=−11.16kN·m/m

（3）C区格板计算（三边固定，一边简支）

1）计算跨度

计算跨度 l_x=4.5m

$l_y=l_n+\frac{h+b}{2}$=5.1−0.185−0.2/2+(0.12+0.2)/2

$=4.975\text{m}<l_n+\frac{a+b}{2}$=5.1−0.185−0.2/2+(0.37+0.2)/2=5.1m

取 l_y=4.975m，l_x/l_y=4.5/4.975=0.9

2）跨中弯矩

M_x=(弯矩系数×p'+弯矩系数×p'')l_x^2

=(0.03×6.5+0.0516×2.1)×4.5²=6.14kN·m/m

M_y=(弯矩系数×p'+弯矩系数×p'')l_x^2

=(0.0209×6.5+0.0434×2.1)×4.5²=4.6kN·m/m

3）支座弯矩

d支座 M^d=弯矩系数×pl_x^2=−0.0663×8.6×4.5²=−11.55kN·m/m

a支座 M^a=弯矩系数×pl_x^2=−0.0563×8.6×4.5²=−9.8kN·m/m

（4）D区格板计算（两邻边固定，两邻边简支）

1）计算跨度

短边计算跨度 $l_x=4.375\text{m}$，长边计算跨度 $l_y=4.975\text{m}$，$l_x/l_y=4.375/4.975=0.88$

2）跨中弯矩

$M_x=(\text{弯矩系数}\times p'+\text{弯矩系数}\times p'')l_x^2$

$=(0.0349\times6.5+0.0535\times2.1)\times4.375^2=6.5\text{kN}\cdot\text{m/m}$

$M_y=(\text{弯矩系数}\times p'+\text{弯矩系数}\times p'')l_x^2$

$=(0.0286\times6.5+0.0433\times2.1)\times4.375^2=5.3\text{kN}\cdot\text{m/m}$

3）支座弯矩

d 支座 $M^d=\text{弯矩系数}\times pl_x^2=-0.0797\times8.6\times4.375^2=-13.12\text{kN}\cdot\text{m/m}$

c 支座 $M^c=\text{弯矩系数}\times pl_x^2=-0.0723\times8.6\times4.375^2=-11.9\text{kN}\cdot\text{m/m}$

（5）截面配筋计算

根据上述已求出各跨中和支座的弯矩，A 区格由于四周与梁整浇在一起，板内弯矩可以适当减小，因此乘以折减系数 0.8。由于此例中板弯矩不是很大，板正截面计算的内力臂系数可取 0.95，则板的配筋可以按照 $A_s=\dfrac{M}{0.95f_yh_0}$ 近似计算，其计算过程见表4-13，配筋图见图 4-13。

截面配筋计算（弹性理论） 表 4-13

截面 \ 项目			h_0(mm)	M(kN·m)	A_s(mm²)	配筋方案	实际 A_s(mm²)
跨中	A 区格	短边方向	95	5.67×0.8=4.536	186	ϕ8@200	251
		长边方向	85	4.47×0.8=3.576	164	ϕ8@200	251
	B 区格	短边方向	95	6.02	247	ϕ8@200	251
		长边方向	85	5.17	237	ϕ8@200	251
	C 区格	短边方向	95	6.14	252	ϕ8@180	279
		长边方向	85	4.6	211	ϕ8@200	251
	D 区格	短边方向	95	6.5	267	ϕ8@180	279
		长边方向	85	5.3	243	ϕ8@200	251
支座	A-B(b 支座)		95	−11.51	472	ϕ10@150	524
	A-C(a 支座)		95	−9.8	402	ϕ10@150	524
	B-D(c 支座)		95	−11.9	488	ϕ10@150	524
	C-D(d 支座)		95	−13.12	538	ϕ10@120	654

6. 按塑性理论设计板（采用通长配筋方式）

（1）A 区格板计算（计算公式见附表 4-3）

计算跨度（取板净跨）：

短边计算跨度 $l_x=l_0-b=4.5-0.25=4.25\text{m}$，长边计算跨度 $l_y=5.1-0.2=4.9\text{m}$

则长短边之比 $n=\dfrac{l_y}{l_x}=\dfrac{4.9}{4.25}=1.15$

$\alpha=\left(\dfrac{1}{n}\right)^2=0.75$，$\beta=\dfrac{m_x'}{m_x}=\dfrac{m_x''}{m_x}=\dfrac{m_y'}{m_y}=\dfrac{m_y''}{m_y}$ 取为 2，则

$$m_x=\frac{3n-1}{2n+2n\beta+2\alpha+2\alpha\beta}\cdot\frac{p}{12}l_x^2$$
$$=\frac{3\times1.15-1}{2\times1.15+2\times1.15\times2+2\times0.75+2\times0.75\times2}\cdot\frac{8.6}{12}\times4.25^2$$
$$=2.78\text{kN}\cdot\text{m}$$

$$m_y=\alpha m_x=0.75\times2.78=2.085\text{kN}\cdot\text{m/m}$$
$$m_x'=m_x''=\beta m_x=-2\times2.78=-5.56\text{kN}\cdot\text{m/m}$$
$$m_y'=m_y''=\beta m_y=-2\times2.085=-4.17\text{kN}\cdot\text{m/m}$$

（2）B区格板计算

计算跨度

$$l_x=l_n+\frac{h}{2}=4.5-0.185-0.25/2+0.12/2=4.25\text{m},l_y=5.1-0.2=4.9\text{m}$$
$$n=\frac{l_y}{l_x}=\frac{4.9}{4.25}=1.15$$

$\alpha=\left(\frac{1}{n}\right)^2=0.75$，$\beta$取为2，将A区格板算得的长边支座弯矩$m_x''=5.56\text{kN}\cdot\text{m/m}$作为B区格板的$m_x'$的已知值，则

$$m_x=\frac{(3n-1)\frac{p}{12}l_x^2-nm_x'}{2n+2\alpha+2\alpha\beta}=\frac{(3\times1.15-1)\times\frac{8.6}{12}\times4.25^2-1.15\times5.56}{2\times1.15+2\times0.75+2\times0.75\times2}$$
$$=3.72\text{kN}\cdot\text{m/m}$$

$$m_y=\alpha m_x=0.75\times3.72=2.79\text{kN}\cdot\text{m/m}$$
$$m_x'=-5.56\text{kN}\cdot\text{m/m}$$
$$m_x''=0\text{kN}\cdot\text{m/m}$$
$$m_y'=m_y''=\beta m_y=-2\times2.79=-5.58\text{kN}\cdot\text{m/m}$$

（3）C区格板计算

计算跨度

$$l_x=4.5-0.25=4.25\text{m},l_y=l_n+h/2=5.1-0.185-0.2/2+0.12/2=4.875\text{m}$$
$$n=\frac{l_y}{l_x}=\frac{4.875}{4.25}=1.15$$

$\alpha=\left(\frac{1}{n}\right)^2=0.75$，$\beta$取为2，将A区格板算得的长边支座弯矩$m_y''=4.17\text{kN}\cdot\text{m/m}$作为B区格板的$m_y'$的已知值，则

$$m_x=\frac{(3n-1)\frac{p}{12}l_x^2-m_y'}{2n\beta+2\alpha+2n}=\frac{(3\times1.15-1)\times\frac{8.6}{12}\times4.25^2-4.17}{2\times1.15\times2+2\times0.75+2\times1.15}=3.28\text{kN}\cdot\text{m/m}$$

$$m_y=\alpha m_x=0.75\times3.28=2.46\text{kN}\cdot\text{m/m}$$
$$m_x'=m_x''=\beta m_x=-2\times3.28=-6.56\text{kN}\cdot\text{m/m}$$
$$m_y'=-4.17\text{kN}\cdot\text{m/m}$$
$$m_y''=0\text{kN}\cdot\text{m/m}$$

（4）D区格板计算

计算跨度：

$$l_x=4.25\text{m}(\text{同 B 区格板})$$
$$l_y=4.875\text{m}(\text{同 C 区格板})$$
$$n=\frac{l_y}{l_x}=\frac{4.875}{4.25}=1.15$$

$\alpha=\left(\frac{1}{n}\right)^2=0.75$，$\beta$取为 2，该区格板的支座配筋分别与 B 区格板和 C 区格板相同，即支座弯矩 m'_x和 m'_y已知，则

$$m_x=\frac{(3n-1)\frac{p}{12}l_x^2-nm'_x-m'_y}{2\alpha+2n}$$

$$=\frac{(3\times1.15-1)\times\frac{8.6}{12}\times4.25^2-1.15\times6.56-5.58}{2\times0.75+2\times1.15}=4.89\text{kN}\cdot\text{m/m}$$

$$m_y=\alpha m_x=0.75\times4.89=3.67\text{kN}\cdot\text{m/m}$$
$$m'_x=-6.56\text{kN}\cdot\text{m/m}$$
$$m'_y=-5.58\text{kN}\cdot\text{m/m}$$
$$m''_x=0\text{kN}\cdot\text{m/m}$$
$$m''_y=0\text{kN}\cdot\text{m/m}$$

(5) 截面配筋计算

根据上述已求出各跨中和支座的弯矩，A 区格由于四周与梁整浇在一起，板内弯矩可以适当减小，因此乘以折减系数 0.8，板的配筋可以按照 $A_s=\frac{M}{0.95f_yh_0}$近似计算，其计算过程见表 4-14，配筋图如图 4-14 所示。

截面配筋计算（塑性理论） **表 4-14**

截面 \ 项目			h_0(mm)	M(kN·m)	A_s(mm²)	配筋方案	实际 A_s(mm²)
跨中	A 区格	短边方向	95	2.78×0.8=2.224	91	ϕ8@200	251
		长边方向	85	2.085×0.8=1.668	77	ϕ8@200	251
	B 区格	短边方向	95	3.72	153	ϕ8@200	251
		长边方向	85	2.79	128	ϕ8@200	251
	C 区格	短边方向	95	3.28	135	ϕ8@200	251
		长边方向	85	2.46	113	ϕ8@200	251
	D 区格	短边方向	95	4.89	201	ϕ8@200	251
		长边方向	85	3.67	168	ϕ8@200	251
支座	A-B(b 支座)		95	−5.56	228	ϕ8@200	251
	A-C(a 支座)		95	−4.17	171	ϕ8@200	251
	B-D(c 支座)		95	−5.58	229	ϕ8@200	251
	C-D(d 支座)		95	−6.56	269	ϕ8@180	279

7. 双向板支承梁设计

其方法与单向板肋梁楼盖中主梁的设计相似，只是短跨为三角形荷载，长跨为梯形荷载，注意等效荷载的变换，在此由于篇幅有限，省略。

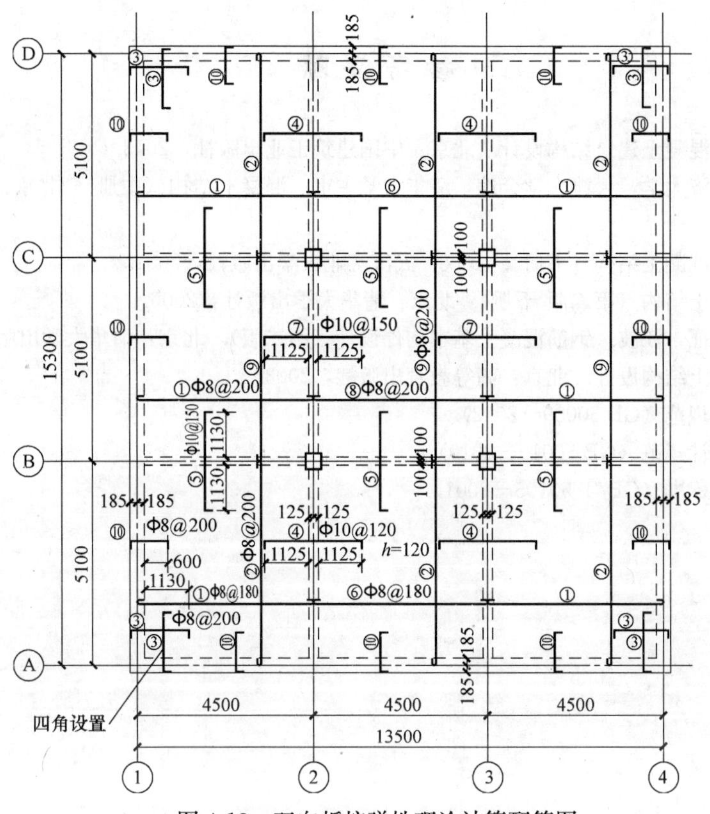

图 4-13　双向板按弹性理论计算配筋图

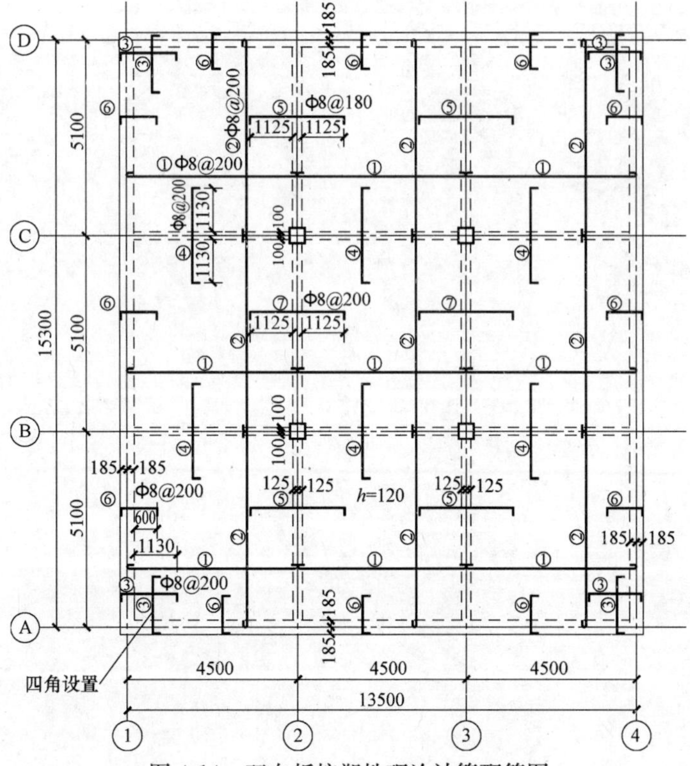

图 4-14　双向板按塑性理论计算配筋图

参考文献

[1] 吕晓寅，等. 混凝土建筑结构设计. 北京：中国建筑工业出版社，2013.

[2] 东南大学，同济大学，天津大学合编，清华大学主审. 混凝土结构（中册）. 北京：中国建筑工业出版社，2008.

[3] 彭少民主编. 混凝土结构（下册）. 武汉：武汉工业大学出版社，2002.

[4] 叶列平. 混凝土结构（第二版 下册）. 北京：清华大学出版社，2006.

[5] 江见鲸，陆新征，江波. 钢筋混凝土基本构件设计（第二版）. 北京：清华大学出版社，2006.

[6] 沈蒲生. 混凝土结构设计. 北京：高等教育出版社，2003.

[7] 建筑结构荷载规范（GB 50009－2012）.

[8] 混凝土结构设计规范（GB 50010－2010）.

[9] 建筑结构制图标准（GB/T 50105－2001）.

附表 4-1 等截面等跨连续梁在均布荷载和集中荷载作用下的内力系数表

说明：

(1) 在均布荷载作用下 M＝表中系数$\times ql^2$，V＝表中系数$\times ql$；

(2) 在集中荷载作用下 M＝表中系数$\times Gl$，V＝表中系数$\times G$；

(3) 内力正负号规定：M——使截面上部受压、下部受拉为正。

V——对邻近截面所产生的力矩沿顺时针方向者为正。

两跨梁 **附表 4-1-1**

序号	荷载简图	跨内最大弯矩		支座弯矩	支座剪力			
		M_1	M_2	M_B	V_A	V_{Bl}	V_{Br}	V_C
1		0.070	0.070	−0.125	0.375	−0.625	0.625	−0.375
2		0.096	—	−0.063	0.437	−0.563	0.063	0.063
3		0.156	0.156	−0.188	0.312	−0.688	0.688	−0.312
4		0.203	—	−0.094	0.406	−0.594	0.094	0.094
5		0.222	0.222	−0.333	0.667	−1.334	1.334	−0.667
6		0.278	—	−0.167	0.833	−1.167	0.167	0.167

注：V_{Bl}、V_{Br}分别为支座 B 左、右截面的剪力。

三跨梁 **附表 4-1-2**

序号	荷载简图	跨内最大弯矩		支座弯矩		支座剪力					
		M_1	M_2	M_B	M_C	V_A	V_{Bl}	V_{Br}	V_{Cl}	V_{Cr}	V_D
1		0.080	0.025	−0.100	−0.100	0.400	−0.600	0.500	−0.500	0.600	−0.400
2		0.101	—	−0.050	−0.050	0.450	−0.550	0.000	0.000	0.550	−0.450

序号	荷载简图	跨内最大弯矩		支座弯矩		支座剪力					
		M_1	M_2	M_B	M_C	V_A	V_{Bl}	V_{Br}	V_{Cl}	V_{Cr}	V_D
3		—	0.075	−0.050	−0.050	−0.050	−0.050	0.500	−0.500	0.050	0.050
4	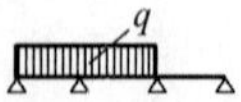	0.073	0.054	−0.117	−0.033	0.383	−0.617	0.583	−0.417	0.033	0.033
5	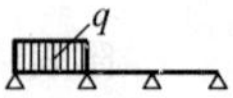	0.094	—	−0.067	0.017	0.433	−0.567	0.083	0.083	−0.017	−0.017
6	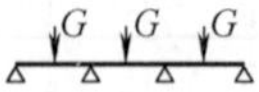	0.175	0.100	−0.15	−0.15	0.350	−0.65	0.50	−0.50	0.650	−0.35
7	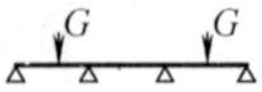	0.213	—	−0.075	−0.075	0.425	−0.575	0.000	0.000	0.575	−0.425
8	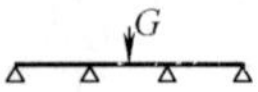	—	0.175	−0.075	−0.075	−0.075	−0.075	0.500	−0.500	0.075	0.075
9		0.162	0.137	−0.175	−0.050	0.325	−0.675	0.625	−0.375	0.050	0.050
10		0.200	—	−0.100	0.025	0.400	−0.600	0.125	0.125	−0.025	−0.025
11	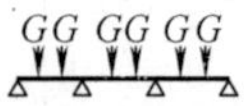	0.244	0.067	−0.267	−0.267	0.733	−1.267	1.000	−1.000	1.267	−0.733
12	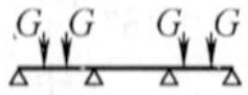	0.289	—	−0.133	−0.133	0.866	−1.134	0.000	0.000	1.134	−0.866
13	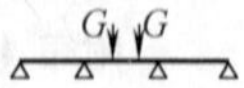	—	0.200	−0.133	−0.133	−0.133	−0.133	1.000	−1.000	0.133	0.133
14		0.229	0.170	−0.311	−0.089	0.689	−1.311	1.222	−0.778	0.089	0.089
15	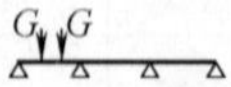	0.274	—	−0.178	0.044	0.822	−1.178	0.222	0.222	−0.044	−0.044

注：V_{Bl}、V_{Br}分别为支座B左、右截面的剪力；V_{Cl}、V_{Cr}分别为支座C左、右截面的剪力。

附表 4-1-3

四跨梁

序号	荷载简图	跨内最大弯矩				支座弯矩			支座剪力							
		M_1	M_2	M_3	M_4	M_B	M_C	M_D	V_A	V_{Bl}	V_{Br}	V_{Cl}	V_{Cr}	V_{Dl}	V_{Dr}	V_E
1	q; A B C D E; l l l l	0.077	0.036	0.036	0.077	−0.107	−0.071	−0.107	0.393	−0.607	0.536	−0.464	0.464	−0.536	0.607	−0.393
2	q q; M_1 M_2 M_3 M_4	0.100	—	0.081	—	−0.054	−0.036	−0.054	0.446	−0.554	0.018	0.018	0.482	−0.518	0.054	0.054
3	q q	0.072	0.061	—	0.098	−0.121	−0.018	−0.058	0.380	−0.620	0.603	−0.397	−0.040	−0.040	0.558	−0.442
4	q	—	0.056	0.056	—	−0.036	−0.107	−0.036	−0.036	−0.036	0.429	−0.571	0.571	−0.429	0.036	0.036
5	q	0.094	—	—	—	−0.067	0.018	−0.004	0.433	−0.567	0.085	0.085	−0.022	−0.022	0.004	0.004
6	q	—	0.074	—	—	−0.049	−0.054	0.013	−0.049	−0.049	0.496	−0.504	0.067	0.067	−0.013	−0.013
7	G G G G	0.169	0.116	0.116	0.169	−0.161	−0.107	−0.161	0.339	−0.661	0.554	−0.446	0.446	−0.554	0.661	−0.339
8	G G	0.210	—	0.183	—	−0.080	−0.054	−0.080	0.420	−0.580	0.027	0.027	0.473	−0.527	0.080	0.080
9	G G G	0.159	0.146	—	0.206	−0.181	−0.027	−0.087	0.319	−0.681	0.654	−0.346	−0.060	−0.060	0.587	−0.413
10	G G	—	0.142	0.142	—	−0.054	−0.161	−0.054	−0.054	−0.054	0.393	−0.607	0.607	−0.393	0.054	0.054

续表

序号	荷载简图	跨内最大弯矩				支座弯矩			支座剪力								
		M_1	M_2	M_3	M_4	M_B	M_C	M_D	V_A	V_{Bl}	V_{Br}	V_{Cl}	V_{Cr}	V_{Dl}	V_{Dr}	V_E
11	G	0.200	—	—	—	−0.100	0.027	−0.007	0.400	−0.600	0.127	0.127	−0.033	−0.033	0.007	0.007
12	G	—	0.173	—	—	−0.074	−0.080	0.020	−0.074	−0.074	0.493	−0.507	0.100	0.100	−0.020	−0.020
13	G GG GGGG G	0.238	0.111	0.111	0.238	−0.286	−0.191	−0.286	0.714	−1.286	1.095	−0.905	0.905	−1.095	1.286	−0.714
14	G G G G	0.286	—	0.222	—	−0.143	−0.095	−0.143	0.857	−1.143	0.048	0.048	0.952	−1.048	0.143	0.143
15	G G G G G G	0.226	0.194	—	0.282	−0.321	−0.048	−0.155	0.679	−1.321	1.274	−0.726	−0.107	−0.107	1.155	−0.845
16	G G G G	—	0.175	0.175	—	−0.095	−0.286	−0.095	−0.095	−0.095	0.810	−1.190	1.190	−0.810	0.095	0.095
17	G G	0.274	—	—	—	−0.178	0.048	−0.012	0.822	−1.178	0.226	0.226	−0.060	−0.060	0.012	0.012
18	G G	—	0.198	—	—	−0.131	−0.143	0.036	−0.131	−0.131	0.988	−1.012	0.178	0.178	−0.036	−0.036

附表 4-1-4

五跨梁

序号	荷载简图	跨内最大弯矩			支座弯矩				支座剪力										
		M_1	M_2	M_3	M_B	M_C	M_D	M_E	V_A	V_{Bl}	V_{Br}	V_{Cl}	V_{Cr}	V_{Dl}	V_{Dr}	V_{El}	V_{Er}	V_F
1		0.078	0.033	0.046	−0.105	−0.079	−0.079	−0.105	0.394	−0.606	0.526	−0.474	0.500	−0.500	0.474	−0.526	0.606	−0.394
2		0.100	—	0.085	−0.053	−0.040	−0.040	−0.053	0.447	−0.553	0.013	0.013	0.500	−0.500	−0.013	−0.013	0.553	−0.447
3		—	0.079	—	−0.053	−0.040	−0.040	−0.053	−0.053	−0.053	0.513	−0.487	0.000	0.000	0.487	−0.513	0.053	0.053
4		0.073	0.059	—	−0.119	−0.022	−0.044	−0.051	0.380	−0.620	0.598	−0.402	−0.023	−0.023	0.493	−0.507	0.052	0.052
5		—	0.055	0.064	−0.035	−0.111	−0.020	−0.057	−0.035	−0.035	0.424	−0.576	0.591	−0.409	−0.037	−0.037	0.557	−0.443
6		0.094	—	—	−0.067	0.018	−0.005	0.001	0.433	−0.567	0.085	0.085	−0.023	−0.023	0.006	0.006	−0.001	−0.001
7		—	0.074	—	−0.049	−0.054	0.014	−0.004	−0.049	−0.049	0.495	−0.505	0.068	0.068	−0.018	−0.018	0.004	0.004
8		—	—	0.072	0.013	−0.053	−0.053	0.013	0.013	0.013	−0.066	−0.066	0.500	−0.500	0.066	0.066	−0.013	−0.013
9		0.171	0.112	0.132	−0.158	−0.118	−0.118	−0.158	0.342	−0.658	0.540	−0.460	0.500	−0.500	0.460	−0.540	0.658	−0.342
10		0.211	—	0.191	−0.079	−0.059	−0.059	−0.079	0.421	−0.579	0.020	0.020	0.500	−0.500	−0.020	−0.020	0.579	−0.421
11		—	0.181	—	−0.079	−0.059	−0.059	−0.079	−0.079	−0.079	0.520	−0.480	0.000	0.000	0.480	−0.520	0.079	0.079
12		0.160	0.144	—	−0.179	−0.032	−0.066	−0.077	0.321	−0.679	0.647	−0.353	−0.034	−0.034	0.489	−0.511	0.077	0.077

续表

序号	荷载简图	跨内最大弯矩			支座弯矩				支座剪力										
		M_1	M_2	M_3	M_B	M_C	M_D	M_E	V_A	V_{Bl}	V_{Br}	V_{Cl}	V_{Cr}	V_{Dl}	V_{Dr}	V_{El}	V_{Er}	V_F
13	G G G	—	0.140	0.151	−0.052	−0.167	−0.031	−0.086	−0.052	−0.052	0.385	−0.615	0.637	−0.363	−0.056	−0.056	0.586	−0.414
14	G	0.200	—	—	−0.100	0.027	−0.007	0.002	0.400	−0.600	0.127	0.127	−0.034	−0.034	0.009	0.009	−0.002	−0.002
15	G	—	0.173	—	−0.073	−0.081	0.022	−0.005	−0.073	−0.073	−0.493	−0.507	0.102	0.102	−0.027	−0.027	0.005	0.005
16	G	—	—	0.171	0.020	−0.079	−0.079	0.020	0.020	0.020	−0.099	−0.099	0.500	−0.500	0.099	0.099	−0.020	−0.020
17	GGGG GG GG GGGG	0.240	0.100	0.122	−0.281	−0.211	−0.211	−0.281	0.719	−1.281	1.070	−0.930	1.000	−1.000	0.930	−1.070	1.281	−0.719
18	GG GG GG	0.287	—	0.228	−0.140	−0.105	−0.105	−0.140	0.860	−1.140	0.035	0.035	1.000	−1.000	−0.035	−0.035	1.140	−0.860
19	GG GG	—	0.216	—	−0.140	−0.105	−0.105	0.140	−0.140	−0.140	1.035	−0.965	0.000	0.000	0.965	−1.035	0.140	0.140
20	GGGG GG	0.227	0.189	—	−0.319	−0.057	−0.118	−0.137	0.681	−1.319	1.262	−0.738	−0.061	−0.061	0.981	−1.019	0.137	0.137
21	GG GG GG	—	0.172	0.198	−0.093	−0.297	−0.054	−0.153	−0.093	−0.093	0.796	−1.204	1.243	−0.757	−0.099	−0.099	1.153	−0.847
22	GG	0.274	—	—	−0.179	0.048	−0.013	0.003	0.821	−1.179	0.227	0.227	−0.061	−0.061	0.016	0.016	−0.003	−0.003
23	GG	—	0.198	—	−0.131	−0.144	−0.038	−0.010	−0.131	−0.131	0.987	−1.013	0.182	0.182	−0.048	−0.048	0.010	0.010
24	GG	—	—	0.193	0.035	−0.140	−0.140	0.035	0.035	0.035	−0.175	−0.175	1.000	−1.000	0.175	0.175	−0.035	−0.035

附表 4-2　双向板在均布荷载作用下的挠度和弯矩系数表

说明：

(1) 板单位宽度的截面抗弯刚度按下列公式计算（按弹性理论计算方法）：

$$B_c=\frac{Eh^3}{12(1-\mu^2)}$$

式中　B_c——板宽 1m 的截面抗弯刚度；

E——弹性模量；

h——板厚；

μ——泊松比。

(2) 表中符号含意如下：

f，f_{max}——分别为板中心点的挠度和最大挠度；

M_x，M_{xmax}——平行于 l_x 方向板中心点单位板宽内的弯矩和板跨内最大弯矩；

M_y，M_{ymax}——平行于 l_y 方向板中心点单位板宽内的弯矩和板跨内最大弯矩；

M_x^0——固定边中点沿 l_x 方向单位板宽内的弯矩；

M_y^0——固定边中点沿 l_y 方向单位板宽内的弯矩。

(3) 板支承边的符号为：

固定边：┴┴┴┴┴┴┴┴┴┴，简支边：═══════

(4) 弯矩和挠度正负号的规定如下：

弯矩——使板的受荷面受压者为正；

挠度——变位方向与荷载作用方向相同者为正。

(5) 附表 4-2-1～附表 4-2-6 中的弯矩系数按 $\mu=0$ 计算。对于钢筋混凝土，μ 一般可取为 1/6，此时，对于挠度、支座中点弯矩，仍可按表中系数计算；对于跨中弯矩，一般也可按表中系数计算（即近似地认为 $\mu=0$）。必要时，可按下式计算：

$$M_x^{(\mu)}=M_x+\mu M_y$$

$$M_y^{(\mu)}=M_y+\mu M_x$$

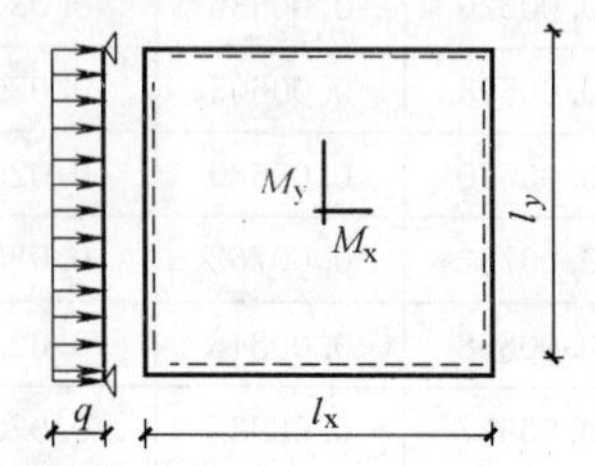

挠度＝表中系数$\times\frac{ql_0^4}{B_c}$

弯矩＝表中系数$\times ql_0^2$

式中，l_0 取用 l_x 和 l_y 中之较小者。

四边简支双向板　　　**附表 4-2-1**

l_x/l_y	f	M_x	M_y	l_x/l_y	f	M_x	M_y
0.50	0.01013	0.0965	0.0174	0.80	0.00603	0.0561	0.0334
0.55	0.00940	0.0892	0.0210	0.85	0.00547	0.0506	0.0349
0.60	0.00867	0.0820	0.0242	0.90	0.00496	0.0456	0.0358
0.65	0.00796	0.0750	0.0271	0.95	0.00449	0.0410	0.0364
0.70	0.00727	0.0683	0.0296	1.00	0.00406	0.0368	0.0368
0.75	0.00663	0.0620	0.0317				

挠度＝表中系数×$\frac{ql_0^4}{B_c}$

弯矩＝表中系数×ql_0^2

式中，l_0取用l_x和l_y中之较小者。

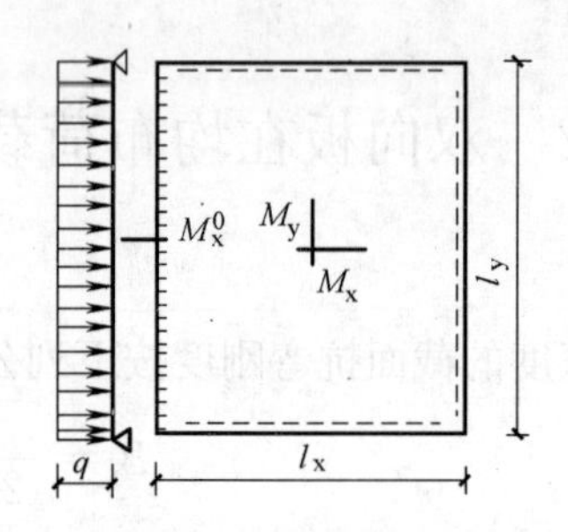

三边简支、一边固定双向板 **附表 4-2-2**

l_x/l_y	l_y/l_x	f	f_{max}	M_x	M_{xmax}	M_y	M_{ymax}	M_x^0
0.50		0.00488	0.00504	0.0583	0.0646	0.0060	0.0063	−0.1212
0.55		0.00471	0.00492	0.0563	0.0618	0.0081	0.0087	−0.1187
0.60		0.00453	0.00472	0.0539	0.0589	0.0104	0.0111	−0.1158
0.65		0.00432	0.00448	0.0513	0.0559	0.0126	0.0133	−0.1124
0.70		0.00410	0.00422	0.0485	0.0529	0.0148	0.0154	−0.1087
0.75		0.00388	0.00399	0.04527	0.0496	0.0168	0.0174	−0.1048
0.80		0.00365	0.00376	0.0428	0.0463	0.0187	0.0193	−0.1007
0.85		0.00343	0.00352	0.0400	0.0431	0.0204	0.0211	−0.0965
0.90		0.00321	0.00329	0.0372	0.0400	0.0219	0.0226	−0.0922
0.95		0.00299	0.00306	0.0345	0.0369	0.0232	0.0239	−0.0880
1.00	1.00	0.00279	0.00285	0.0319	0.0340	0.0243	0.0249	−0.0839
	0.95	0.00316	0.00324	0.0324	0.0345	0.0280	0.0287	−0.0882
	0.90	0.00360	0.00368	0.0328	0.0347	0.0322	0.0330	−0.0926
	0.85	0.00409	0.00417	0.0329	0.0347	0.0370	0.0378	−0.0970
	0.80	0.00464	0.00473	0.0326	0.0343	0.0424	0.0433	−0.1014
	0.75	0.00526	0.00536	0.0319	0.0335	0.0485	0.0494	−0.1056
	0.70	0.00595	0.00605	0.0308	0.0323	0.0553	0.0562	−0.1096
	0.65	0.00670	0.00680	0.0291	0.0306	0.0627	0.0637	−0.1133
	0.60	0.00752	0.00762	0.0268	0.0289	0.0707	0.0717	−0.1166
	0.55	0.00838	0.00848	0.0239	0.0271	0.0792	0.0801	−0.1193
	0.50	0.00927	0.00935	0.0205	0.0249	0.0880	0.0888	−0.1215

挠度＝表中系数×$\frac{ql_0^4}{B_c}$

弯矩＝表中系数×ql_0^2

式中，l_0取用l_x和l_y中之较小者。

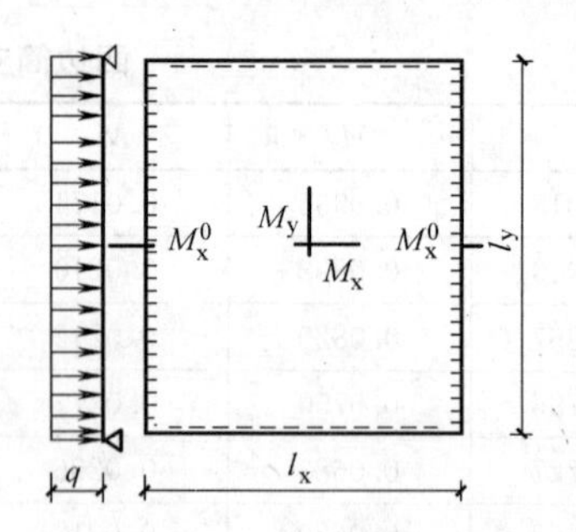

两对边简支、两对边固定双向板　　附表 4-2-3

l_x/l_y	l_y/l_x	f	M_x	M_y	M_x^0
0.50		0.00261	0.0416	0.0017	−0.0843
0.55		0.00259	0.0410	0.0028	−0.0840
0.60		0.00255	0.0402	0.0042	−0.0834
0.65		0.00250	0.0392	0.0057	−0.0826
0.70		0.00243	0.0379	0.0072	−0.0814
0.75		0.00236	0.0366	0.0088	−0.0799
0.80		0.00228	0.0351	0.0103	−0.0782
0.85		0.00220	0.0335	0.0118	−0.0763
0.90		0.00211	0.0319	0.0133	−0.0743
0.95		0.00201	0.0302	0.0146	−0.0721
1.00	1.00	0.00192	0.0285	0.0158	−0.0698
	0.95	0.00223	0.0296	0.0189	−0.0746
	0.90	0.00260	0.0306	0.0224	−0.0797
	0.85	0.00303	0.0314	0.0266	−0.0850
	0.80	0.00354	0.0319	0.0316	−0.0904
	0.75	0.00413	0.0321	0.0374	−0.0959
	0.70	0.00482	0.0318	0.0441	−0.1013
	0.65	0.00560	0.0308	0.0518	−0.1066
	0.60	0.00647	0.0292	0.0304	−0.1114
	0.55	0.00743	0.0267	0.0698	−0.1156
	0.50	0.00844	0.0234	0.0798	−0.1191

挠度＝表中系数×$\frac{ql_0^4}{B_c}$

弯矩＝表中系数×ql_0^2

式中，l_0取用l_x和l_y中之较小者。

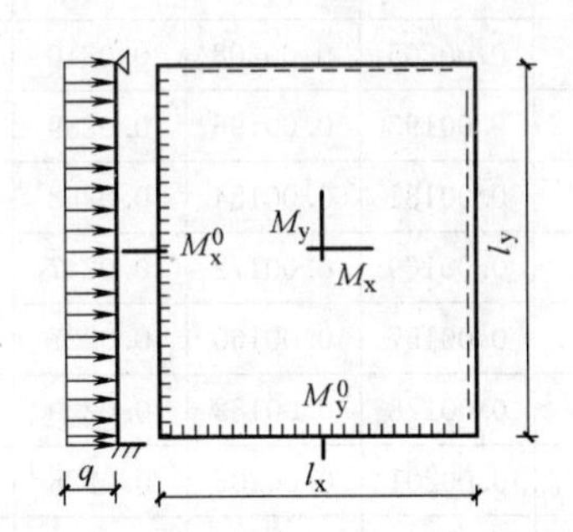

两邻边简支、两邻边固定双向板　　附表 4-2-4

l_x/l_y	f	f_{max}	M_x	M_{xmax}	M_y	M_{ymax}	M_x^0	M_y^0
0.50	0.00468	0.00471	0.0559	0.0562	0.0079	0.0135	−0.1179	−0.0786
0.55	0.00445	0.00454	0.0529	0.0530	0.0104	0.0153	−0.1140	−0.0785
0.60	0.00419	0.00429	0.0496	0.0498	0.0129	0.0169	−0.1095	−0.0782
0.65	0.00391	0.00399	0.0461	0.0465	0.0151	0.0183	−0.1045	−0.0777
0.70	0.00363	0.00368	0.0426	0.0432	0.0172	0.0195	−0.0992	−0.0770

续表

l_x/l_y	f	f_{max}	M_x	M_{xmax}	M_y	M_{ymax}	M_x^0	M_y^0
0.75	0.00335	0.00340	0.0390	0.0396	0.0189	0.0206	−0.0938	−0.0760
0.80	0.00308	0.00313	0.0356	0.0361	0.0204	0.0218	−0.0883	−0.0748
0.85	0.00281	0.00286	0.0322	0.0328	0.0215	0.0229	−0.0829	−0.0733
0.90	0.00256	0.00261	0.0291	0.0297	0.0224	0.0238	−0.0776	−0.0716
0.95	0.00232	0.00237	0.0261	0.0267	0.0230	0.0244	−0.0726	−0.0698
1.00	0.00210	0.00215	0.0234	0.0240	0.0234	0.0249	−0.0677	−0.0677

挠度＝表中系数$\times\frac{ql_0^4}{B_c}$

弯矩＝表中系数$\times ql_0^2$

式中，l_0取用l_x和l_y中之较小者。

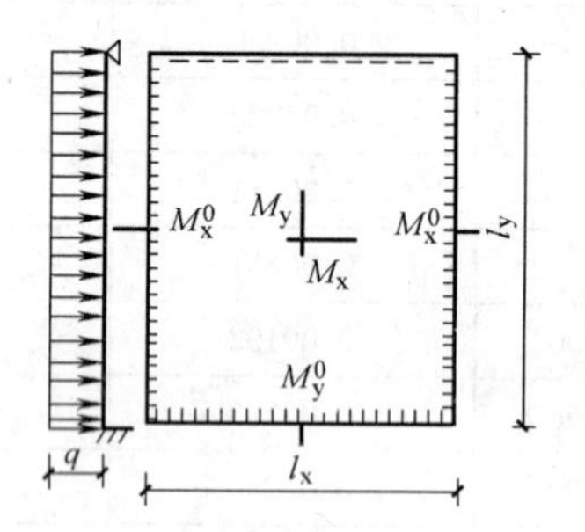

一边简支、三边固定双向板 附表 4-2-5

l_x/l_y	l_y/l_x	f	f_{max}	M_x	M_{xmax}	M_y	M_{ymax}	M_x^0	M_y^0
0.50		0.00257	0.00258	0.0408	0.0409	0.0028	0.0089	−0.0836	−0.0569
0.55		0.00252	0.00255	0.0398	0.0399	0.0042	0.0093	−0.0827	−0.0570
0.60		0.00245	0.00249	0.0384	0.0386	0.0059	0.0105	−0.0814	−0.0571
0.65		0.00237	0.00240	0.0368	0.0371	0.0076	0.0116	−0.0796	−0.0572
0.70		0.00227	0.00229	0.0350	0.0354	0.0093	0.0127	−0.0774	−0.0572
0.75		0.00216	0.00219	0.0331	0.0335	0.0109	0.0137	−0.0750	−0.0572
0.80		0.00205	0.00208	0.0310	0.0314	0.0124	0.0147	−0.0722	−0.0570
0.85		0.00193	0.00196	0.0289	0.0293	0.0138	0.0155	−0.0693	−0.0567
0.90		0.00181	0.00184	0.0268	0.0273	0.0159	0.0163	−0.0663	−0.0563
0.95		0.00169	0.00172	0.0247	0.0252	0.0160	0.0172	−0.0631	−0.0558
1.00	1.00	0.00157	0.00160	0.0227	0.0231	0.0168	0.0180	−0.0600	−0.0550
	0.95	0.00178	0.00182	0.0229	0.0234	0.0194	0.0207	−0.0629	−0.0599
	0.90	0.00201	0.00206	0.0228	0.0234	0.0223	0.0238	−0.0656	−0.0653
	0.85	0.00227	0.00222	0.0225	0.0231	0.0255	0.0273	−0.0683	−0.0711
	0.80	0.00256	0.00262	0.0219	0.0224	0.0290	0.0311	−0.0707	−0.0772
	0.75	0.00286	0.00294	0.0208	0.0214	0.0329	0.0354	−0.0729	−0.0837
	0.70	0.00319	0.00327	0.0194	0.0200	0.0370	0.0400	−0.0748	−0.0903
	0.65	0.00352	0.00365	0.0175	0.0182	0.0412	0.0446	−0.0762	−0.0970
	0.60	0.00386	0.00403	0.0153	0.0160	0.0454	0.0493	−0.0773	−0.1033
	0.55	0.00419	0.00437	0.0127	0.0133	0.0496	0.0541	−0.0780	−0.1093
	0.50	0.00449	0.00463	0.0099	0.0103	0.0534	0.0588	−0.0784	−0.1146

挠度＝表中系数×$\frac{ql_0^4}{B_c}$

弯矩＝表中系数×ql_0^2

式中，l_0取用l_x和l_y中之较小者。

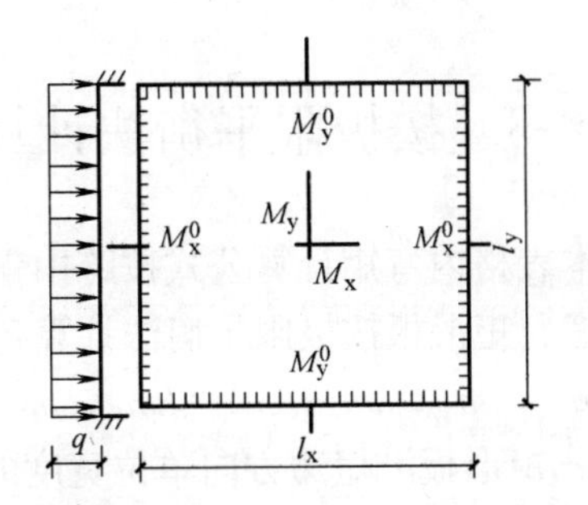

四边固定双向板　　附表 4-2-6

l_x/l_y	f	M_x	M_y	M_x^0	M_y^0
0.50	0.00253	0.0400	0.0038	−0.0829	−0.0570
0.55	0.00246	0.0385	0.0056	−0.0814	−0.0571
0.60	0.00236	0.0367	0.0076	−0.0793	−0.0571
0.65	0.00224	0.0345	0.0095	−0.0766	−0.0571
0.70	0.00211	0.0321	0.0113	−0.0735	−0.0569
0.75	0.00197	0.0296	0.0130	−0.0701	−0.0565
0.80	0.00182	0.0271	0.0144	−0.0664	−0.0559
0.85	0.00168	0.0246	0.0156	−0.0626	−0.0551
0.90	0.00153	0.0221	0.0165	−0.0588	−0.0541
0.95	0.00140	0.0198	0.0172	−0.0550	−0.0528
1.00	0.00127	0.0176	0.0176	−0.0513	−0.0513

附表 4-3　按极限平衡法计算四边支承弹塑性板弯矩用公式

说明：本表格内弯矩计算公式按跨中钢筋全部伸入支座内考虑，板中塑性铰线的角度按 $\theta=45°$ 考虑。矩形板按极限平衡法计算各部位的弯矩可按下列公式进行：

$m_x=\alpha_m q l_x^2$，$m_y=\alpha m_x$，$m_x'=\beta m_x$，$m_y'=\beta m_y$。

式中　m_x——矩形板沿短边方向单位宽度的板跨中弯矩；

m_y——矩形板沿长边方向单位宽度的板跨中弯矩；

l_x、l_y——矩形板短边、长边的长度；

α_m——双向板在各种支承条件下板短边跨中的弯矩系数；

α——双向板在板跨中两向弯矩的设计比值，可取 $\alpha=\frac{m_y}{m_x}=\left(\frac{l_x}{l_y}\right)^2=\frac{1}{n^2}$；

m_x'——矩形板沿短边方向单位宽度的板支座弯矩；

m_y'——矩形板沿长边方向单位宽度的板支座弯矩；

β——矩形板存在板支座弯矩时，同一方向支座弯矩与板跨中弯矩的设计比值，一般取 $\beta=1.5\sim2.5$。

双向板在各种支承条件下的 α_m 计算式　　附表 4-3-1

支承条件		计算公式	支承条件		计算公式
1	四边固支	$\alpha_m=\frac{3n-1}{12(1+\beta)(2n+2\alpha)}$	6	一短边一长边简支,其余边固支	$\alpha_m=\frac{3n-1}{12(2n+n\beta+2\alpha+\alpha\beta)}$
2	一短边简支，其余边固支	$\alpha_m=\frac{3n-1}{12(2n+2n\beta+2\alpha+\alpha\beta)}$	7	一长边固支，其余边简支	$\alpha_m=\frac{3n-1}{12(2n+n\beta+2\alpha)}$
3	两短边简支，其余边固支	$\alpha_m=\frac{3n-1}{24(2n+n\beta+\alpha)}$	8	一短边固支，其余边简支	$\alpha_m=\frac{3n-1}{12(2n+2\alpha+\alpha\beta)}$
4	一长边简支，其余边固支	$\alpha_m=\frac{3n-1}{12(2n+n\beta+2\alpha+2\alpha\beta)}$	9	四边简支	$\alpha_m=\frac{3n-1}{24(n+\alpha)}$
5	两长边简支，其余边固支	$\alpha_m=\frac{3n-1}{24(n+\alpha+\alpha\beta)}$			

第 5 章　建筑基础课程设计

5.1　课程设计目的

“建筑基础课程设计”是土木工程专业的一门专业选修课，它是为配合《土力学及地基基础》而开设的一门专项课程设计，具有较强的实践性。本课程设计主要通过完成一项具体的地基基础的设计，使学生初步了解建筑地基基础设计的内容和方法；掌握设计计算的原理和手段；熟悉使用与地基基础设计相关的规范、规程、标准图和设计计算手册；通过本课程设计，能够促使学生理论联系实际，培养学生的实践能力和动手能力，学会编写设计计算书、绘制基础施工图，为学生将来的设计、施工、工程管理等工作奠定基础。

完成本课程设计后，应该对相关的地基基础设计规范和标准图集的框架和内容有所了解和掌握，能够熟练运用已学的专业知识，借助设计规范和标准图集，独立完成建筑工程地基基础设计和计算，并绘制规范、明晰的基础施工图，清晰表达自己的设计思路和设计意图。

5.2　课程设计基础

1. 先修课程

(1)《建筑工程制图》；

(2)《房屋建筑学》；

(3)《结构力学》；

(4)《混凝土结构设计原理》；

(5)《混凝土建筑结构》；

(6)《土力学及地基基础》；

(7) 土木工程制图及计算机绘图。

2. 基本要求

要求学生在进行本课程设计之前，通过以上专业及专业基础课的学习，能够了解建筑工程地基基础的类型、结构特点及适用范围；掌握地基基础的设计原则；掌握基础材料要求；了解常用形式的基础剖面的一般尺寸要求；掌握地基承载力的概念及确定方法；了解常用基础的内力分析方法。

3. 设计依据

(1)《建筑结构荷载规范》(GB 50009—2012)；

(2)《混凝土结构设计规范》(GB 50010—2010)；

(3)《建筑地基基础设计规范》(GB 50007—2011)；

(4)《高层建筑箱形与筏形基础技术规范》(JGJ 6-99)；

(5)《建筑结构制图标准》(GB/T 50105—2010)；

(6) 相关的国家建筑标准设计图集、设计手册及教材。

5.3 课程设计任务书范例

1. 设计工程名称

某多层厂房箱形基础设计。按照实际情况自定。

2. 设计基本条件

(1) 基本情况：厂房共八层，层高 4m。

(2) 上部结构资料：地面以上采用现浇柱、预制梁板的半装配式框架结构，采用 C30 混凝土。

1) 各杆件截面尺寸如下：

柱：500mm×500mm

横梁：300mm×600mm

纵梁：250mm×450mm

楼板厚：150mm

2) 平面柱网布局图。

3) 上部结构荷载：

框架柱传给基础的轴力（作用在±0.000 处）标在柱网分布图上。

底层地面的活载为 $14kN/m^2$。

地下室用作杂品堆料仓库，按活载 $10kN/m^2$ 计。

楼梯和电梯间荷载按均布荷载 $20kN/m^2$ 考虑。

4) 建筑物位于非地震区，不考虑地震影响。

(3) 工程地质分布图；地下水位位于地面下 1m 处。

(4) 设箱基的抗倾斜和沉降已满足要求，不作计算。

(5) 静止土压力系数一律采用 0.5。

粉质黏土层地基反力系数表。

(6) 基础材料选用：

1) 混凝土：

基础：C25；基础垫层：C10。

2) 钢筋：

主要受力钢筋为 HRB335 钢筋，构造钢筋为 HPB235；

钢筋直径 d<12mm 时用 HPB235，d≥12mm 时用 HRB335。

(7) 箱形基础各组成部分：

据规程：

1) 箱基高度：一般取建筑物高度的 1/12～1/8，不宜小于基础长度的 1/18。

2) 底板厚度：不小于 20cm。

3) 顶板厚度：不小于 15cm。

4）墙的厚度：外墙厚不小于25cm，内墙厚不小于20cm。

5）对20层以内的民用房屋或高度50m以内的多层厂房，底板一般取40～60cm厚，顶板25～40cm厚，外墙30～50cm厚，内墙25～40cm厚。

（8）设计内容及要求

1）确定箱形基础各部分的几何尺寸

根据规程要求，结合已有上部结构资料、场地工程地质及水文地质条件，确定箱基各部分的几何尺寸。

2）荷载计算：上部框架柱传来的总荷载；楼梯间及电梯井荷载；箱基自重（为简化计算，墙体开门窗洞不扣除，粉刷也不计）；基底板面杂品堆料活载；基顶板面活载；地下水对箱基的浮力。

3）确定持力层地基承载力特征值。

4）计算确定箱形基础的基底尺寸。

5）根据规程的基底反力系数法确定箱基的基底反力。

6）箱形基础内力计算：先确定内力分析方案；整体弯曲的内力分析；局部弯曲的内力分析。

7）顶、底板设计：顶、底板截面尺寸，配筋设计，底板的抗剪和冲切验算。

8）墙体设计：外墙的截面尺寸，荷载计算，配筋设计，内墙按构造设计，墙体的抗剪强度计算。

9）绘制施工图，交设计计算书一份。

（9）设计的重点与难点

1）重点：底板的设计和计算，施工图绘制。

2）难点：箱基的荷载计算，内力分析。

5.4 课程设计方法与步骤

1. 确定箱形基础各部分尺寸，选择埋深

查阅相关规程或规范，完成箱形基础各部分尺寸（箱基高度，底、顶板厚度，内外墙厚度）确定；综合考虑上部结构、工程地质、水文地质条件及其他因素的影响，选择基础埋深。

2. 地基持力层的地基承载力

完成作用在基础底面的荷载计算，包括竖向荷载（上部结构传至基础的恒载、活载；基础自重）、水平荷载（土压力、水压力、风压力）和力矩；考虑基础埋深修正，确定地基承载力特征值。

3. 基础底面尺寸

根据规程，箱基底板一般由基础外墙边缘向外挑出的一定尺寸，由此完成基底尺寸确定；若确定的基底宽度大于3m，则应对地基承载力特征值进行宽度修正；再进行地基承载力的验算。

4. 基底净反力

在荷载中扣除基础本身自重，根据规程的基底反力系数法，完成计算基底净反力；画

出基底反力在基底平面的分布图。

5. 基础内力分析

先根据上部结构的类型完成确定箱基的内力分析方案；完成整体弯曲计算（考虑箱基与上部结构的共同作用）；顶板、底板的局部弯曲计算（按各自承受的实际荷载计算）。

6. 基础设计

整体弯曲作用下，以最不利截面内力进行底、顶板的配筋设计；局部弯曲作用下底、顶板配筋设计；墙体设计（完成外墙的荷载计算，外墙的配筋设计，内墙一般按构造配筋）。

7. 箱形基础的强度验算

底板的抗剪验算和冲切验算；内外墙的抗剪强度验算。

8. 基础施工图绘制

要求：图名、图幅、图例、符号、字及尺寸的标注符合有关建筑制图的基本要求；内容充实，安排合理。

5.5 课程设计要求

1. 进度安排与阶段检查

本课程设计计划在一周内完成，设计进度安排与阶段检查内容详见表 5-1。

建筑基础课程设计进度安排 **表 5-1**

时间安排	设计进度	阶段检查
第一天	箱基各部分尺寸、埋深；基础上荷载计算	箱基尺寸、基底标高确定是否正确
第二天	地基承载力；基底尺寸；基底净反力	基础上荷载计算是否有遗漏项目
第三天	箱基内力分析	计算简图、基底净反力、内力计算是否正确
第四天	底顶板配筋设计；内外墙配筋设计	最不利内力是否正确，配筋设计是否正确
第五天	箱基强度验算	验算项目是否有遗漏；全部计算书是否完整
第六天	绘制基础施工图	制图是否规范，图面布置是否合理，图纸是否能够准确表达设计意图
第七天		

2. 设计计算书的要求

按照前面所述的设计步骤，完成一份完整的箱形基础设计计算书，计算书所要包含的主要内容有：

（1）设计资料。

（2）箱形基础各部分尺寸：

1）箱基高度；

2）底、顶板厚度；

3）内、外墙厚度；

4）基础埋深。

（3）地基承载力特征值。

1）荷载计算（均按设计值计算）：

① 竖向荷载：上部结构传至基础的恒载、活载；基础自重。

② 水平荷载（土压力、水压力、风压力）。

③ 力矩。

2）地基承载力特征值：先考虑基础埋深修正，确定地基承载力特征值。

（4）基础底面尺寸：

1）根据规程，箱基底板一般由基础外墙边缘向外挑出的一定尺寸，由此完成基底尺寸确定；

2）若确定的基底宽度大于 3m，则应对地基承载力特征值进行宽度修正；

3）进行地基承载力的验算。

（5）基底净反力：

1）按实测基底反力系数法；

2）把箱基底面分成大小相等的 5×8＝40 个区格，每个区格的反力系数由规程查出，从而可算出每个区格的基本反力＝(总荷载/LB)×地基反力系数；标出基本反力在各区格的数值。

3）基底净反力＝基本反力－(箱基自重＋水压)/LB

4）标出基底净反力在各区格的数值。

（6）箱基的内力分析：

1）先根据上部结构的类型确定箱基的内力分析方案；当上部结构为剪力墙（或框剪）体系时，只计算局部挠曲引起的内力；当上部结构为框架体系时，同时计算整体挠曲和局部挠曲引起的内力；

2）整体挠曲弯矩的计算：将箱基视为地基梁，梁长即箱基纵向长度 L，求出基底净反力沿梁长的分布，按比例画出计算简图；

① 根据计算简图，求出各截面的弯矩，画出弯矩图；确定最不利内力截面，如跨中和楼梯电梯间；

② 计算箱基刚度 $E_G J_G$：对于矩形平面的单层箱基，可简化为工字型截面梁，截面上下翼缘分别为箱基顶、底板，腹板厚度为箱基墙体厚度之和，截面高度即为箱基高度；

③ 计算上部结构刚度；

④ 考虑上部结构的共同作用，弯矩应由上部结构和箱基共同承担。按刚度进行分配整体挠曲的弯矩；求出最不利截面箱基分担的弯矩 M_G。

3）底板的局部弯曲计算：

① 按倒楼盖计算。确定底板局部弯曲的基底净反力＝基底基本反力－(箱基底板自重＋水压)/LB，画出基底净反力在各区格上的分布图；

② 选取整体弯曲最不利位置为控制，分别计算中区格和边区格；

③ 计算中区格：按双向板计算，纵向跨中弯矩、横向跨中弯矩、纵向支座弯矩、横向支座弯矩；

④ 计算边区格：按双向板计算，纵向跨中弯矩、横向跨中弯矩、纵向支座弯矩、横向支座弯矩；

⑤ 确定底板局部弯曲的控制位置。

4）顶板局部弯曲计算：

① 根据顶板上实际作用的荷载，按普通楼盖计算；

② 选取整体弯曲最不利位置为控制，分别计算中区格和边区格；

③ 计算边区格；

④ 计算中区格；

⑤ 确定顶板局部弯曲的控制位置。

5）底、顶板配筋设计：

① 箱基整体弯矩在折算的工字形截面上可简化为作用在底板上的轴向拉力和顶板上的轴向压力。底（顶板）的拉力（压力）由整体弯矩除以截面高度，分别按轴心受拉或受压确定配筋；

② 底板局部弯曲的纵向配筋：选取底板局部弯曲的控制位置，计算边区格（跨中配筋、支座配筋）；计算中区格（跨中配筋、支座配筋），可取大值统一配筋；

③ 底板局部弯曲的横向配筋；

④ 顶板局部弯曲的纵向配筋；

⑤ 顶板局部弯曲的横向配筋。

6）底板抗剪强度验算及冲切验算：

① 底板抗剪强度验算。

② 底板冲切验算。

7）墙体设计：

① 外墙设计：静止土压力计算；按计算配筋，采用双面双向配筋。

② 内墙一般按构造配筋即可满足要求。

③ 墙身抗剪强度验算。

④ 开门窗洞：

一般门洞口尺寸 0.8m×2m，楼梯间门洞口尺寸 1.2m×2m，外纵墙中间开设通风采光窗洞口尺寸 1m×0.8m。

3. 设计图纸的要求

基础施工图要求能够清晰表达设计者的设计思路和设计意图，图纸干净整洁，内容丰富，图面丰满美观，符号和标注符合建筑制图的一般规定；箱基配筋横剖面图要求手工绘制，其余图纸可以手绘或计算机绘制；所有图纸均采用 A3 图纸绘制，平面图、横剖面图例为 1∶100～1∶200，节点详图的绘制比例为 1∶50。

基础施工图包括：

① 设计说明：具体说明本基础设计的工程概况、材料选用、设计依据等。

② 箱基顶板配筋平面图：在本图中画出基础的顶板结构布置和定位轴线，标出箱基顶板的平面尺寸，轴线尺寸，墙体尺寸等。

③ 箱基底板配筋平面图：在本图中画出基础底板的结构布置和定位轴线，标出箱基底板的平面尺寸，轴线尺寸，墙体尺寸等。

④ 箱基配筋横剖面图：在本图中画出基础的结构布置和定位轴线，并标出基础底、顶板厚度，墙体厚度，箱基高度等尺寸。

⑤ 节点详图：外墙与顶、底板节点图；内墙与顶、底板节点图；内墙交叉节点图；

内墙与外墙节点；外墙节点图。

4. 能力培养要求

本课程设计使学生综合运用已有的专业知识，解决实际工程问题，是专业知识的学习和实际运用的训练。在完成整个设计的过程中培养了学生结构设计的能力和分析问题、解决问题的能力。

5.6 建筑基础课程设计例题

5.6.1 设计资料

1. 工程概况

某八层框架结构主厂房的基础。根据上部结构及场地地质情况，确定采用箱形基础。

2. 设计资料

(1) 上部结构资料

地面以上采用现浇柱、预制梁板的半装配式框架结构，采用C30混凝土。

① 各杆件截面尺寸如下：

柱：50cm×50cm。

横梁：30cm×60cm。

纵梁：25cm×45cm。

楼板厚：15cm。

② 平面柱网布局如图5-1所示。

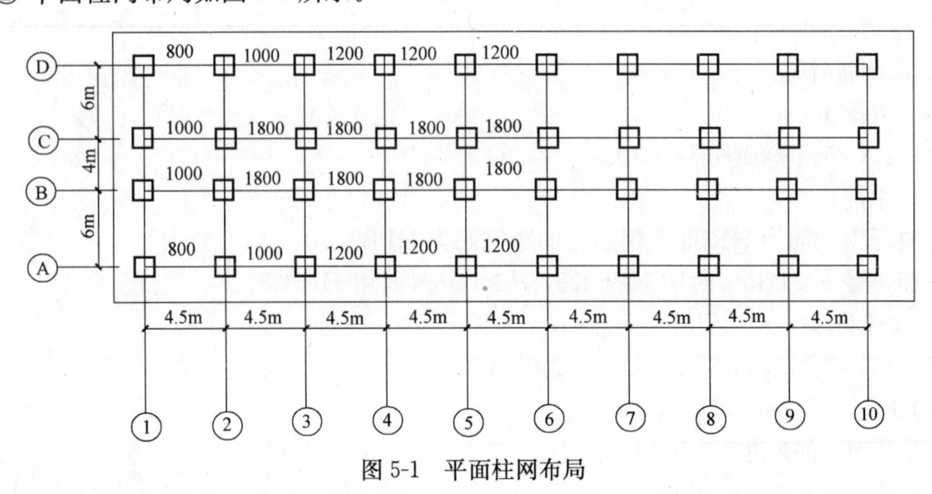

图5-1 平面柱网布局

③ 上部结构荷载：

框架柱传给基础的轴力（作用在±0.00m处）标在柱网分布图上。

底层地面的活载为14kN/m^2。

地下室用作杂品堆料仓库，按活载10kN/m^{2}计。

楼梯和电梯间荷载按均布荷载20kN/m^{2}考虑。

④ 建筑物位于非地震区，不考虑地震影响。

(2) 基础设计的资料

① 工程地质条件如图 5-2 所示；地下水位位于地面下 1m 处。

② 箱基墙体与柱网关系如图 5-3 所示。

③ 设箱基的抗倾斜和沉降已满足要求，不作计算。静止土压力系数一律采用 0.5。粉质黏土层地基反力系数见表 5-2。

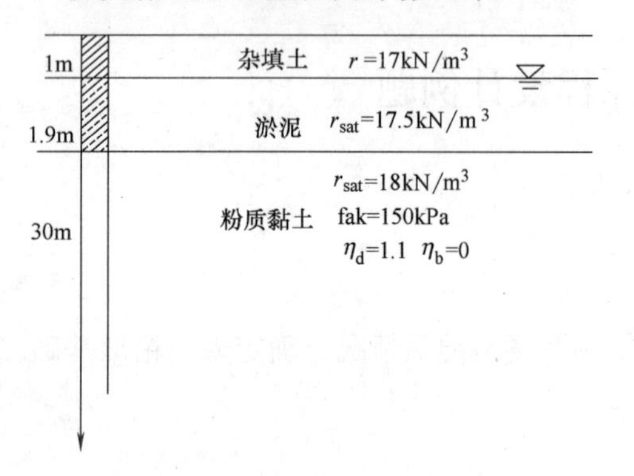

图 5-2 工程地质条件

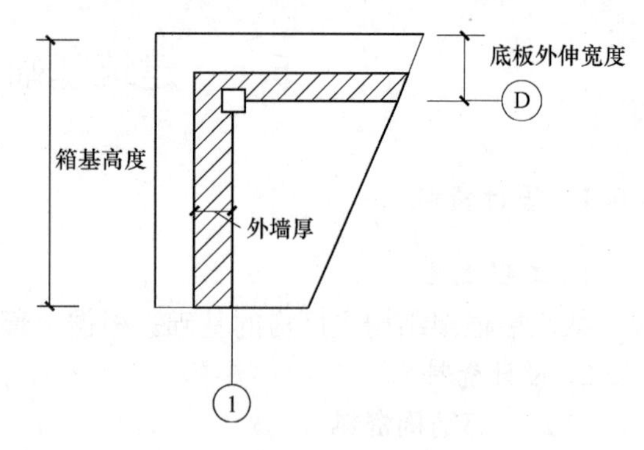

图 5-3 箱基墙体与柱网关系

粉质黏土层实测地基反力系数 **表 5-2**

0.906	0.966	0.814	0.738				
1.124	1.197	1.009	0.914				
1.235	1.314	1.109	1.006		对称		
1.124	1.197	1.009	0.914				
0.906	0.966	0.814	0.738				

3. 基础材料

(1) 混凝土：

基础：C25；基础垫层：C10。

(2) 钢筋：

主要受力钢筋为 HRB335 钢筋，构造钢筋为 HPB235；

钢筋直径 $d<12$mm 时用 HPB235，$d\geqslant 12$mm 时用 HRB335。

4. 设计要求

(1) 确定箱形基础各部分尺寸，选择埋深。

(2) 地基持力层的地基承载力。

(3) 基础底面尺寸。

(4) 基底净反力。

(5) 基础内力分析：

① 整体弯曲

② 局部弯曲

(6) 底、顶板配筋设计。

(7) 墙体设计。

(8) 箱形基础的强度验算。

(9) 基础施工图绘制。

5.6.2 确定箱基的各部分尺寸、埋深

1. 箱基的高度

根据《高层建筑箱形与筏形基础技术规程》(JGJ 6—99) 规定，箱基高度一般取建筑物高度的$\frac{1}{8}$～$\frac{1}{12}$，且不宜小于基础长度的$\frac{1}{18}$。

设计任务书中所给的主厂房宽度为4×8＝32m，基础长度为4.5×9＝40.5m。因此箱基的高度应满足2.67：4且≥2.25m。本设计箱基高度取3.2m。

2. 基础埋深

以箱基顶面为±0.000m，室外地面标高取－0.200m，箱基埋深3m。根据《高层建筑箱形与筏形基础技术规程》(JGJ 6—99) 第4.0.2条，天然土质地基上的箱形和筏形基础，其埋深不宜小于建筑物高度的$\frac{1}{15}$，即为2.13m。所以本设计中埋深符合要求。

3. 底、顶板厚度及墙体厚度

据规程，外墙厚不小于25cm，内墙厚不小于20cm，顶板厚度不小于15cm，底板厚度不小于20cm。对20层以内的民用房屋或高度50m以内的多层厂房，底板一般取40～60cm厚，顶板25～40cm厚，外墙30～50cm厚，内墙25～40cm厚。

参照一些经验，本课程设计采用：箱基底板厚取50cm，顶板厚30cm，外墙厚35cm，内墙厚30cm。

5.6.3 确定箱基底尺寸，基底净反力

1. 荷载计算

根据荷载规范，活载应乘1.4的系数，恒载应乘1.2的系数，对验算有利的可不乘系数。据提供的资料，荷载沿纵向对称，但由于楼梯间横向不对称，存在偏心，经计算偏心很小，所以可按中心荷载计算基础的底面积，基底承受的总荷载有：

(1) 上部框架传来的总荷载N_1（已乘过荷载系数）

$$N_1=2\times(800\times2+1000\times4+1800\times8+1200\times6)=54400\text{kN}$$

(2) 楼梯间及电梯井荷载N_2（恒载）

$$N_2=1.2\times4\times20\times4.5\times6=2592\text{kN}$$

(3) 箱基自重（恒载）G，为简化计算，墙体开门窗洞口不扣除，粉刷也不计。

$$\begin{aligned}G=&1.2\times25\times\Big\{40.85\times16.35\times3.2-(3.2-0.5-0.3)\\&\times\Big[\Big(4.5-\frac{0.35}{2}-\frac{0.3}{2}\Big)\times\Big(6-\frac{0.35}{2}-\frac{0.3}{2}\Big)\times4\\&+(4.5-0.3)\times\Big(6-\frac{0.35}{2}-\frac{0.3}{2}\Big)\times14\\&+(4-0.3)\times(40.5-0.35)\Big]\Big\}\\=&22572.9\text{kN}\end{aligned}$$

(4) 基底板面杂品堆料活载N_3

$$N_3=1.4\times10\times(6\times4.5\times14+40.5\times4)=7560\text{kN}$$

(5) 基顶板面活载 N_4

$$N_4 = 1.4 \times 14 \times 16 \times 40.5 = 12700.8\text{kN}$$

(6) 地下水对箱基的浮力 W（向上，对计算有利，不乘分项系数）

$$W = \rho g V_{排} = 10^3 \times 9.8 \times (3.2 - 0.2 - 1) \times 40.85 \times 16.35 = 13090.79\text{kN}$$

所以，基底总荷载 $N_{总} = N_1 + N_2 + N_3 + N_4 + G - W$

$$= 54400 + 2592 + 7560 + 12700.8 + 22572.9 - 13090.79 = 86743.91\text{kN}$$

2. *确定基底尺寸*

基底面积 $A \geqslant \dfrac{N_{总} - G}{f_a - \gamma_G d} = \dfrac{86734.91 - 22572.9}{178.56 - 20 \times 3} = 541.2\text{m}^2$。

据《建筑地基基础（新规范）》（郭继武）：当采用反力系数法计算箱基基底反力时，仅适用于上部结构与荷载比较对称的框架结构、剪力墙结构，且箱基悬挑长度不宜超过 0.8m。所以，初定底板从边轴线向外挑出 0.75m，周边取相同，则可得基底面积：

$A = (40.5 + 1.5) \times (16 + 1.5) = 735\text{m}^2 > 541.2\text{m}^2$，满足承载力要求。

5.6.4 确定地基承载力特征值

本设计的箱基底面位于第 3 层土层，即粉质黏土中，当基础宽度大于 3m 或埋置深度大于 0.5m 时，地基的承载力特征值的修正公式为：

$$f_a = f_{ak} + \eta_b \gamma (b - 3) + \eta_d \gamma_m (d - 0.5)$$

上式中各参数取值为：$f_{ak} = 150\text{kPa}$，$b = 16.35\text{m}$，$\gamma = 18 - 9.8 = 8.2\text{kN/m}^3$，

$$\gamma_m = \frac{\gamma_1 d_1 + \gamma_2 d_2 + \gamma_3 d_3}{d_1 + d_2 + d_3} = \frac{17 \times 1 + (17.5 - 9.8) \times 1.9 + (18 - 9.8) \times 0.1}{1 + 1.9 + 0.1} = 10.82\text{kN/m}^3,$$

$\eta_b = 0$，$\eta_d = 1.1$，$d = 2.9\text{m}$。

所以地基承载力特征值 $f_a = 178.56\text{kPa}$。

5.6.5 确定基底反力

1. *基本反力*

按实测基底反力系数法，把箱基分成大小相等的 5×8=40 个区格，每个区格尺寸 3.5m×5.25m。算出每个区格的反力 $= \dfrac{N_{总}}{LB} \times$ 地基反力系数，其中 $L = 42\text{m}$，$B = 17.5\text{m}$。把结果列成表 5-3 所示。

基底基本反力值（单位：kPa） **表 5-3**

106.93	114.01	96.07	87.10	87.10	96.07	114.01	106.93
132.65	141.27	119.08	107.87	107.87	119.08	141.27	132.65
145.75	155.08	130.88	118.73	118.73	130.88	155.08	145.75
132.65	141.27	119.08	107.87	107.87	119.08	141.27	132.65
106.93	114.01	96.07	87.10	87.10	96.07	114.01	106.93

2. 基底净反力

整体弯矩的基底净反力＝基本反力－(箱基自重＋水压)/LB，见表 5-4。

其中，箱基自重/LB：$\frac{G+N_2}{LB}=\frac{22572.9+2592}{42\times17.5}=34.24\text{kPa}$

水压/LB：$\frac{W}{LB}=\frac{13090.79}{42\times17.5}=17.81\text{kPa}$。

整体弯矩的基底净反力（单位：kPa） 表 5-4

90.5	97.58	79.64	70.67	70.67	79.64	97.58	90.5
116.22	124.84	102.65	91.44	91.44	102.65	124.84	116.22
129.32	138.65	114.45	102.3	102.3	114.45	138.65	129.32
116.22	124.84	102.65	91.44	91.44	102.65	124.84	116.22
90.5	97.58	79.64	70.67	70.67	79.64	97.58	90.5

5.6.6 箱基纵向整体弯曲计算

1. 内力分析方案

根据资料，本设计上部结构为框架体系，刚度较小，箱基的整体挠曲就比较明显，此时应同时计算整体和局部两种挠曲引起的内力。

2. 计算简图

(1) 箱基上的荷载

将箱基视为地基梁，梁长即箱基纵向长度 $L=32.5\text{m}$；

梁沿纵向每区格所受的净反力＝$\sum$(横向区格的长×该区格的反力值)

从左向右第一区格的净反力＝(90.5×3.5×2＋116.22×3.5×2＋129.32×3.5)

＝1899.66kN/m

同理，得到其余三个区格的净反力分别为：2042.22kN/m，1676.61kN/m，1492.82kN/m。箱基另一半受力对称。

箱基顶板所受线荷载：$q=1.4\times$顶板分布荷载$\times B_{顶板}$

$=1.4\times14\times16$

$=313.6\text{kN/m}$

(2) 整体弯曲计算简图

箱基的计算简图如图 5-4 所示。

(3) 最不利内力位置

其中本设计起控制的位置在跨中（弯矩最大）和轴③处（是楼梯电梯间，荷载大），分别记这两处的弯矩为 $M_{中}$、$M_{边}$。则：

$$M_1=1899.66\times0.75\times\frac{0.75}{2}=534.28\text{kN}\cdot\text{m}$$

$$M_2=1899.66\times5.25\times\frac{5.25}{2}-313.6\times4.5\times\frac{4.5}{2}-3600\times4.5$$

$$=6804.49\text{kN}\cdot\text{m}$$

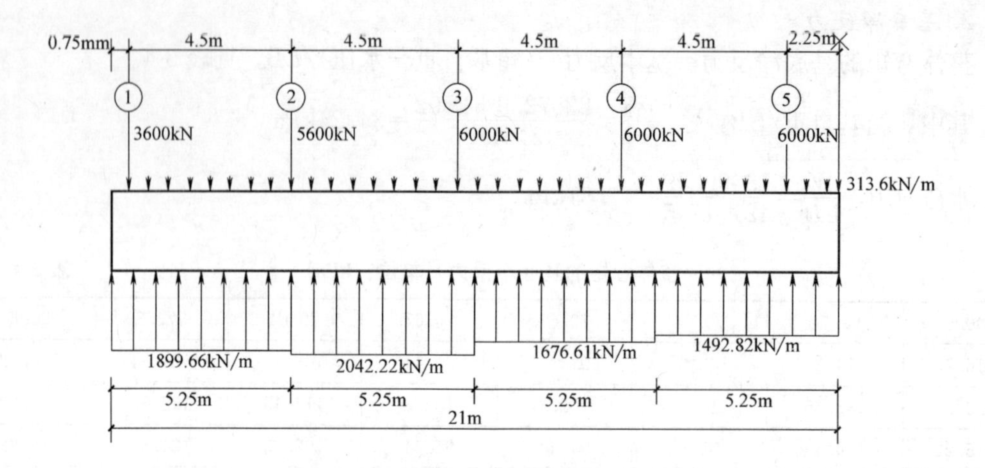

图 5-4 箱基整体弯曲计算简图

$$M_3(M_{边})=2042.22\times4.5\times\frac{4.5}{2}+1899.66\times5.25\times\left(4.5+\frac{5.25}{2}\right)-313.6\times9\times\frac{9}{2}-5600\times4.5-3600\times9=21435.83\text{kN}\cdot\text{m}$$

$$M_4=1899.66\times5.25\times\left(\frac{5.25}{2}+5.25+3.75\right)+2042.22\times5.25\times\left(\frac{5.25}{2}+3.75\right)+1676.61\times3.75\times\frac{3.75}{2}-313.6\times13.5\times\frac{13.5}{2}-3600\times13.5-5600\times9-6000\times4.5=41501.04\text{kN}\cdot\text{m}$$

$$M_5=1899.66\times5.25\times\left(\frac{5.25}{2}+5.25\times2+3\right)+2042.22\times5.25\times\left(\frac{5.25}{2}+5.25+3\right)+1676.61\times5.25\times\left(\frac{5.25}{2}+3\right)+1492.82\times3\times\frac{3}{2}-313.6\times(4.5\times4)\times\frac{(4.5\times4)}{2}-3600\times4.5\times4-5600\times4.5\times3-6000\times4.5\times2-6000\times4.5=61442.97\text{kN}\cdot\text{m}$$

$$M_{中}=1899.66\times5.25\times\left(\frac{5.25}{2}+5.25\times3\right)+2042.22\times5.25\times\left(\frac{5.25}{2}+5.25\times2\right)+1676.61\times5.25\times\left(\frac{5.25}{2}+5.25\right)+1492.82\times5.25\times\frac{5.25}{2}-313.6\times(21-0.75)\times\frac{(21-0.75)}{2}-3600\times(21-0.75)-5600\times(21-0.75-4.5)-6000\times(4.5\times2+2.25)-6000\times(4.5+2.25)-6000\times2.25$$

$=66972.02\text{kN}\cdot\text{m}$

轴线处弯矩整理得表 5-5。

轴线处弯矩值 **表 5-5**

	M_1	M_2	M_3（$=M_{边}$）	M_4	M_5	$M_{中}$
弯矩值(kN·m)	534.28	6804.49	21435.83	41501.04	61442.97	66972.02

整体弯矩图如图 5-5 所示：

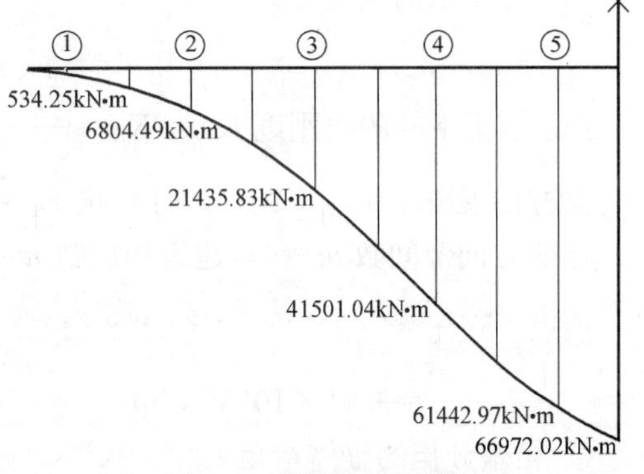

图 5-5　箱基整体弯矩图

(4) 箱基分担的弯矩

以上求出的整体弯矩未考虑上部结构的共同作用，认为箱基与上部结构是独立的，与实际不符。理论和实测表明，上部结构对箱基作用很大，因此，上面求出的弯矩应由上部结构和箱基共同承担，按刚度分配弯矩。

箱基分担的弯矩：

$M_G=M\dfrac{E_GJ_G}{E_GJ_G+E_BJ_B}$，其中 M 是前面求出的整体弯矩。

① 箱基刚度 E_GJ_G：按工字形截面折算，如图 5-6 所示。

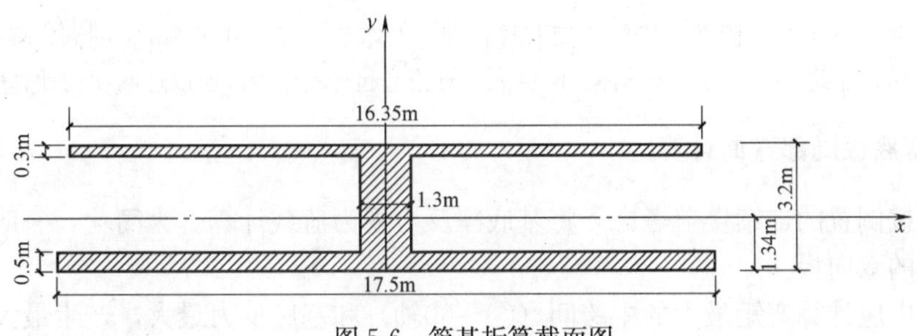

图 5-6　箱基折算截面图

先求截面形心位置：

$$y=\frac{16.35\times0.3\times(3.2-0.15)+1.3\times(3.2-0.5-0.3)\times\left[\dfrac{(3.2-0.5-0.3)}{2}+0.5\right]+17.5\times0.5\times0.25}{16.35\times0.3+1.3\times(3.2-0.5-0.3)+17.5\times0.5}$$

$=1.34\text{m}$

所以，截面惯性矩为：

$$J_G=\left(\frac{1}{12}\times16.35\times0.3^3+16.35\times0.3\times1.71^2\right)+\left(\frac{1}{12}\times1.3\times2.4^3+1.3\times2.4\times0.36^2\right)+\left(\frac{1}{12}\times17.5\times0.5^3+17.5\times0.5\times1.09^2\right)$$

$=26.86\text{m}^4$

箱基采用 C30 混凝土，查表得 $E_G=3\times10^4\text{N/mm}^2$。

所以，$E_GJ_G=80.58\times10^4\text{MN/m}^2$。

② 上部结构刚度 E_BJ_B

$$E_BJ_B=\sum_{i=1}^{n}\left[E_bJ_{bi}\left(1+\frac{K_{ui}+K_{li}}{2K_{bi}+K_{ui}+K_{li}}\right)\right]$$

根据任务书中所给资料，得到：

第 i 层纵梁的截面惯性矩 $J_{bi}=\frac{1}{12}\times0.25\times0.45^3=1.898\times10^{-3}\text{m}^4$

第 i 层纵梁的线刚度 $K_{bi}=\frac{J_{bi}}{l}=\frac{1.898\times10^{-3}}{4.5}=4.22\times10^{-4}$

第 i 层上下柱的线刚度 $K_{ui}=K_{li}=\frac{\frac{1}{12}\times0.5\times0.5^3}{4}=1.3\times10^{-3}$

梁柱的混凝土采用 C30，弹性模量 $E_b=3\times10^4\text{N/mm}^2$

弯曲方向节间数 $m=9$，建筑物层数 $n=7$（楼板数），横向有 4 榀纵梁，

所以，$E_BJ_B=4\times7\times3\times10^4\times1.898\times10^{-3}\times\left(1+\frac{1.3\times10^{-3}\times2}{2\times4.22\times10^{-4}+1.3\times10^{-3}\times2}\times9^2\right)$

$=9.91\times10^4\text{MN/m}^2$。

③ 箱基分担的整体弯矩

$$M_{G中}=M_{中}\frac{E_GJ_G}{E_GJ_G+E_BJ_B}=66972.02\times\frac{80.58}{80.58+9.91}=59637.59\text{kN}\cdot\text{m}$$

$$M_{G边}=M_{边}\frac{E_GJ_G}{E_GJ_G+E_BJ_B}=21435.83\times\frac{80.58}{80.58+9.91}=19088.29\text{kN}\cdot\text{m}$$

注：在求 $M_{G边}$ 的时候，因②～③轴之间有楼梯间，在箱基顶板上开了 2m 宽的洞，降低了箱基刚度。另外，电梯井在此区间，为现浇筒体，刚度大，对箱基起有利作用。所以这两项在计算中不考虑。

5.6.7 箱基底板局部弯曲计算

底板可按倒置的连续楼盖考虑，将基底净反力视为荷载计算。为简化，一般把区格作为四边固定的双向板。

本设计中应计算弯矩最大的中跨间（⑤～⑥轴）和基底反力最大，产生最大局部反力边跨间（②～③轴）。边跨间存在局部受荷较大的楼梯间区格，为简化此处局部增设附加钢筋，可不必进行计算。

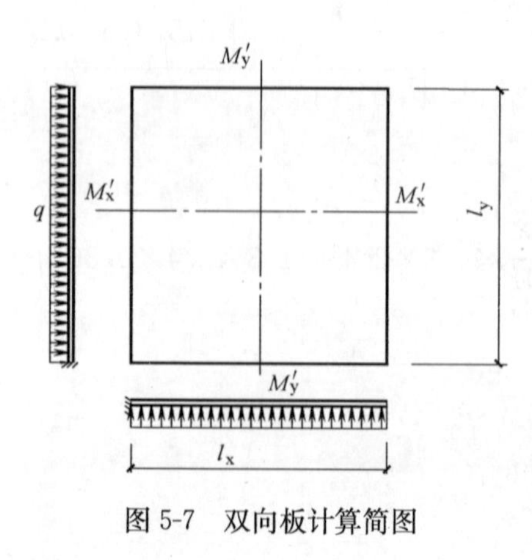

图 5-7　双向板计算简图

据《混凝土结构（中册）》（中国建筑工业出版社），双向板各弯矩按下式计算：$M=$系数$\times ql_x^2$，注意 M 为单位板宽内的弯矩设计值。

l_x、l_y是计算跨度，l_x是双向板的短边，为计算清楚，统一记为：

纵向跨中 M_x，横向跨中 M_y

纵向支座 M'_x，横向支座 M'_y（图5-7）

（1）底板局部弯曲的基底净反力

底板局部弯曲的基底净反力＝基底基本反力－箱基底板自重＋水压力。首先，箱基底板自重＝$1.2\times0.5\times25=15\text{kN/m}^2$；水压力＝

17.81kN/m²。

所以，底板局部弯曲的基底净反力沿各区格的分布如图 5-8 所示。

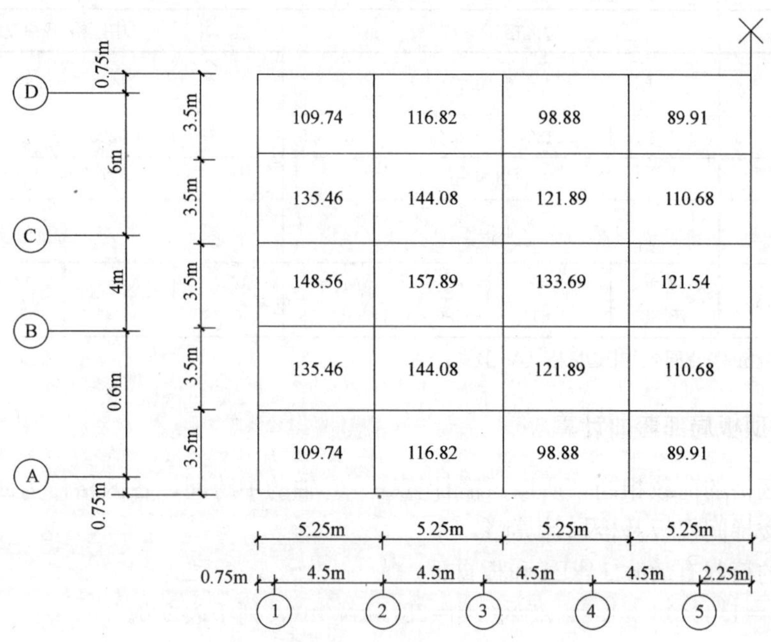

图 5-8　底板局部弯曲基底净反力分布图

(2) 弯矩最大的中跨间（⑤～⑥轴）

边区格（A～B）：$q=\dfrac{89.91\times(3.5-0.75)+110.68\times(3.5-0.25)}{6}=101.16\text{kN/m}^2$

中区格（B～C）：$q=\dfrac{(121.54\times3.5+110.68\times0.25\times2)}{4}=120.18\text{kN/m}^2$

边区格和中区格均为四边固定双向板。查相关表格，并将计算结果列表 5-6：

底板局部弯曲中跨间（⑤～⑥轴）弯矩　　表 5-6

区格	边区格(A～B)				中区格(B～C)			
$\dfrac{l_x}{l_y}$	4.5/6 = 0.75				4/4.5 = 0.89			
系数	0.0296	0.0130	−0.0701	−0.0565	0.0163	0.0226	−0.0543	−0.0596
q	101.16kN/m²				120.18kN/m²			
l_x (m)	4.5				4			
弯矩(kN·m/m)	M_x= 60.90	M_y= 26.63	M'_x= −143.60	M'_y= −115.74	M_x= 31.34	M_y= 43.56	M'_x= −104.41	M'_y= −114.60

(3) 基底净反力最大的跨间（②～③轴）

边区格（A～B）：$q=\dfrac{116.82\times(3.5-0.75)+144.08\times(3.5-0.25)}{6}=131.59\text{kN/m}^2$

中区格（B～C）：$q=\dfrac{(157.89\times3.5+144.08\times0.25\times2)}{4}=156.16\text{kN/m}^2$

将计算结果列于表 5-7：

底板局部弯曲边跨间（②～③轴）弯矩 **表 5-7**

区格	边区格(A～B)				中区格(B～C)			
$\frac{l_x}{l_y}$	4.5/6=0.75				4/4.5=0.89			
系数	0.0296	0.0130	−0.0701	−0.0565	0.0163	0.0226	−0.0543	−0.0596
q	131.59kN/m²				156.16kN/m²			
l_x (m)	4.5				4			
弯矩(kN·m/m)	M_x=78.88	M_y=34.64	M'_x=−186.80	M'_y=−150.56	M_x=40.73	M_y=56.47	M'_x=−135.67	M'_y=−148.91

注：楼梯间区格的弯矩同上表中边区格（A～B）。

5.6.8 箱基顶板局部弯曲计算

楼面各区格的荷载相同，所以只需计算⑤～⑥轴的中跨间，各区格作为四边固定的双向板，对于楼梯间楼板及楼梯计算略。

顶板上的荷载有活载 14kPa 和板自重。

所以，$q=1.4\times14+1.2\times25\times0.3=28.6\text{kN/m}^2$，列于表 5-8。

顶板局部弯曲中跨间（⑤～⑥轴）弯矩 **表 5-8**

区格	边区格(A～B)				中区格(B～C)			
$\frac{l_x}{l_y}$	4.5/6 = 0.75				4/4.5 = 0.89			
系数	0.0296	0.0130	−0.0701	−0.0565	0.0163	0.0226	−0.0543	−0.0596
q	28.6kN/m²							
l_x (m)	4.5				4			
弯矩(kN·m/m)	M_x=17.14	M_y=7.53	M'_x=−40.60	M'_y=−32.72	M_x=7.46	M_y=10.34	M'_x=−24.85	M'_y=−27.27

5.6.9 箱基底板配筋设计

箱基整体弯矩 M_G 可以简化为作用在底板上的轴向拉力和顶板上的轴向压力。一般把整体弯曲和局部弯曲的作用分开讨论，各自求配筋。

（1）底板配筋设计思路

对于底板，由整体弯矩 M_G 产生的拉力 N 及配筋由下式进行计算：

$$N=\frac{M_G}{Z}$$

$$A_{s1}=\frac{N}{f_y}$$

A_{s1} 分为两部分，分别为底板的上下排通长钢筋。

底板局部弯曲所需钢筋，在各区格跨中取单位板带，按单筋截面分别确定钢筋量

A_{s2}，步骤如下：

$$\alpha_s=\frac{M}{\alpha_1 f_c b h_0^2}\rightarrow\gamma_s=\frac{1+\sqrt{1-2\alpha_s}}{2}\rightarrow A_{s2}=\frac{M}{\gamma_s f_y h_0}$$

(2) 底板纵向配筋设计

1) 底板整体弯曲的配筋（纵向）

① 中跨间（⑤～⑥轴）

在此区格内，$M_{G中}=59637.59\text{kN}\cdot\text{m}$

$$N=\frac{M_G}{Z}=\frac{59637.59}{3.2-0.15-0.25}=21299.14\text{kN}$$

$$A_{s1}=\frac{N}{f_y}=\frac{21299.14\times10^3}{300}=70997\text{mm}^2$$

$$A'_{s1}=\frac{\frac{A_{s1}}{2}}{17.5}=\frac{\frac{70997}{2}}{17.5}=2028\text{mm}^2/\text{m}$$

即是说，跨中沿底板宽度方向每延米的配筋量为 2028mm²，选取Φ16@100，$A'_{s1}=2011\text{mm}^2$。

② 边跨间（②～③轴）

在此区格内，$M_{G边}=19088.29\text{kN}\cdot\text{m}$

$$N=\frac{M_G}{Z}=\frac{19088.29}{3.2-0.15-0.25}=6817.25\text{kN}$$

$$A_{s1}=\frac{N}{f_y}=\frac{6817.25\times10^3}{300}=22724\text{mm}^2$$

$$A'_{s1}=\frac{\frac{A_{s1}}{2}}{17.5}=\frac{\frac{22724}{2}}{17.5}=649\text{mm}^2/\text{m}$$

即是说，跨中沿底板宽度方向每延米的配筋量为 649mm²，选取Φ14@250，$A'_{s1}=616\text{mm}^2$。

2) 局部弯曲的纵向配筋

按规程，当考虑整体与局部弯曲时，局部弯曲的纵向弯矩应当乘以 0.8 的折减系数进行配筋，而底板的横向配筋，只按局部弯曲确定，不乘系数。

本设计为二类 b 环境，查《混凝土结构设计规范》(GB 50010—2002)，最小保护层厚度应取 35mm，受力钢筋放两排。

根据构造要求，$a_s=35+12(\text{钢筋直径})+\frac{25(\text{钢筋间距})}{2}=59.5\text{mm}$，取为 60mm，所以，$h_0=h-a_s=440\text{mm}$。

① 中跨间（由边区格控制）

跨中配筋（上部受拉）：

$$M_x=60.90\text{kN}\cdot\text{m/m}$$

$$\alpha_s=\frac{0.8M}{\alpha_1 f_c b h_0^2}=\frac{0.8\times60.9\times10^6}{1.0\times14.3\times1000\times440^2}=0.0176$$

$$\gamma_s=\frac{1+\sqrt{1-2\alpha_s}}{2}=\frac{1+\sqrt{1-2\times0.0176}}{2}=0.9911$$

$$A_{s2}=\frac{0.8M}{\gamma_s f_y h_0}=\frac{0.8\times60.9\times10^6}{0.9911\times300\times440}=372\text{mm}^2$$

因此，选用Φ12@250，$A_{S2}=452\text{mm}^2$。

支座配筋（下部受拉）：

$$M'_x=-143.60\text{kN}\cdot\text{m/m}$$

$$\alpha_s=\frac{0.8M}{\alpha_1 f_c b h_0{}^2}=\frac{0.8\times143.6\times10^6}{1.0\times14.3\times1000\times440^2}=0.0415$$

$$\gamma_s=\frac{1+\sqrt{1-2\alpha_s}}{2}=\frac{1+\sqrt{1-2\times0.0415}}{2}=0.9788$$

$$A_{s2}=\frac{0.8M}{\gamma_s f_y h_0}=\frac{0.8\times143.6\times10^6}{0.9788\times300\times440}=889\text{mm}^2$$

因此，选用Φ16@200，$A_{s2}=1006\text{mm}^2$。

② 边跨间（由边区格和中区格中的最大值控制）

跨中配筋（上部受拉）：

$$M_x=78.88\text{kN}\cdot\text{m/m}$$

$$\alpha_s=\frac{0.8M}{\alpha_1 f_c b h_0{}^2}=\frac{0.8\times78.88\times10^6}{1.0\times14.3\times1000\times440^2}=0.0228$$

$$\gamma_s=\frac{1+\sqrt{1-2\alpha_s}}{2}=\frac{1+\sqrt{1-2\times0.0228}}{2}=0.9885$$

$$A_{s2}=\frac{0.8M}{\gamma_s f_y h_0}=\frac{0.8\times78.88\times10^6}{0.9885\times300\times440}=484\text{mm}^2$$

因此，选用Φ12@200，$A_{s2}=505\text{mm}^2$

支座配筋（下部受拉）：

$$M'_x=-40.60\text{kN}\cdot\text{m/m}$$

$$\alpha_s=\frac{0.8M}{\alpha_1 f_c b h_0{}^2}=\frac{0.8\times40.6\times10^6}{1.0\times14.3\times1000\times440^2}=0.0117$$

$$\gamma_s=\frac{1+\sqrt{1-2\alpha_s}}{2}=\frac{1+\sqrt{1-2\times0.0117}}{2}=0.9941$$

$$A_{s2}=\frac{0.8M}{\gamma_s f_y h_0}=\frac{40.6\times10^6}{0.9941\times300\times440}=248\text{mm}^2$$

因此，选用Φ12@250，$A_{S2}=452\text{mm}^2$。配筋列于表 5-9 中。

底板纵向整体、局部弯曲配筋总表 **表 5-9**

跨间	中跨间		边跨间	
	跨中配筋（上部受拉）	支座配筋（下部受拉）	跨中配筋（上部受拉）	支座配筋（下部受拉）
计算配筋量(mm^2)	2028＋372	2028＋889	649＋484	649＋248
选用钢筋	Φ16@100＋Φ12@250	Φ16@100＋Φ16@200	Φ14@250＋Φ12@200	Φ14@250＋Φ12@250
实际配筋量(mm^2)	2011＋452	2011＋1006	616＋505	616＋452

(3) 底板横向配筋

只考虑底板的局部弯曲，按基反力最大的边跨间控制配筋。

① 跨中配筋（中区格控制）

$$M_y = 56.47\text{kN}\cdot\text{m/m}$$

$$\alpha_s = \frac{M}{\alpha_1 f_c b h_0{}^2} = \frac{56.47\times10^6}{1.0\times14.3\times1000\times440^2} = 0.0204$$

$$\gamma_s = \frac{1+\sqrt{1-2\alpha_s}}{2} = \frac{1+\sqrt{1-2\times0.0204}}{2} = 0.9897$$

$$A_{s2} = \frac{M}{\gamma_s f_y h_0} = \frac{56.47\times10^6}{0.9897\times300\times440} = 432\text{mm}^2$$

因此，选用Φ12@250，$A_{s2}=452\text{mm}^2$

② 支座配筋（边区格控制）

$$M'_y = -150.56\text{kN}\cdot\text{m/m}$$

$$\alpha_s = \frac{M}{\alpha_1 f_c b h_0{}^2} = \frac{150.56\times10^6}{1.0\times14.3\times1000\times440^2} = 0.0544$$

$$\gamma_s = \frac{1+\sqrt{1-2\alpha_s}}{2} = \frac{1+\sqrt{1-2\times0.0544}}{2} = 0.9720$$

$$A_{s2} = \frac{M}{\gamma_s f_y h_0} = \frac{150.56\times10^6}{0.9720\times300\times440} = 1173\text{mm}^2$$

因此，选用Φ16@150，$A_{s2}=1207\text{mm}^2$。

5.6.10 箱基顶板配筋设计

顶板配筋计算，不考虑整体弯曲，按局部弯曲设计，以中跨间控制。

(1) 纵向配筋（按边区格）

① 跨中配筋

$$M_x = 17.14\text{kN}\cdot\text{m/m}$$

$$\alpha_s = \frac{M}{\alpha_1 f_c b h_0{}^2} = \frac{17.14\times10^6}{1.0\times14.3\times1000\times240^2} = 0.0208$$

$$\gamma_s = \frac{1+\sqrt{1-2\alpha_s}}{2} = \frac{1+\sqrt{1-2\times0.0062}}{2} = 0.9895$$

$$A_{s2} = \frac{M}{\gamma_s f_y h_0} = \frac{17.14\times10^6}{0.9969\times300\times240} = 241\text{mm}^2 < 505\text{mm}^2$$

因此，按照构造配筋Φ12@200，$A_{s2}=505\text{mm}^2$。

② 支座配筋

$$M'_x = -40.60\text{kN}\cdot\text{m/m}$$

$$\alpha_s = \frac{M}{\alpha_1 f_c b h_0{}^2} = \frac{40.6\times10^6}{1.0\times14.3\times1000\times240^2} = 0.0493$$

$$\gamma_s = \frac{1+\sqrt{1-2\alpha_s}}{2} = \frac{1+\sqrt{1-2\times0.0493}}{2} = 0.9747$$

$$A_{s2} = \frac{M}{\gamma_s f_y h_0} = \frac{40.6\times10^6}{0.9747\times300\times240} = 579\text{mm}^2$$

因此，按照构造配筋Φ14@250，$A_{s2}=616mm^2$。

(2) 横向配筋

① 跨中配筋（按中区格）

$$M_y=10.34kN\cdot m/m$$

$$\alpha_s=\frac{M}{\alpha_1 f_c b h_0{}^2}=\frac{10.34\times10^6}{1.0\times14.3\times1000\times240^2}=0.0126$$

$$\gamma_s=\frac{1+\sqrt{1-2\alpha_s}}{2}=\frac{1+\sqrt{1-2\times0.0126}}{2}=0.9937$$

$$A_{s2}=\frac{M}{\gamma_s f_y h_0}=\frac{10.34\times10^6}{0.9937\times300\times240}=144mm^2<505mm^2$$

因此，按照构造配筋Φ12@200，$A_{s2}=505mm^2$。

② 支座配筋（按边区格）

$$M'_y=-32.72kN\cdot m/m$$

$$\alpha_s=\frac{M}{\alpha_1 f_c b h_0{}^2}=\frac{32.72\times10^6}{1.0\times14.3\times1000\times240^2}=0.0397$$

$$\gamma_s=\frac{1+\sqrt{1-2\alpha_s}}{2}=\frac{1+\sqrt{1-2\times0.0397}}{2}=0.9797$$

$$A_{s2}=\frac{M}{\gamma_s f_y h_0}=\frac{32.72\times10^6}{0.9797\times300\times240}=464mm^2<505mm^2$$

因此，按照构造配筋Φ12@200，$A_{s2}=505mm^2$。

顶板配筋汇总于表 5-10 中。

顶板配筋汇总表 **表 5-10**

	纵向		横向	
	跨中（下部受拉）	支座（上部受拉）	跨中（下部受拉）	支座（下部受拉）
计算配筋量(mm^2)	241	579	144	464
选用钢筋	Φ12@200	Φ14@250	Φ12@200	Φ12@200
实际配筋量(mm^2)	505	616	505	505

5.6.11 箱基底板斜截面抗剪强度及冲切验算

(1) 底板斜截面抗剪强度验算

根据《高层建筑箱形与筏形基础技术规范》(JGJ 6-99) 第 5.2.4 条规定，底板除计算正截面受弯承载力外，其斜截面受剪承载力应符合下式要求：

$$V_s\leqslant0.07f_c b h_0$$

式中 V_s——扣除底板自重后基底净反力产生的板支座边缘处的总剪力设计值；

f_c——混凝土轴心抗压强度设计值；

b——支座边缘处板的净宽；

h_0——板的有效高度。

斜截面抗剪计算图见图 5-9。

由前面的计算结果及资料知，扣除底板自重后基底净反力的最大值出现在中间区格，$(p_n)_{max}=157.89$kPa，$f_c=14300$kN/m^2，$b=4.95$m，$h_0=0.44$m。

$$V_s=\left[\frac{(1.75+3.95)}{2}\times1.1\right]\times157.89=495\text{kN}$$

而 $0.07f_cbh_0=0.07\times14300\times4.95\times0.44$

$=2180\text{kN}>V_s$，满足要求。

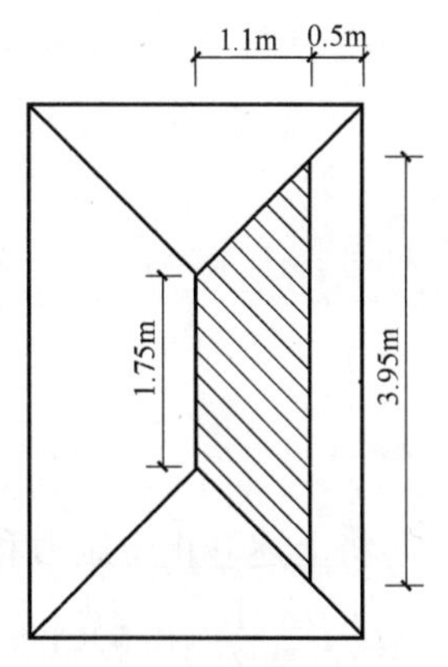

图 5-9　斜截面抗剪计算示意图

(2) 底板抗冲切验算

根据《高层建筑箱形与筏形基础技术规范》(JGJ 6-99) 第 5.2.5 条规定，当底板区格为双向板时，底板的截面有效高度应符合下式要求：

$$h_0\geqslant\frac{(l_{n1}+l_{n2})-\sqrt{(l_{n1}+l_{n2})^2-\dfrac{4p_nl_{n1}l_{n2}}{p_n+0.6f_t}}}{4}$$

式中　h_0——底板的截面有效高度；

l_{n1}、l_{n2}——计算板格的短边、长边的净长度；

p_n——扣除底板自重后的基底平均净反力设计值；

f_t——混凝土轴心抗拉强度设计值。

由前面的计算结果得：$(p_n)_{max}=157.89$kPa，$l_{n1}=3.2$m，$l_{n2}=4.95$m，$f_t=1430$kN/m^2。所以，

$$\text{截面有效高度}=\frac{(l_{n1}+l_{n2})-\sqrt{(l_{n1}+l_{n2})^2-\dfrac{4p_nl_{n1}l_{n2}}{p_n+0.6f_t}}}{4}$$

$$=\frac{(3.2+4.95)-\sqrt{(3.2+4.95)^2-\dfrac{4\times157.89\times3.2\times4.95}{157.89+0.6\times1430}}}{4}$$

$=0.157\text{m}<h_0=0.44$m，满足要求。

5.6.12　箱基墙体设计

(1) 内墙设计

据规程，一般内墙按构造配筋，采用Φ10 @200（双面双向），在上、下部设置 2Φ20 通筋。

(2) 外墙设计

① 荷载计算

由于箱形基础顶、底板对外墙约束较强，因此土压力按静止土压力计算（图 5-10）。取静止土压力系数 $K_0=0.5$，则

$$p_1=K_0\gamma_1h_1=0.5\times17\times1=8.5\text{kN/m}^2$$

$$p_2=K_0(\gamma_1h_1+\gamma_2'h_2)=0.5\times[17\times1+(17.5-9.8)\times1.5]=14.275\text{kN/m}^2$$

$$p_w=\gamma_wh_2=9.8\times1.5=14.7\text{kN/m}^2$$

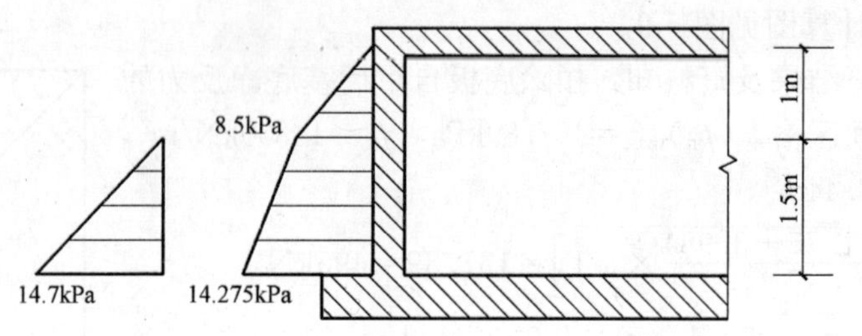

图 5-10 外墙上的静止土压力、水压力分布图

将上述静止土压力和水压力换算成均匀分布在墙体上的压力：

$$q=\frac{\frac{1}{2}\times 8.5\times 1+\frac{1}{2}\times(8.5+14.275)\times 1.5+\frac{1}{2}\times 14.7\times 1.5}{2.5}=12.94\text{kN/m}^2$$

② 内力计算及配筋设计

按弹性理论双向板计算墙体内力。其中 x 为水平方向，y 为竖直方向，见表 5-11。

外纵、横墙弯矩值 **表 5-11**

	外纵墙				外横墙(中区格)			
l_{01}/l_{02}	2.4/4.2 = 0.57				2.4/3.7 = 0.65			
系数	0.0064	0.0378	−0.0571	−0.0801	0.0095	0.0345	−0.0571	−0.0766
q	12.94kN/m²				12.94kN/m²			
l_{01}(m)	2.4				2.4			
弯矩(kN·m/m)	$M_x=$ 0.48	$M_y=$ 2.82	$M'_x=$ −4.26	$M'_y=$ −5.97	$M_x=$ 0.71	$M_y=$ 2.57	$M'_x=$ −4.26	$M'_y=$ −5.71

以求得的最大值——外纵墙的 $M'_y=-5.97$kN·m/m 为例进行配筋计算。

$$\alpha_s=\frac{M}{\alpha_1 f_c b h_0{}^2}=\frac{5.97\times 10^6}{1.0\times 14.3\times 1000\times 290^2}=0.0050$$

$$\gamma_s=\frac{1+\sqrt{1-2\alpha_s}}{2}=\frac{1+\sqrt{1-2\times 0.0050}}{2}=0.9975$$

$$A_s=\frac{M}{\gamma_s f_y h_0}=\frac{5.97\times 10^6}{0.9975\times 210\times 290}=98\text{mm}^2<393\text{mm}^2$$

按照构造配筋Φ10@200，$A_S=393\text{mm}^2$。其余弯矩均比 5.97 小，因此所有的外墙均按照构造配筋Φ10@200。另外在下部设置 2Φ20 通筋。

(3) 墙身抗剪强度验算

箱形基础的内外墙，除与剪力墙连接者外，由柱根传给各片墙的竖向剪力设计值，可按该柱下各片墙的刚度进行分配。

箱基的内、外墙，除与剪力墙连接外，其内外墙的墙身截面均应满足下式抗剪强度的要求：$V_w\leqslant 0.25 f_c h_w$

式中 V_w——墙体截面剪力设计值；

f_c——混凝土轴心抗压强度；

h_w——墙身竖向有效截面面积。

1) 纵墙抗剪强度验算

① 剪力计算

将箱形基础看做是放置在地基上的梁，在上部结构荷载和地基反力的作用下，由静力平衡条件可求得各支座（横墙）左右控制截面的总剪力 $V_{j,l(\mathrm{r})}$，然后将总剪力根据纵墙的横截面面积和柱子所受到的竖向荷载大小的平均比值分配到各道纵墙上。

$$V_{ij,l(\mathrm{r})}=\frac{1}{2}\left(\frac{b_i}{\sum b_i}+\frac{N_{ij}}{\sum N_{ij}}\right)V_{j,l(\mathrm{r})}$$

式中 $V_{ij,l(\mathrm{r})}$——第 i 道纵墙第 j 支座左、右截面所分配到的剪力；

b_i——第 i 道纵墙的宽度；

$\sum b_i$——各道纵墙宽度之和；

N_{ij}——第 i 道纵墙第 j 支座柱的荷载；

$\sum N_{ij}$——第 j 道横墙上各柱的竖向荷载之和。

本设计中，最大剪力出现在④轴线处。

$$V_{4,l}=1899.66\times5.25+2042.22\times5.25+1676.61\times3.75-313.6\times13.5-3600-5600-6000=7548.6\mathrm{kN}$$

又因为：$b_i=0.35\mathrm{m}$，$\sum b_i=0.35\times2+0.3\times2=1.3\mathrm{m}$，$N_{ij}=N_{14}=1200\mathrm{kN}$

$$\sum N_{ij}=\sum_{i=1}^{4}N_{i4}=6000\mathrm{kN}$$

所以，$V_{14,l}=\frac{1}{2}\times\left(\frac{0.35}{1.3}+\frac{1200}{6000}\right)\times7548.6=1771\mathrm{kN}$。

由于在计算纵墙总剪力 $V_{j,l(\mathrm{r})}$ 时，地基反力全部计入其中，实际上地基反力中有一部分要传给横墙。因此，实际剪力按下式计算：

$$V'_{ij,l(\mathrm{r})}=V_{ij,l(\mathrm{r})}-p(A_1+A_2)$$

式中 p——地基反力；

A_1、A_2——引起相应横墙剪力的地基反力作用面积。

本设计中，$p=96.07\mathrm{kPa}$，$A_2=0$（对于外纵墙 $A_2=0$）

$$A_1=\frac{1}{2}\left[\frac{(L_1-L_2)}{2}+\frac{L_1}{2}\right]\frac{L_2}{2}=\frac{1}{2}\times\left[\frac{(6-4.5)}{2}+\frac{6}{2}\right]\times\frac{4.5}{2}=4.22\mathrm{m}^2$$

所以，$V'_{14,l}=V_{14,l}-pA_1=1771-96.07\times4.22=1365.7\mathrm{kN}$

② 抗剪强度验算

墙身竖向有效截面面积 $A_{\mathrm{w}}=0.35\times(3.2-0.5-0.3)=0.84\mathrm{m}^2$

所以，$0.25f_{\mathrm{c}}h_{\mathrm{w}}=0.25\times14300\times0.84=3003\mathrm{kN}>1356.7\mathrm{kN}$，满足要求。

2）横墙抗剪强度验算

① 剪力计算

$$V_{ji,l(\mathrm{r})}=p(A'_1+A'_2)$$

式中 $V_{ji,l(\mathrm{r})}$——第 j 道横墙第 i 支座（纵墙）左、右截面所分配剪力；

A'_1、A'_2——产生 $V_{ji,l(\mathrm{r})}$ 的地基反力作用面积。

外横墙所在的最大基底反力 $p=114.01\mathrm{kPa}$，$A'_1=A'_2=4.22\mathrm{m}^2$。

所以，$V_{ji,l(\mathrm{r})}=114.01\times(4.22+4.22)=962.2\mathrm{kN}$。

② 抗剪强度验算

$0.25f_{\mathrm{c}}h_{\mathrm{w}}=0.25\times14300\times0.84=3003\mathrm{kN}>962.2\mathrm{kN}$，满足要求。

(4) 开门窗洞口

根据设计任务书建议，一般门洞口尺寸 0.8m×2m，楼梯间门洞口 1.2m×2m，外纵墙中间开设通风采光窗洞口 1m×0.8m。

参考文献

[1] 建筑地基基础设计规范（GB 50007—2011）. 北京：中国建筑工业出版社，2002.

[2] 高层建筑箱形与筏形基础技术规范（JGJ 6-99）. 北京：中国建筑工业出版社，1999.

[3] 混凝土结构设计规范（GB 50010—2010）. 北京：中国建筑工业出版社，2010.

[4] 建筑结构荷载规范（GB 50009—2012）. 北京：中国建筑工业出版社，2012.

[5] 吕晓寅，等. 混凝土建筑结构设计. 北京：中国建筑工业出版社，2013.

[6] 赵明华. 基础工程. 北京：机械工业出版社，2006.

[7] 陈晓平. 基础工程设计与分析. 北京：中国建筑工业出版社，2005.

第 6 章　单层工业厂房课程设计

6.1　课程设计目的

《单层工业厂房课程设计》是土木工程专业的一门专业选修课，它是为配合《混凝土建筑结构》中的工业厂房结构设计而开设的一门专项课程设计，具有较强的实践性。本课程设计主要完成单层单跨厂房的钢筋混凝土结构设计，使学生初步了解结构设计的程序和方法；掌握设计计算的原理和手段；熟悉使用与结构设计相关的规范、规程、标准图和设计计算手册；通过本课程设计，能够促使学生理论联系实际，培养学生的实践能力和动手能力，学会编写结构计算书、绘制结构施工图，为学生将来从事设计、施工、工程管理等工作奠定基础。

完成本课程设计后，学生应该对相关的结构设计规范和标准图集的框架和内容有所了解和掌握，能够熟练运用已学的专业知识，借助结构设计规范和标准图集，独立完成单层工业厂房的结构设计和计算，并绘制规范、明晰的结构施工图，结构施工图的内容能够清晰表达自己的设计思路和设计意图。

6.2　课程设计基础

1. 先修课程

(1)《建筑工程制图》；

(2)《房屋建筑学》；

(3)《结构力学》；

(4)《混凝土结构设计原理》；

(5)《混凝土建筑结构》；

(6)《土力学及地基基础》；

(7)《土木工程制图及计算机绘图》。

2. 基本要求

要求学生在进行本课程设计之前，通过以上专业及专业基础课的学习，能够了解单层工业厂房的结构特点；掌握单层工业厂房的平面布局，平面、立面的关键尺寸，定位轴线的取法以及变形缝的设置；掌握各种支撑的名称、作用及布置方式；了解围护结构的名称及作用；掌握单层工业厂房的荷载类型及其计算。

3. 设计依据

(1)《建筑结构荷载规范》(GB 50009—2012)；

(2)《混凝土结构设计规范》(GB 50010—2010)；

(3)《建筑地基基础设计规范》(GB 50007—2002)；

(4)《建筑结构制图标准》(GB/T 50105—2010);

(5) 相关的国家建筑标准设计图集、设计手册及教材。

6.3 课程设计任务书范例

1. 工程名称

某机械加工车间，按照实际情况自定。

2. 基本条件

(1) 工程地点

可根据学生的分组情况确定不同的工程地点。

(2) 工艺布置

单跨工业厂房，长度66m，柱距6m，内设两台A5级桥式吊车，桥式吊车的基本参数见附图6-1。可根据学生的分组情况确定不同的厂房跨度、吊车吨位及牛腿标高。厂房室内地坪标高为±0.000m，室外地坪标高为−0.300m。

(3) 自然条件

基本风压、基本雪压、地震设防烈度、基本地震加速度取值等均根据工程地点查阅相关设计规范确定。地面粗糙度类别为B类。

(4) 工程地质条件

均为粉质黏土，地基承载力特征值为200kPa，地形较平坦，无杂填土，场地类别为Ⅱ类。土壤冻结深度：根据工程地点确定。

(5) 材料选用

1) 混凝土：

一般构件：C30；基础：C25；基础垫层：C10。

2) 钢筋：

主要受力钢筋为HRB335钢筋，构造钢筋为HPB300；

钢筋直径$d<12$mm时用HPB300，$d\geqslant12$mm时用HRB335。

3) 钢窗：重0.45kN/m^2。

4) 型钢和钢板：采用Q235B钢。

5) 墙体：清水砖墙采用普通烧结砖。

(6) 结构体系各组成构件形式

1) 屋面板：为卷材防水的1.5m×6m预应力钢筋混凝土屋面板，采用国家相关标准图集。

2) 屋架：为梯形钢屋架，采用国家相关标准图集。

3) 吊车梁：为6m跨钢筋混凝土吊车梁，采用国家相关标准图集。

4) 吊车轨道连接及车挡：采用国家相关标准图集。

5) 过梁：按门窗洞口大小、墙厚、墙高等选用标准图中的有关构件。

6) 圈梁：为现浇钢筋混凝土连续梁，按个体进行设计。

7) 柱：为工字形或矩形截面预制钢筋混凝土柱。

8) 基础：为钢筋混凝土锥形杯口独立基础（配合预制柱用），按个体进行设计。

9）基础梁：为 6m 跨钢筋混凝土简支梁，可采用标准图集中的有关构件。

10）屋盖及柱间支撑：由角钢组成，可从相关标准图集中选用。

（7）主要建筑构造做法及建筑设计要求

1）屋面做法：

二毡三油防水层上铺小豆石（0.35kN/m^2）；

20mm 厚水泥砂浆找平层（0.4kN/m^2）；

100mm 厚加气混凝土保温层（0.6kN/m^2）；

冷底子油一道、热沥青二道（0.05kN/m^2）；

预应力屋面板（自重查相关标准图集）。

2）墙厚：240mm 厚砖砌体墙。

3）窗布置：

均设上下两层窗，上层窗底部位于吊车梁顶标高附近，洞口尺寸 4m×1.5m，下层窗底部标高 1.2m，洞口尺寸 4m×2.4m。

4）门布置：在两个长轴上各布置两个洞口尺寸为 3m×3.5m 的钢木推拉门。

（8）设计内容及要求

1）根据标准图集，选定各构件的型号；

2）根据吊车吨位、轨顶标高、柱距，初拟柱截面尺寸，选定柱的形式及截面尺寸；

3）选定计算单元，确定计算简图；

4）荷载计算：屋面活荷载，永久荷载（包括屋面构造层重、屋面板和天沟板的自重及灌缝重、屋架及支撑自重、吊车梁自重、钢轨与吊车梁连接装置的自重等），吊车荷载，风荷载；

5）内力计算：采用剪力分配法，可以考虑厂房的空间作用；

6）内力组合：确定控制截面和最不利荷载组合，进行内力组合；

7）排架柱设计：进行柱截面设计和吊装、运输阶段的承载力和裂缝宽度验算，确定柱的配筋构造；

8）牛腿设计：确定牛腿截面尺寸，进行牛腿的承载力计算，确定牛腿的配筋构造；

9）基础设计：确定基础底面尺寸，基础的高度及配筋构造；

10）绘制结构施工图，交设计计算书一份。

（9）设计的重点与难点

1）重点：柱（包括牛腿）的设计和计算，施工图绘制。

2）难点：吊车荷载计算，风荷载计算，内力组合。

6.4 课程设计方法与步骤

1. 构件选型

查阅标准图集，完成单层工业厂房结构构件选型（包括屋架、屋面板、吊车梁、吊车与轨道连接件、基础梁、过梁以及支撑等），通过荷载传递，利用图集找到适合自己设计分组的构件代号和有关尺寸、重量等设计参数。

2. 柱子尺寸初定、结构平面布置和剖面设计

完成单层工业厂房的结构组成和布置，包括厂房的建筑平面布置、结构平面布置，掌握变形缝的设置方法；了解支撑的作用，结合具体题目设置必要的支撑，了解围护结构的名称及作用，设计围护结构。

3. 单项荷载作用下的结构内力分析

确定单跨无天窗工业厂房的横向平面排架结构的计算简图；完成屋面恒载、活载、风荷载、吊车荷载的取值并计算上述各种单项荷载在单层工业厂房结构中产生的内力。

4. 抗震设计与计算

完成用顶点位移法计算结构自振周期，用底部剪力法计算水平地震作用；绘出水平地震作用下的结构内力图（包括弯矩、轴力、剪力图）；了解单层工业厂房结构抗震的基本构造要求，并实施在自己的设计中。

5. 最不利内力组合

考虑抗震和非抗震两种组合方式。按照结构荷载规范和抗震设计规范对于荷载组合方式的要求，进行内力组合，并求解排架柱控制截面的最不利内力。

6. 构件截面设计

主要包括最不利内力作用下，上柱、下柱和牛腿的配筋计算。完成钢筋混凝土柱（包括抗风柱）基本尺寸的确定及有关构造设计；完成柱内纵向受力钢筋计算及配置方式，并通过斜截面抗剪计算配置箍筋；完成牛腿的尺寸确定，牛腿中纵向受拉钢筋及水平抗剪箍筋和弯筋的计算与配置；

7. 柱下独立基础设计

完成基础埋深的选择、尺寸的确定，基础平面布置，基础内力和配筋计算、基础抗冲切验算。

8. 施工吊装阶段验算

了解排架柱在运输和施工吊装阶段与实际工作状态受力形式的不同，明确对排架柱进行运输和施工吊装阶段验算的必要性，完成排架柱在施工吊装阶段的承载力和裂缝宽度验算。

9. 结构施工图绘制

要求：图名、图幅、图例、符号、字体及尺寸的标注符合有关建筑制图的基本要求；内容充实，图面丰满美观。

6.5 课程设计要求

1. 进度安排与阶段检查

本课程设计计划在一周内完成，设计进度安排与阶段检查内容详见表 6-1。

2. 设计计算书的要求

按照前面所述的设计步骤，完成一份完整的单层工业厂房结构设计计算书，计算书所要包含的主要内容有：

(1) 设计资料

包括采用的规范、标准，设计委托书，工程图纸，标准图集等。

单层工业厂房课程设计进度安排 **表 6-1**

时间安排	设计进度	阶段检查
第一天	结构平面及立面布置	牛腿标高和上柱的柱顶标高的确定是否正确
第二天	选择标准构件型号，确定相关的计算参数	各种构件的选型是否正确
第三天	排架柱的计算与设计	计算简图与荷载的计算是否有遗漏项目，内力组合是否正确齐全，吊装验算是否正确
第四天		
第五天	基础的计算与设计	基础的设计是否正确，全部计算书是否完整
第六天	绘制结构施工图	制图是否规范，图面布置是否合理，图纸是否能够准确表达设计意图
第七天		

(2) 结构选型

1) 屋面板的型号、板重和嵌缝重；

2) 天沟板的型号及自重；

3) 天沟重（包括水重）；

4) 屋架型号及自重；

5) 屋盖支撑及自重；

6) 基础梁型号及自重；

7) 吊车梁型号及自重，轨道及垫层重；

8) 连系梁与过梁的截面与尺寸；

9) 柱间支撑；

10) 基础采用单独杯形基础，基础顶面标高；

11) 柱子尺寸：柱子高度，包括上柱高度和下柱高度的确定；柱截面尺寸，建议上柱为矩形截面，下柱为工字形截面；牛腿尺寸、柱下端矩形截面部分高度尺寸。

(3) 荷载计算（均按标准值计算）

1) 永久荷载：

① 屋架传给柱的永久荷载：屋面永久荷载（屋面板、嵌缝、找平层及防水层），屋盖支撑重，屋架自重，天沟重；

② 连系梁重及墙体重；

③ 吊车梁及轨道重；

④ 柱自重：上柱自重和下柱自重。

2) 屋面可变荷载：

① 屋面施工活载；

② 雪荷载：由于降雪时一般不会上屋面进行施工或维修，因此设计时雪载和屋面施工活载不必同时考虑，仅选用两者中的较大者；

③ 屋面积灰荷载。

3) 风荷载。

4) 吊车荷载。

(4) 排架的内力分析

1) 永久荷载作用下：

① 计算作用于柱的形心线上的力和力偶；

② 计算柱顶不动铰支反力；

③ 计算柱顶剪力；

④ 绘制内力图。

2）屋面可变荷载作用下，内力分析包括第1）款中①②③④项内容；

3）吊车竖向荷载作用下，内力分析包括第1）款中①②③④项内容；

4）吊车水平荷载作用下，内力分析包括第1）款中①②③④项内容；

5）风荷载作用下，内力分析包括第1）款中①②③④项内容；

6）地震作用下，内力分析包括第1）款中①②③④项内容。

（5）内力组合

内力组合通常列表进行，将前面计算出的内力（标准值）结果填写内力组合表，乘以相应的分项系数和组合系数，完成所有内力组合。

（6）柱截面设计

1）上柱配筋计算。

选取内力组合表中最不利的一组内力，按矩形截面对称配筋偏心受压构件进行计算。

2）下柱截面配筋计算。

下柱的配筋沿柱全长应配相同的钢筋，选取控制截面的最不利内力，按工字形对称配筋偏心受压构件计算下柱配筋。

3）吊装阶段的承载力和裂缝宽度验算。

柱除了必须进行使用阶段的承载力计算外，还必须按吊装的实际受力情况和混凝土的实际强度（往往在混凝土达到设计强度70%～80%时就进行吊装）进行吊装时的承载力和裂缝宽度验算。

（7）牛腿设计

1）荷载计算：荷载包括吊车梁自重、吊车轨道重、吊车轮压等；

2）截面尺寸；

3）配筋计算。

（8）柱下单独杯形基础设计

1）工程地质资料。

2）杯口尺寸及基础底面标高的确定。

杯口尺寸：柱插入深度，杯口深度，杯底厚度，杯口壁厚，杯口壁高度，杯口顶部尺寸，杯口底部尺寸。

3）基础底面尺寸的确定：

① 荷载计算：基础梁传来的基础梁自重、窗重、墙重（计算至室外地坪）、窗过梁重，上部柱传来的荷载，传至基础底面的荷载效应标准值；

② 基础底面尺寸的确定：首先初步确定底面尺寸，其次进行持力层地基承载力验算。

4）基础高度验算

在基础抗冲切验算和基础底板配筋计算时，应取各种荷载效应设计值引起的地基土净反力值，基础高度验算即进行冲切验算。

① 验算柱边处冲切；

② 验算变阶处的冲切。

5）底板配筋计算

① 长边方向的配筋计算；

② 短边方向的配筋计算。

3. 设计图纸的要求

结构施工图要求能够清晰表达设计者的设计思路和设计意图，图纸干净整洁，内容丰富，图面丰满美观，符号和标注符合建筑制图的一般规定；柱平面布置图要求手工绘制，其余图纸可以手绘或计算机绘制；所有图纸均采用 A2 图纸绘制，结构平面图的绘图比例为 1∶200，柱详图的绘制比例为 1∶50，其余详图的绘制比例为 1∶20。

结构施工图包括：

（1）结构设计说明：具体说明本结构的工程概况、材料选用、设计依据等。

（2）柱结构平面图：在本图中画出抗风柱和排架柱的结构布置和定位轴线，并标出柱的型号；因为抗风柱的存在，边跨柱要内缩，一般内缩 500mm。

（3）基础结构平面图：在本图中画出基础的结构布置和定位轴线，并标出基础的型号；因为基础为独立杯口基础，所以本图中仍需画出柱，用于基础的平面定位。

（4）基础梁结构平面图：在本图中画出基础梁的结构布置和定位轴线，并标出基础梁的型号；边跨和变形缝两侧跨的基础梁跨度与其他基础梁不同；本图中仍要画出柱，用于表明柱和基础梁的相对平面位置。

（5）吊车梁平面布置图：在本图中画出吊车梁的结构布置和定位轴线，并标出吊车梁的型号；边跨和变形缝两侧跨的吊车梁跨度与其他基础梁不同；本图中仍要画出柱，用于表明柱和吊车梁的相对平面位置。

（6）柱间支撑布置图：在本图中画出柱间支撑的立面布置图，即在哪些跨内需要布置支撑，并标出支撑的型号。

（7）屋盖结构平面图：在本图中画出屋架、屋面板、屋面支撑的平面布置图，画出定位轴线并表明屋架的型号，屋面板的型号、跨度和块数，屋面支撑的类型及其布置。

（8）柱详图：包括柱子的模板尺寸、配筋图，牛腿配筋图及剖面图。

（9）基础详图：包括基础的平面尺寸、立面尺寸，基础的平面配筋图、立面配筋图以及剖面图。

4. 能力培养要求

本课程设计使学生综合运用已有的专业知识，解决实际工程问题，是专业知识的学习和实际运用的训练。在完成整个设计的过程中培养了学生结构设计的能力和分析、解决问题的能力。

6.6 单层工业厂房结构设计例题

6.6.1 设计资料

1. 工程概况

某金工车间为一单跨单层钢筋混凝土厂房，厂房总长 66m，跨度 27m，柱距 6m，设有 20/5t、10t 各一台中级工作级别吊车，轨顶标高 10.1m。厂房平面图如图 6-1 所示。

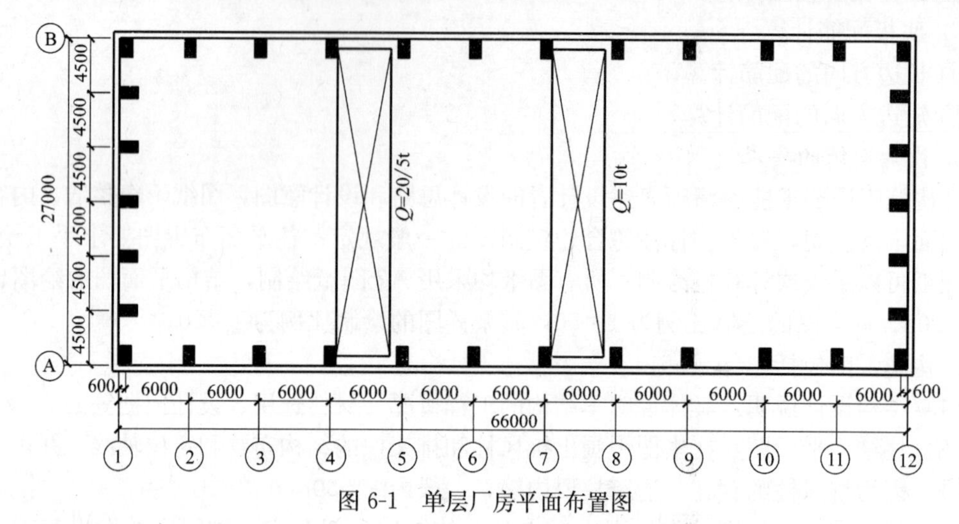

图 6-1　单层厂房平面布置图

2. 设计资料

（1）屋面构造

① 两毡三油防水层（上铺绿豆砂）；

② 20mm 厚水泥砂浆找平层；

③ 100mm 厚水泥膨胀珍珠岩保温层；

④ 一毡两油隔气层；

⑤ 20mm 厚水泥砂浆找平层；

⑥ 预应力混凝土大型屋面板。

（2）围护结构

① 240mm 厚普通砖墙，双面抹灰；

② 钢框玻璃窗（宽×高）：4000mm×5100mm 和 4000mm×1800mm。

（3）地面

钢筋混凝土地面，室内外高差 150mm。

3. 厂房设计的基本原始资料

（1）自然条件

① 基本风压为 0.5kN/m²，地面粗糙度为 B 类；

② 基本雪压为 0.3kN/m²；

③ 屋面活荷载为 0.5kN/m²。

（2）地质条件

① 场地地面以下 0.8m 内为填土，填土下层 4.8m 内为粉质黏土，地基承载力特征值为 240kN/m²，地下水位为－5.5m；

② 本工程不考虑抗震设计。

4. 材料

（1）钢筋

箍筋为 HPB300 级钢筋，受力钢筋为 HRB335 级钢筋，牛腿受力钢筋为 HRB400 级钢筋。

(2) 混凝土

柱采用C40，基础采用C20。

5. 设计要求

(1) 初步确定排架结构布置方案；

(2) 对结构上部的标准构件进行选型，并进行结构布置；

(3) 排架的荷载计算和内力分析；

(4) 排架柱的设计；

(5) 柱下独立基础的设计。

6.6.2 构件选型及屋盖布置

根据厂房的跨度、吊车起重量的大小、轨顶标高、吊车的运行空间等初步确定出排架结构的剖面如图 6-2 所示。为了保证屋盖的整体性，屋盖采用无檩体系。

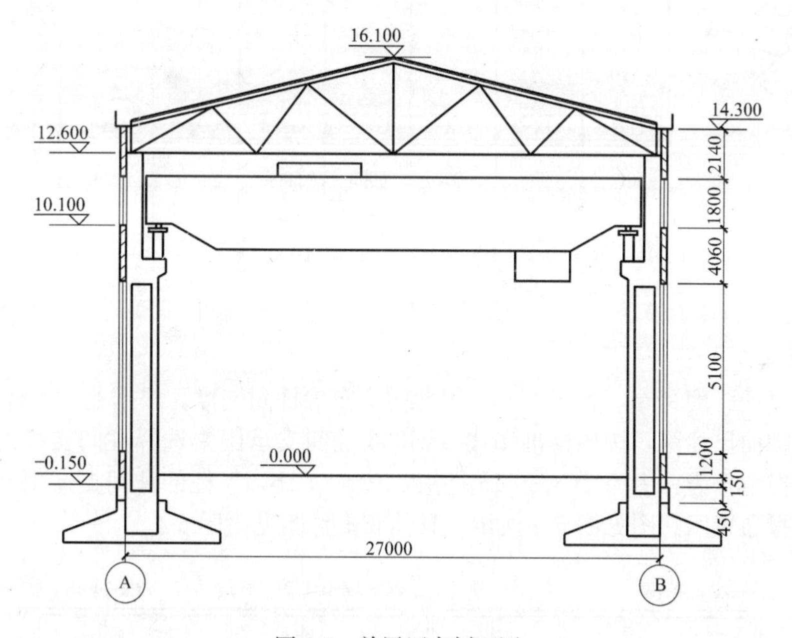

图 6-2 单层厂房剖面图

1. 屋面板

采用 1.5m×6m 预应力混凝土屋面板，根据屋面做法求得屋面荷载，采用标准图集 04G410 (1) (1.5m×6.0m 预应力混凝土屋面板) 中的 Y—WB—2，屋面板自重标准值为 1.4kN/m^2 (包括灌缝自重)。具体布置详图见附录 6-2。

2. 天沟板（外天沟排水）

选用标准图集 04G410 (2) (1.5m×6.0m 预应力混凝土屋面板) 中的 TGB 77，自重标准值为 2.02kN/m。

3. 屋架

采用预应力混凝土折线形屋架，选用标准图集 04G415-1 中的 YWJ27-1Ba，每榀屋架自重标准值为 120kN。具体布置详图见附图 6-2。

4. 屋盖支撑

设计采用大型屋面板，可以不设屋架上弦支撑。根据构造要求，在端开间设下弦横向水平支撑，为了增强屋盖的整体性，设置图 6-3 所示的下弦纵向水平支撑，并在端开间的屋架端部和跨中设三道垂直支撑，其他跨相应部位设下弦系杆。具体构件型号详见标准图集 04G415-1 中第 24 页图示。具体布置详图见附图 6-3。

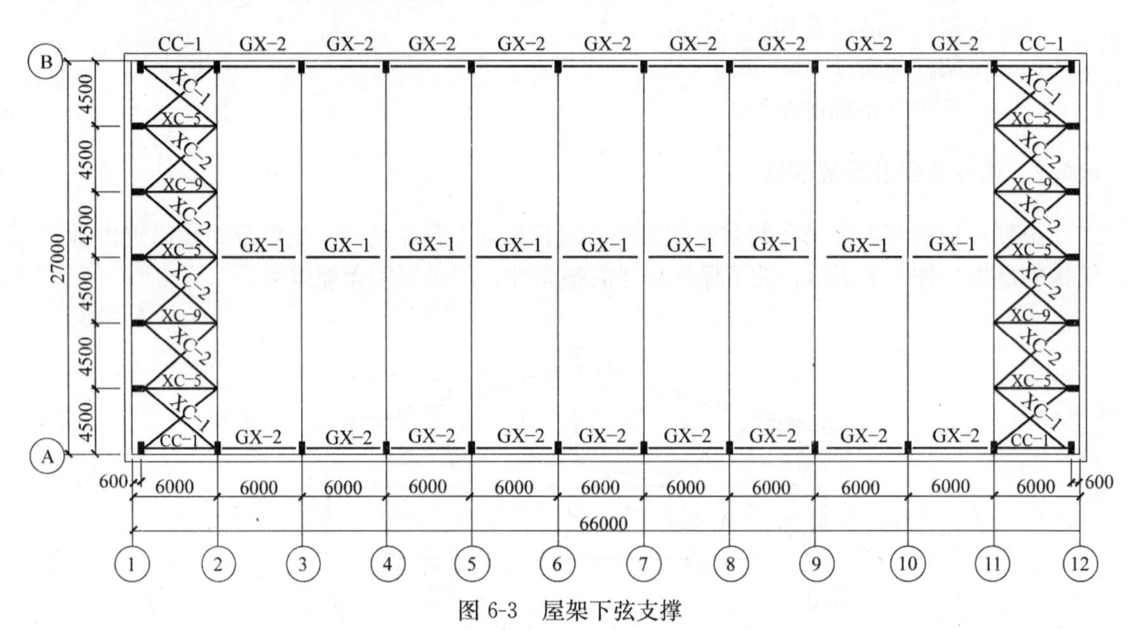

图 6-3 屋架下弦支撑

5. 柱间支撑

本工程设计跨度 27m，大于 18m，因此需要布置柱间支撑。根据上、下柱的高度、荷载等级以及截面尺寸等，按照标准图集 05G336 柱间支承图集选择柱间支撑的具体型号，上柱柱间支撑型号为：中跨 ZCs-39-1a，边跨 ZCs-39-1b，下柱的柱间支撑型号为 ZCx-87-12，柱间支撑布置示意图见图 6-4 所示，具体布置详图见附图 6-4。

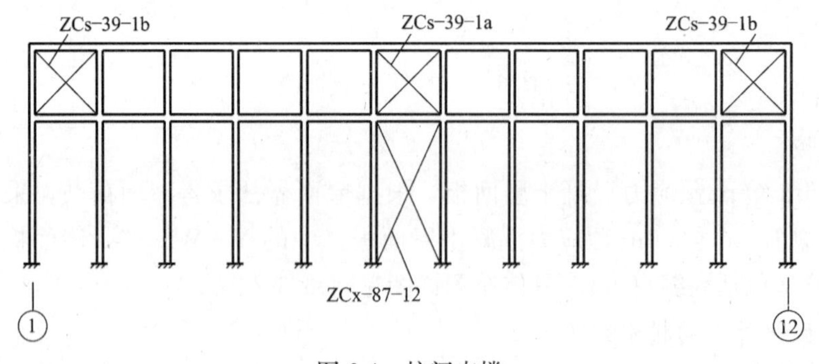

图 6-4 柱间支撑

6. 吊车梁

选用标准图集 95G425 中的先张法预应力混凝土吊车梁，梁高 1200mm，每根自重标准值为 44.2kN，轨道及垫层构造高度 200mm，轨道及连接重 1kN/m。按照吊车吨位以及吊车跨度，确定吊车梁的具体型号为 Y-XDL-8Z（中跨）和 Y-XDL-8B（边跨）。吊车梁的布置详图见附图 6-5。

7. 基础梁

选用标准图集 04G320 中的钢筋混凝土基础梁，基础梁的具体型号为 JL-27（中跨）和 JL-40（边跨）。

基础梁的布置详图见附图 6-5。

8. 排架柱

排架的上柱截面为矩形，下柱采用工字形截面，具体尺寸和配筋详见下一节。

6.6.3 排架的荷载计算

1. 排架的计算简图

(1) 确定柱高

① 吊车梁顶标高

$$吊车梁顶标高=轨顶标高-轨道构造高度=10.1-0.2=9.9\text{m}$$

② 牛腿标高

$$牛腿标高=吊车梁顶标高-吊车梁高=9.9-1.2=8.7\text{m}$$

③ 柱顶标高

柱顶标高=轨顶标高+吊车高度+上部运行尺寸，取 300mm 的模数，取为 12.6m

④ 上柱高

$$上柱高\ H_u=柱顶标高-牛腿标高=12.6-8.7=3.9\text{m}$$

⑤ 全柱高

$$全柱高\ H=柱顶标高-基础顶面标高=12.6-(-0.6)=13.2\text{m}$$

⑥ 下柱高

$$下柱高\ H_l=H-H_u=13.2-3.9=9.3\text{m};\lambda=H_u/H=3.9/13.2=0.295$$

(2) 柱的尺寸初选

取上柱 $b\times h=400\text{mm}\times450\text{mm}$，下柱 $b\times h\times h_f=400\text{mm}\times850\text{mm}\times200\text{mm}$，其中 b 为柱宽，h 为柱高，h_f为工字形的翼缘高度，下柱截面尺寸如图 6-5 所示。

(3) 参数计算

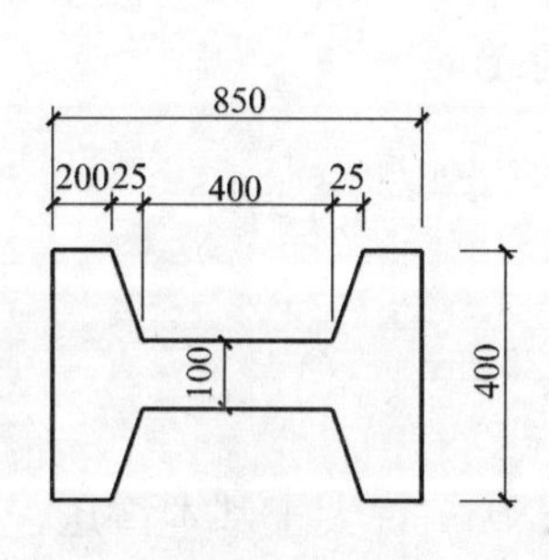

图 6-5　下柱截面尺寸

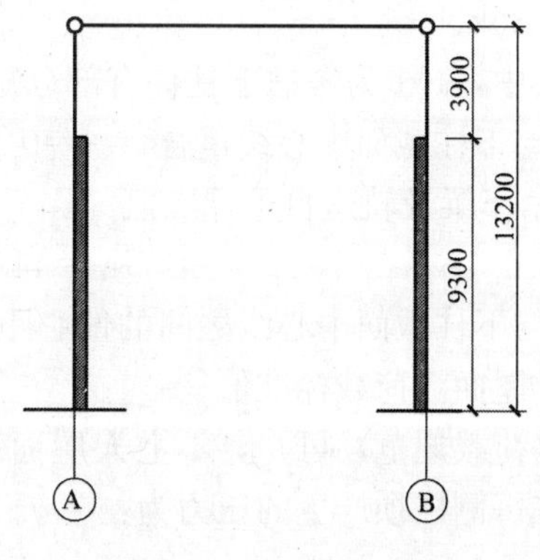

图 6-6　排架计算简图

$$上柱惯性矩\ I_u=\frac{1}{12}\times400\times450^3=3.0375\times10^9\,mm^4$$

$$下柱惯性矩\ I_l=\frac{1}{12}\times400\times850^3-\frac{1}{12}\times300\times450^3-2\times\frac{1}{2}\times300\times 25\times\left(\frac{450}{2}+\frac{2}{3}\times25\right)^2=1.775\times10^{10}\,mm^4$$

$$上下柱惯性矩比值\ n=\frac{I_u}{I_l}=0.171$$

排架计算简图如图 6-6 所示。

2. 荷载计算

(1) 恒载计算

① 屋盖结构自重标准值

二毡三油防水层	$0.35kN/m^2$
20mm 厚水泥砂浆找平层	$20\times0.02=0.4kN/m^2$
100mm 水泥膨胀珍珠岩保温层	$4\times0.1=0.4kN/m^2$
一毡二油隔气层	$0.05kN/m^2$
20mm 厚水泥砂浆找平层；	$20\times0.02=0.4kN/m^2$
预应力混凝土大型屋面板。	$1.4kN/m^2$
	$g_k=3.00kN/m^2$
天沟板	$2.02\times6=12.12kN$
屋架自重	$120kN$

则作用在一榀横向平面排架一端柱顶的屋盖自重标准值为：

$$G_{1k}=3.0\times6\times\frac{27}{2}+12.12+\frac{120}{2}=315.12kN$$

G_{1k}与上柱截面中心线之间的偏心距：$e_1=\frac{h_u}{2}-150=\left(\frac{450}{2}\right)-150=75mm$

② 柱自重标准值

上柱：$G_{2k}=25\times0.4\times0.45\times3.9=17.55kN$

上下柱截面中心线之间的距离 $e_2=\frac{h_l}{2}-\frac{h_u}{2}=\frac{850}{2}-\frac{450}{2}=200mm$

下柱：$G_{3k}=25\times9.3\times[0.2\times0.4\times2+0.4\times0.1+2\times0.5\times(0.4+0.1)\times0.025]\times1.1=54.35kN$

上式中，1.1 为考虑下柱仍有部分矩形截面而乘的增大系数；

G_{3k}与下柱截面中心线重合，$e_3=0$

③ 吊车梁及轨道自重标准值

$$G_{4k}=44.2+1\times6=50.2kN$$

G_{4k}与下柱截面中心线之间的偏心距 $e_4=750-850/2=325mm$

(2) 屋面活荷载标准值

由《荷载规范》可知，不上人屋面均布活荷载为 $0.50kN/m^2$，大于基本雪压，屋面活荷载在每侧柱顶产生的压力为：

$$Q_{1k}=0.5\times6\times27/2=40.5kN$$

(3) 吊车荷载标准值

由吊车规格表查出吊车的参数见表 6-2。

吊车的参数　　表 6-2

吊车吨位(t)	大车总重 Q_{1k} (kN)	小车总重 Q_{2k} (kN)	吊车宽度 B (mm)	轮距 K (mm)	P_{kmax} (kN)	P_{kmin} (kN)
20/5	320	69.77	6055	4100	216	79
10	240	34.61	5980	4050	136	51

根据 B 与 K 及支座反力影响线图 6-7，可求得

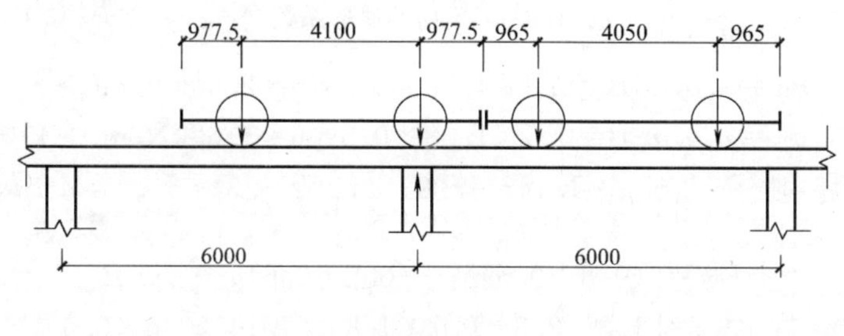

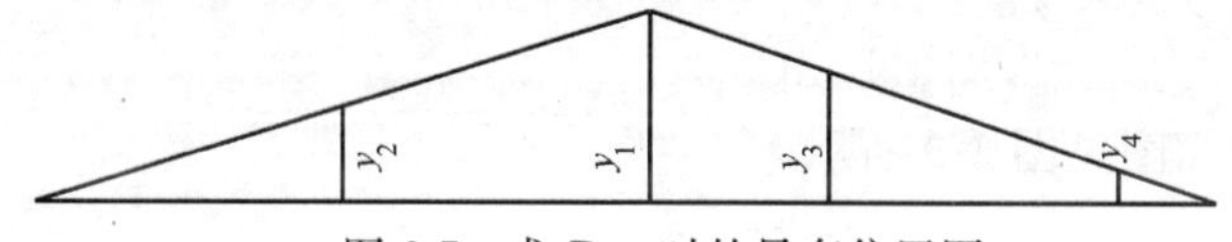

图 6-7　求 D_{max}时的吊车位置图

$$D_{kmax}=\beta[P_{kmax1}(y_1+y_2)+P_{kmax2}(y_3+y_4)]$$

$$=0.9\times\left[216\times\left(1+\frac{1.9}{6}\right)+136\times\left(\frac{4.0575}{6}+\frac{0.0075}{6}\right)\right]=338.87\text{kN}$$

$$D_{kmin}=\beta[P_{kmin1}(y_1+y_2)+P_{kmin2}(y_3+y_4)]$$

$$=0.9\times\left[79\times\left(1+\frac{1.9}{6}\right)+51\times\left(\frac{4.0575}{6}+\frac{0.0075}{6}\right)\right]=124.71\text{kN}$$

$$T_{1k}=\frac{1}{4}\alpha(Q_{2k}+Q_{3k})=\frac{1}{4}\times0.1\times(200+69.77)=6.7\text{kN}$$

$$T_{2k}=\frac{1}{4}\alpha(Q_{2k}+Q_{3k})=\frac{1}{4}\times0.12\times(100+34.61)=4.04\text{kN}$$

$$T_{kmax}=\beta[T_{1k}(y_1+y_2)+T_{2k}(y_3+y_4)]$$

$$=0.9\times(6.7\times1.32+4.04\times0.68)=10.4\text{kN}$$

作用点到柱顶的距离

$$y=H_u-h_e=3.9-1.2=2.7\text{m},y/H_u=\frac{2.7}{3.9}=0.69$$

(4) 风荷载标准值

计算 q_1、q_2时风压高度变化系数按柱顶离室外天然地坪的高度 12.6+0.15=12.75m 取值，计算 F_W时风压高度变化系数 μ_z按檐口标高 14.9m 取值，厂房的体形系数 μ_s见图 6-8 所示。

$$\mu_z=1.0+\frac{1.14-1.00}{15-10.0}\times(12.75-10)=1.08$$

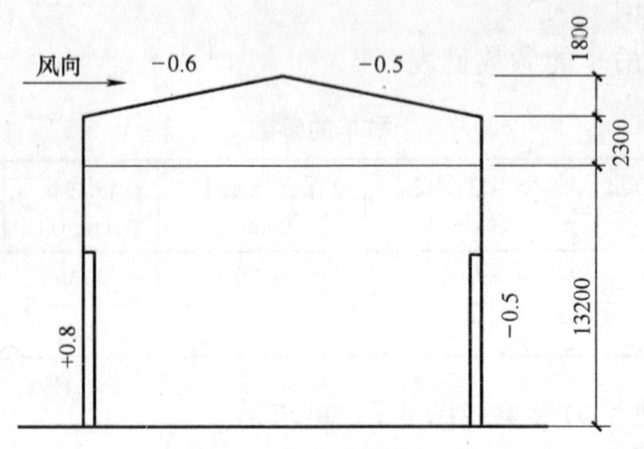

图 6-8　厂房的体形系数

$$q_{1k}=\mu_s\mu_z w_0 B=0.8\times1.08\times0.5\times6=2.60\text{kN/m}(\rightarrow)$$

$$q_{2k}=\mu_s\mu_z w_0 B=0.5\times1.08\times0.5\times6=1.62\text{kN/m}(\rightarrow)$$

$$\mu_z=1.0+\frac{1.14-1.00}{15-10.0}\times(14.9-10)=1.14$$

$$\begin{aligned}F_W&=[(0.8+0.5)h_1+(0.5-0.6)h_2]\mu_z w_0 B\\&=[1.3\times2.3-0.1\times1.8]\times1.14\times0.5\times0.6\\&=9.61\text{kN/m}(\rightarrow)\end{aligned}$$

排架的荷载作用简图见图 6-9 所示。

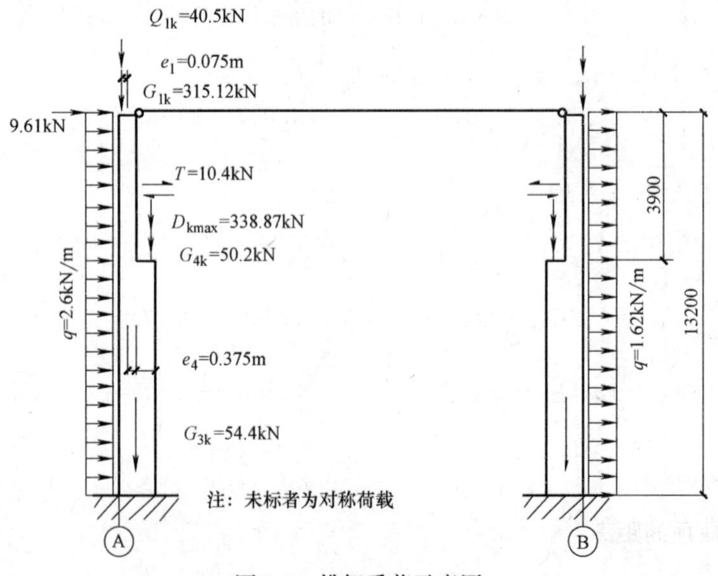

图 6-9　排架受荷示意图

3. 内力计算

内力计算时，取顺时针方向弯矩为正，逆时针方向弯矩为负。

(1) 恒载作用

由于单层厂房多属于装配式结构，柱、吊车梁及轨道的自重，是在预制柱吊装就位完毕而屋架尚未安装时施加在柱子上的，此时尚未构成排架结构。但在设计中，为了与其他荷载项计算方法一致，并考虑到使用过程的实际受力情况，在柱、吊车梁及轨道的自重作用下，仍按排架结构进行内力计算。

在屋盖自重G_{1k}、上柱自重G_{2k}、吊车轨道及连接G_{4k}作用下，由于结构对称、荷载对称，横向排架简化为如图 6-10 的计算简图。

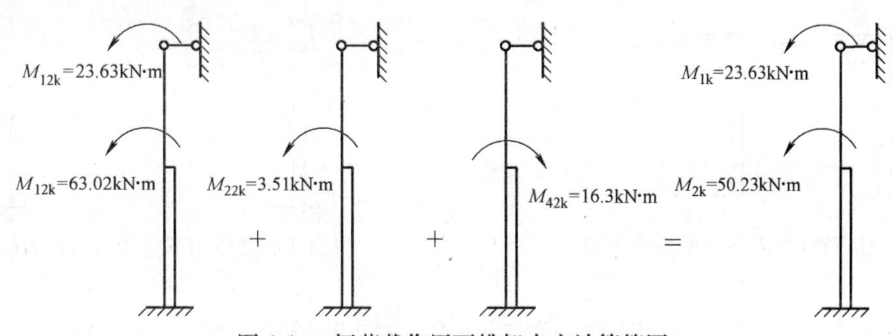

图 6-10　恒荷载作用下排架内力计算简图

① G_{1k}作用下

$$M_{11k}=G_{1k}e_1=-315.12\times0.075=-23.63\text{kN}\cdot\text{m}$$
$$M_{12k}=G_{1k}e_2=-315.12\times0.2=-63.03\text{kN}\cdot\text{m}$$

② G_{2k}作用下

$$M_{22k}=G_{2k}e_2=-17.55\times0.2=-3.51\text{kN}\cdot\text{m}$$

③ G_{4k}作用下

$$M_{42k}=G_{4k}e_4=50.2\times0.325=16.3\text{kN}\cdot\text{m}$$

叠加以上弯矩

$$M_{1k}=-23.63\text{kN}\cdot\text{m}$$
$$M_{2k}=M_{12k}+M_{22k}+M_{42k}=-63.03-3.51+18.83=-50.23\text{kN}\cdot\text{m}$$

已知$n=0.171$，$\lambda=0.295$

$$C_1=\frac{3}{2}\times\frac{1-\lambda^2\left(1-\frac{1}{n}\right)}{1+\lambda^3\left(\frac{1}{n}-1\right)}=\frac{3}{2}\times\frac{1-0.295^2\times\left(1-\frac{1}{0.171}\right)}{1+0.295^3\times\left(\frac{1}{0.171}-1\right)}=1.9$$

M_{1k}作用下，$R_1=C_1\dfrac{M_{1k}}{H}=1.9\times\dfrac{23.63}{13.2}=3.4\text{kN}$ (→)

$$C_2=\frac{3}{2}\times\frac{1-\lambda^2}{1+\lambda^3\left(\frac{1}{n}-1\right)}=\frac{3}{2}\times\frac{1-0.295^2}{1+0.295^3\times\left(\frac{1}{0.171}-1\right)}=1.218$$

M_{2k}作用下，$R_2=C_2\dfrac{M_{2k}}{H}=1.218\times\dfrac{50.23}{13.2}=4.63\text{kN}$ (→)

G_{1k}、G_{2k}、G_{3k}、G_{4k}共同作用下的弯矩图和轴力图如图 6-11 所示。

(2) 活荷载作用

① 屋面活荷载作用

由于Q_{1k}作用位置与G_{1k}相同

$$M_{Q_{11k}}=Q_{1k}e_1=-40.5\times0.075=-3.04\text{kN}\cdot\text{m}$$
$$M_{Q_{12k}}=Q_{1k}e_2=-40.5\times0.2=-8.1\text{kN}\cdot\text{m}$$

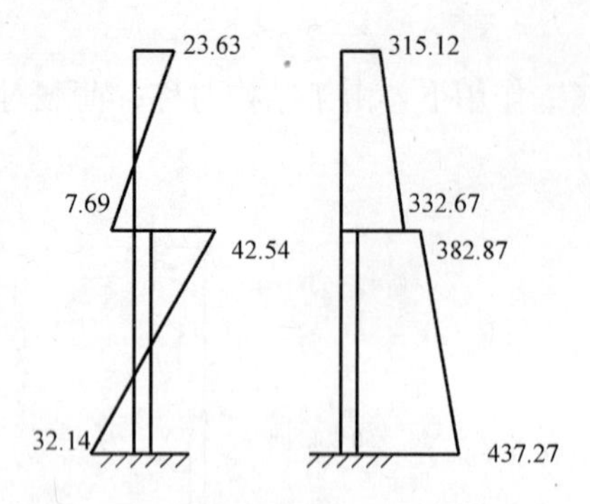

图 6-11　恒荷载作用下排架柱内力图

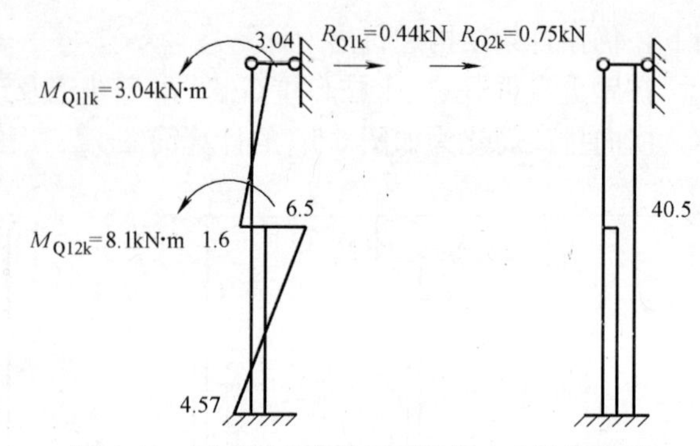

图 6-12　屋面活荷载作用下排架内力计算简图

$$R_{Q_{1k}}=C_1\frac{M_{Q_{11k}}}{H}=1.9\times\frac{3.04}{13.2}=0.44\text{kN}(\rightarrow)$$

$$R_{Q_{2k}}=C_2\frac{M_{Q_{12k}}}{H}=1.218\times\frac{8.1}{13.2}=0.75\text{kN}(\rightarrow)$$

在 Q_{1k}作用下的 M 和 N 如图 6-12 所示。

② 吊车竖向荷载作用下

当 D_{kmax}作用在 A 柱时

A 柱：$M_{kmax}=D_{k\,max}\,e_4=338.87\times0.325=110.13\text{kN}\cdot\text{m}$，图 6-13（a）中表示为 M_{max}。

B 柱：$M_{kmin}=D_{kmin}\,e_4=-124.71\times0.325=-40.53\text{kN}\cdot\text{m}$，图 6-13（a）中表示为 M_{min}。

与恒载计算方法相同，可得 $C_2=1.21$

A 柱：$R_A=C_2\dfrac{M_{kmax}}{H}=1.218\times\dfrac{110.13}{13.2}=-10.16\text{kN}(\leftarrow)$，$V_{A1}=-10.16\text{kN}(\leftarrow)$

B 柱：$R_B=C_2\dfrac{M_{kmin}}{H}=1.218\times\dfrac{40.53}{13.2}=3.74\text{kN}(\rightarrow)$，$V_{B1}=3.74\text{kN}(\rightarrow)$

A 柱与 B 柱相同，剪力分配系数 $\eta_A=\eta_B=0.5$

$$V_{B2}=V_{A2}=-\eta_A(R_A+R_B)=-0.5\times(-10.16+3.74)=3.21\text{kN}(\rightarrow)$$

$$V_A=V_{A1}+V_{A2}=-10.16+3.21=-6.95\text{kN}(\leftarrow),V_B=6.95\text{kN}(\rightarrow)$$

内力图如图 6-13 所示。

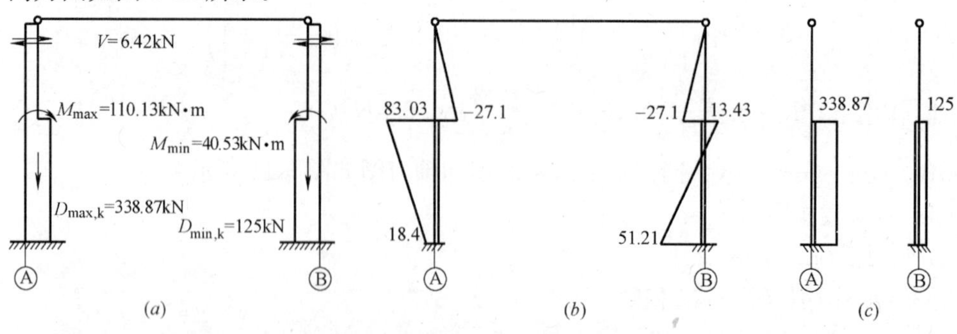

图 6-13　吊车竖向荷载作用下排架柱内力图

（a）荷载作用示意图；（b）弯矩图；（c）轴力图

③ 吊车水平荷载作用下

根据吊车荷载标准值计算出的水平荷载最大值为 T_{kmax}，图 6-14 中表示为 T_{max}。

当 T_{max}向左作用时，$\frac{y}{H_u}=\frac{3.9-1.2}{3.9}=0.69$，$n=0.171$，$\lambda=0.295$

$y=0.6H_u$时，$C_3=\frac{2-1.8\lambda+\lambda^3\left(\frac{0.416}{n}-0.2\right)}{2\left[1+\lambda^3\left(\frac{1}{n}-1\right)\right]}=0.679$

$y=0.7H_u$时，$C_3=\frac{2-2.1\lambda+\lambda^3\left(\frac{0.243}{n}+0.1\right)}{2\left[1+\lambda^3\left(\frac{1}{n}-1\right)\right]}=0.631$

$y=0.69H_u$时，线性插值可得 $C_3=0.674$

$$R_A=R_B=C_3T_{kmax}=0.674\times10.4=7.01\text{kN}$$

$$V_{A1}=V_{B1}=7.01\text{kN}(\rightarrow)$$

考虑空间作用分配系数　$m=0.85$。

$$V_{A2}=V_{B2}=-\eta_A m(R_A+R_B)=-0.5\times0.85\times(7.01+7.01)=-5.96\text{kN}(\leftarrow)$$

$$V_A=V_{A1}+V_{A2}=7.01-5.96=1.05\text{kN}(\rightarrow)$$

$$V_B=V_{B1}+V_{B2}=1.05\text{kN}(\rightarrow)$$

T_{max}向左作用的 M 图、N 图如图 6-14 所示，T_{max}向右作用的 M 图、N 图与上述情况相反。

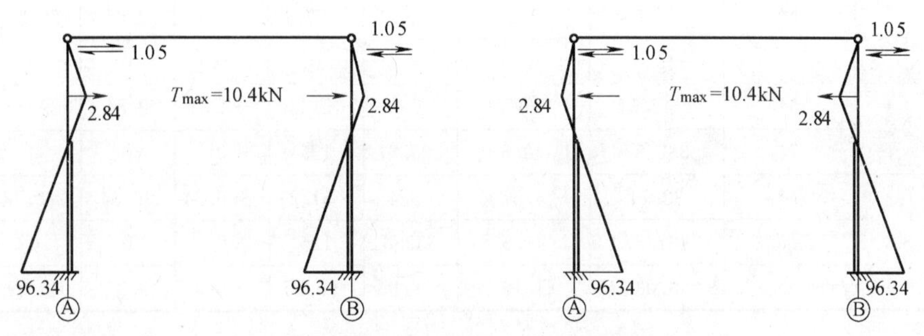

图 6-14　吊车水平荷载作用下排架柱内力图

④ 风荷载作用下

风从左向右作用，在 q_1 和 q_2 作用下

$$C_4=\frac{3}{8}\times\frac{\left[1+\lambda^4\left(\frac{1}{n}-1\right)\right]}{\left[1+\lambda^3\left(\frac{1}{n}-1\right)\right]}=\frac{3}{8}\times\frac{\left[1+0.295^4\times\left(\frac{1}{0.171}-1\right)\right]}{\left[1+0.295^3\times\left(\frac{1}{0.171}-1\right)\right]}=0.346$$

$$R_1=-C_4q_1H=-0.346\times2.60\times13.2=-11.87\text{kN}(\leftarrow),V_{A1}=-11.87\text{kN}(\leftarrow)$$

$$R_2=-C_4q_2H=-0.346\times1.62\times13.2=-7.40\text{kN}(\leftarrow),V_{B1}=-7.40\text{kN}(\leftarrow)$$

$$V_{A2}=V_{B2}=0.5\times(9.61+11.87+7.40)=14.44\text{kN}(\rightarrow)$$

$$V_A=14.44-11.87=2.57\text{kN}(\rightarrow)$$

$$V_B=14.44-7.4=7.04\text{kN}(\rightarrow)$$

风荷载作用下排架内力如图 6-15 所示。

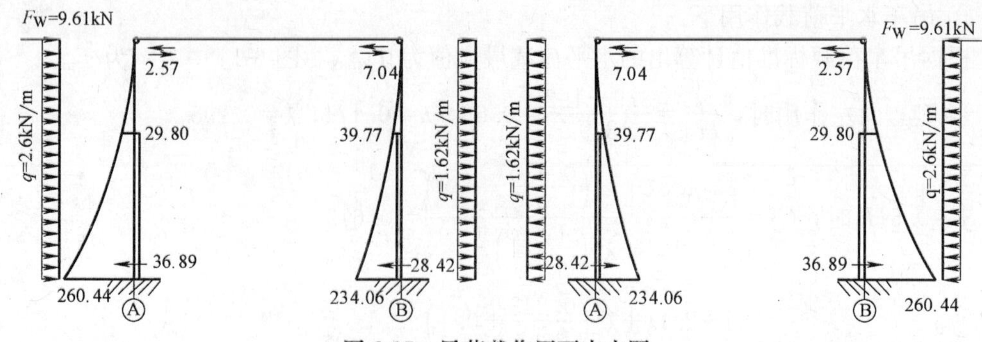

图 6-15　风荷载作用下内力图

6.6.4　最不利内力组合

由于排架为对称结构，可仅考虑 A 柱截面，荷载内力汇总表见表 6-3，内力组合见表 6-4 所示。本节中柱截面 1-1、2-2 和 3-3 的位置分别为上柱柱底、下柱牛腿顶面和下柱柱底截面。

A 柱内力汇总表　　**表 6-3**

柱号	截面	荷载 / 内力	恒荷载	屋面活荷载	吊车竖向荷载		吊车水平荷载		风荷载	
			G_{1k}，G_{2k}，G_{3k}，G_{4k}	Q_{1k}	D_{kmax} 在 A 柱	D_{kmin} 在 A 柱	T_{kmax} 向左	T_{kmax} 向右	左风	右风
			1	2	3	4	5	6	7	8
A 柱	1-1	M	7.69	1.6	−27.1	−27.1	−2.84	2.84	29.80	−39.77
		N	332.67	40.5	0	0	0	0	0	0
	2-2	M	−42.54	−6.5	83.03	13.43	−2.84	2.84	29.80	−39.77
		N	382.87	40.5	338.87	125	0	0	0	0
	3-3	M	32.14	4.57	19.4	−51.21	−96.34	96.34	260.44	−234.06
		N	437.27	40.5	339.8	125	0	0	0	0
		V	8.03	1.19	−6.95	−6.95	−9.35	9.35	36.89	−28.42

A 柱内力组合表　　**表 6-4**

内力 / 截面	由可变荷载效应控制的组合								
	1.2 恒载＋1.4 最大活载								
	组合项	M_{max} 相应 N、V		组合项	M_{min} 相应 N 、V	组合项	N_{max} 相应 M、V	组合项	N_{min} 相应 M、V
1—1	1 7	M	50.95	1 8	−46.45	1 2	11.47	1 7	50.95
		N	399.2		399.2		455.90		399.2
2—2	1 3	M	65.19	1 8	−106.73	1 3	65.19	1 8	106.73
		N	933.86		459.44		933.86		459.44
3—3	1 7	M	403.18	1 8	−289.116	1 3	65.73	1 7	403.18
		N	524.72		524.72		1000.44		524.72
		V	61.28		−30.15		−0.094		61.28

续表

截面＼内力	由可变荷载效应控制的组合								
	1.2恒载+1.4×0.9(任意两个或两个以上较大活载)								
	组合项	M_{max} 相应N、V		组合项	M_{min} 相应N、V	组合项	N_{max} 相应M、V	组合项	N_{min} 相应M、V
1—1	1 2 3 6 7	M	18.22	1 3 6 8	−78.61	1 2 3 5 8	−76.59	1 3 5 8	−78.61
		N	450.23		399.2		450.23		399.2
2—2	1 3 6 7	M	94.70	1 2 4 5 8	−96.01	1 2 3 6 7	86.51	1 8	−101.16
		N	886.18		667.61		937.45		459.44
3—3	1 2 3 6 7	M	518.31	1 4 5 8	−442.26	1 2 3 6 7	518.31	1 7	366.72
		N	1003.9		682.22		1003.9		524.72
		V	60.64		−46.71		60.64		56.12

截面＼内力	由永久荷载效应控制的组合								
	1.35竖向恒载+1.4φ_{qi}竖向活荷载								
	组合项	M_{max} 相应N、V		组合项	M_{min} 相应N、V	组合项	N_{max} 相应M、V	组合项	N_{min} 相应M、V
1—2	1 2	M	10.38	1 3	−12.38	1 2	10.38	1 3	−12.38
		N	449.40		449.10		449.40		449.10
2—2	1 3	M	12.32	1 2	−57.43	1 2 3	12.32	1 2	−57.43
		N	801.53		512.87		801.53		512.87
3—3	1 2 3	M	59.69	1 4	0.37	1 3 3	59.69	1 2	43.39
		N	875.75		695.31		875.75		590.31
		V	5.00		5.00		5.00		10.84

注：φ_{qi}为活荷载准永久值系数，见《荷载规范》；此处屋面活荷载$\varphi_q=0$，吊车竖向荷载$\varphi_q=0.6$。

6.6.5 排架柱的设计

1. 柱在排架平面内的配筋计算

（1）截面尺寸：见前述。

（2）材料：C40混凝土，$f_c=19.1\text{N/mm}^2$；受力钢筋为HRB335，$f_y=f'_y=300\text{N/mm}^2$；箍筋为HPB300，$f_y=270\text{N/mm}^2$。

（3）截面最不利内力：

由于截面3-3的弯矩和轴力均比截面2-2的大，故下柱配筋由截面3-3的最不利内力确定。经比较，用于上下柱截面配筋的最不利内力及柱在排架方向的初始偏心距e_i、计算

长度 l_0 偏心距增大系数 η_s 列于表 6-5 中。

柱在排架平面内的计算参数 **表 6-5**

截面	内力组 弯矩 M_0(kN·m) 轴力 N(kN)		e_0	e_a	e_i	h_0	ζ_c	l_0	h	η_s
1—1	M_0	11.47	25	20	45	405	1	7800	450	2.803
	N	455.90								
	M_0	−78.61	197	20	217	405	1	7800	450	1.374
	N	399.2								
3—3	M_0	518.31	516	28	544	805	1	9300	850	1.118
	N	1003.9								
	M_0	403.18	768	28	796	805	1	9300	850	1.081
	N	524.72								

注：1. $e_0=M_0/N$，$e_i=e_0+e_a$，$e_a=20$ 和 $h/30$ 的较大者；考虑吊车荷载时，上柱柱长 $l_0=2.0H_u$，下柱柱长 $l_0=1.0H_l$；不考虑吊车荷载时，$l_0=1.5H$。

2. $\eta_s=1+\dfrac{1}{1500\dfrac{e_i}{h_0}}\left(\dfrac{l_0}{h}\right)^2\zeta_c$；$\zeta_c=\dfrac{0.5f_cA}{N}$。

根据我国《混凝土结构设计规范》中的构造规定，柱全截面最小配筋率为 0.6%，单侧最小配筋率为 0.2%。柱在排架平面内的配筋计算结果见表 6-6。

柱在排架平面内的配筋计算 **表 6-6**

截面	内力组 弯矩 M_0(kN·m) 轴力 N(kN)		e_i	η_s	e	x	$\xi_b h_0$	$2a_s'$	偏心情况	$A_s=A_s'$(mm)	
										计算	实配
1—1	M_0	11.47	45	2.803	306	60	223	90	大偏压	0	—
	N	455.90									
	M_0	−78.61	217	1.374	478	52	223	90	大偏压	0	603 3Φ16
	N	399.2									
3—3	M_0	518.31	544	1.118	988	131	443	90	大偏压	1104	1256 4Φ20
	N	1003.9									
	M_0	403.18	796	1.081	1240	68.7	443	90	大偏压	562	1256 4Φ20
	N	524.72									

注：1. $e=\eta_s e_i+\dfrac{h}{2}-a_s$；

2. $\xi_b=0.550$。

综合上柱计算结果，按最小配筋率的要求：$A_s=A_s'\geqslant\dfrac{0.006\times400\times405}{2}=486\text{mm}^2$，上柱选配 3Φ16，$A_s=A_s'=603\text{mm}^2$。

综合下柱计算结果，选配 4Φ20，$A_s=A_s'=1256\text{mm}^2$。配筋率 $\rho=1.19\%>0.6\%$满足要求。

具体计算过程如下：

1）上柱：

第一组：取上柱内力组合结果中轴力最大及其相应的较大弯矩值工况。

计算长度 $l_0=2.0H_u=2.0\times3.9=7.8\text{m}$

$$e_0=\frac{M_0}{N}=\frac{11.47\times10^6}{455.90\times10^3}=25\text{mm}$$

$$e_a=\max\left\{\frac{h}{30},20\right\}=\left\{\frac{450}{30},20\right\}=20\text{mm}$$

因此，初始偏心距为：$e_i=e_0+e_a=25+20=45\text{mm}$

由于$\frac{l_0}{h}=\frac{7800}{450}=17.3>5$，应考虑偏心距增大系数 η_s。

$\zeta_c=\frac{0.5f_cA}{N}=\frac{0.5\times19.1\times450\times400}{455900}=3.77>1.0$，因此取 $\zeta_c=1.0$。

$$\eta_s=1+\frac{1}{1500\frac{e_i}{h_0}}\left(\frac{l_0}{h}\right)^2\zeta_c=1+\frac{1}{1500\times\frac{45}{405}}\times\left(\frac{7800}{450}\right)^2\times1.0=2.803$$

$$e=\eta_s e_i+\frac{h}{2}-a_s'=2.803\times45+\frac{450}{2}-45=306\text{mm}$$

截面受压区高度为

$$x=\frac{N}{\alpha_1 f_c b}=\frac{455900}{1.0\times19.1\times400}=60\text{mm}<\xi_b h_0=0.55\times405=223\text{mm},$$

且 $x<2a_s'=2\times45=90\text{mm}$，故截面属于大偏压情况，取 $x=2a_s'=90\text{mm}$ 计算，则：

$$A_s=A_s'=\frac{Ne-\alpha_1 f_c bx\left(h_0-\frac{x}{2}\right)}{f_y'(h_0-a_s')}=\frac{455900\times306-1.0\times19.1\times400\times90\times\left(405-\frac{90}{2}\right)}{300\times(405-45)}<0$$

故按构造配筋。

第二组：取上柱内力组合结果中弯矩最大及其相应轴力较小值工况，这一工况恰为弯矩最大和轴力最小。

计算长度 $l_0=2.0H_u=2.0\times3.9=7.8\text{m}$

$$e_0=\frac{M_0}{N}=\frac{78.61\times10^6}{399.2\times10^3}=197\text{mm}$$

$$e_a=\max\left\{\frac{h}{30},20\right\}=\left\{\frac{450}{30},20\right\}=20\text{mm}$$

因此，初始偏心距为：$e_i=e_0+e_a=197+20=217\text{mm}$

由于$\frac{l_0}{h}=\frac{7800}{450}=17.3>5$，应考虑偏心距增大系数 η_s。

$\zeta_c=\frac{0.5f_cA}{N}=\frac{0.5\times19.1\times450\times400}{399200}=4.3>1.0$，因此取 $\zeta_c=1.0$。

$$\eta_s=1+\frac{1}{1500\frac{e_i}{h_0}}\left(\frac{l_0}{h}\right)^2\zeta_c=1+\frac{1}{1500\times\frac{217}{405}}\times\left(\frac{7800}{450}\right)^2\times1.0=1.374$$

$$e=\eta_s e_i+\frac{h}{2}-a_s'=1.374\times217+\frac{450}{2}-45=478\text{mm}$$

截面受压区高度为

$$x=\frac{N}{\alpha_1 f_c b}=\frac{399200}{1.0\times19.1\times400}=52\text{mm}<\xi_b h_0=0.55\times405=223\text{mm},$$

且 $x<2a'_s=2\times45=90\text{mm}$，故截面属于大偏压情况，取 $x=2a'_s=90\text{mm}$ 计算，则

$$A_s=A'_s=\frac{Ne-\alpha_1 f_c bx\left(h_0-\frac{x}{2}\right)}{f'_y(h_0-a'_s)}=\frac{399200\times478-1.0\times19.1\times400\times90\times\left(405-\frac{90}{2}\right)}{300\times(405-45)}<0$$

综合第一组和第二组，按最小配筋率的要求：$A_s=A'_s\geqslant\frac{0.006\times400\times405}{2}=486\text{mm}^2$，上柱选配 3Φ16，$A_s=A'_s=603\text{mm}^2$。配筋率 $\rho=\frac{603}{450\times400}=0.67\%>0.6\%$，单侧 $\rho=0.3345\%>0.2\%$，满足要求。

2）下柱

第三组：取下柱内力组合结果中弯矩最大及其相应轴力值工况，这一工况恰为弯矩和轴力同时最大。

计算长度 $l_0=1.0H_u=1.0\times9.3=9.3\text{m}$

$$e_0=\frac{M_0}{N}=\frac{518.31\times10^6}{1003.9\times10^3}=516\text{mm}$$

$$e_a=\max\left\{\frac{h}{30},20\right\}=\left\{\frac{850}{30},20\right\}=28\text{mm}$$

因此，初始偏心距为：$e_i=e_0+e_a=516+28=544\text{mm}$

由于 $\frac{l_0}{h}=\frac{9300}{850}=10.94>5$，应考虑偏心距增大系数 η_s。

$\zeta_c=\frac{0.5f_cA}{N}=\frac{0.5\times19.1\times220000}{1003900}=2.09>1.0$，因此取 $\zeta_c=1.0$。

$$\eta_s=1+\frac{1}{1500\frac{e_i}{h_0}}\left(\frac{l_0}{h}\right)^2\zeta_c=1+\frac{1}{1500\times\frac{544}{805}}\times\left(\frac{9300}{850}\right)^2\times1.0=1.118$$

$$e=\eta_s e_i+\frac{h}{2}-a'_s=1.118\times544+\frac{850}{2}-45=988\text{mm}$$

截面受压区高度为

$$x=\frac{N}{\alpha_1 f_c b}=\frac{1003900}{1.0\times19.1\times400}=131\text{mm}<\xi_b h_0=0.55\times805=443\text{mm},$$

且 $x>2a'_s=2\times45=90\text{mm}$，故截面属于大偏压情况，取 $x=131\text{mm}$ 计算，则

$$A_s=A'_s=\frac{Ne-\alpha_1 f_c bx\left(h_0-\frac{x}{2}\right)}{f'_y(h_0-a'_s)}=\frac{1003900\times988-1.0\times19.1\times400\times131\times\left(805-\frac{131}{2}\right)}{300\times(805-45)}$$

$$=1104\text{mm}^2$$

第四组：取下柱内力组合结果中轴力最小及其相应较大弯矩值工况。

计算长度 $l_0=1.0H_u=1.0\times9.3=9.3\text{m}$

$$e_0=\frac{M_0}{N}=\frac{403.18\times10^6}{524.72\times10^3}=768\text{mm}$$

$$e_a=\max\left\{\frac{h}{30},20\right\}=\left\{\frac{850}{30},20\right\}=28\text{mm}$$

因此，初始偏心距为：$e_i=e_0+e_a=768+28=796\text{mm}$

由于$\frac{l_0}{h}=\frac{9300}{850}=10.94>5$，应考虑偏心距增大系数 η_s。

$\zeta_c=\frac{0.5f_cA}{N}=\frac{0.5\times19.1\times220000}{524720}=4>1.0$，因此取 $\zeta_c=1.0$。

$$\eta_s=1+\frac{1}{1500\frac{e_i}{h_0}}\left(\frac{l_0}{h}\right)^2\zeta_c=1+\frac{1}{1500\times\frac{796}{805}}\times\left(\frac{9300}{850}\right)^2\times1.0=1.081$$

$$e=\eta_s e_i+\frac{h}{2}-a'_s=1.081\times796+\frac{850}{2}-45=1240\text{mm}$$

截面受压区高度为

$$x=\frac{N}{\alpha_1 f_c b}=\frac{524720}{1.0\times19.1\times400}=68.7\text{mm}<\xi_b h_0=0.55\times805=443\text{mm},$$

且 $x<2a'_s=2\times45=90\text{mm}$，故截面属于大偏压情况，取 $x=2a'_s=90\text{mm}$ 计算，则

$$A_s=A'_s=\frac{Ne-\alpha_1 f_c bx\left(h_0-\frac{x}{2}\right)}{f'_y(h_0-a'_s)}=\frac{524720\times1240-1.0\times19.1\times400\times90\times\left(805-\frac{90}{2}\right)}{300\times(805-45)}$$

$$=562\text{mm}^2$$

综合第三组和第四组，下柱选配 4Φ20，$A_s=A'_s=1256\text{mm}^2$。配筋率 $\rho=1.19\%>0.6\%$满足要求。

由《结构规范》第 6.3.13 条规定：符合 $V\leqslant\frac{1.75}{\lambda+1}f_t bh_0+0.07N$ 时，可不进行斜截面受剪承载力验算，箍筋构造符合第 9.3.2 条规定，此处选配Φ8@200。

2. 柱在排架平面外的承载力验算

(1) 上柱

$N_{max}=455.9\text{kN}$，考虑吊车荷载时

计算长度 $l_0=1.5H_u=1.5\times3900=5850\text{mm}$，$l_0/b=5850/450=13$

$\varphi=0.935$

$$N_u=\varphi(f_cA_c+2f_yA_s)=0.935\times(19.1\times400\times450+2\times300\times603)$$
$$=3552.8\text{kN}>N_{max}$$

(2) 下柱

$N_{max}=1003.9\text{kN}$

考虑吊车荷载时，计算长度 $l_0=1.0H_l=9300\text{mm}$

在排架平面外

$$I=I_1=\frac{2\times158.3\times400^3}{12}+\frac{534.3\times100^3}{12}=2.258\times10^9\text{mm}^4$$

$$A=400\times850-2\times(500+550)\times\frac{150}{2}=255000\text{mm}^2$$

$$i=\sqrt{\frac{I_l}{A}}=\sqrt{\frac{2.258\times10^9}{2.55\times10^5}}=94\text{mm}$$

$$\frac{l_0}{i}=\frac{9300}{94}=99,\varphi=0.54$$

$N_u=\varphi(f_cA_c+2f_yA_s)=0.54\times(19.1\times255000+2\times300\times1256)=3037\text{kN}>N_{max}$

故承载力满足要求。

3. 裂缝宽度验算

(1) 上柱 1—1 截面

$e_0=\frac{M_0}{N}=\frac{78.61}{399.2}=197\text{mm}$，$\frac{e_0}{h_0}=\frac{197}{405}=0.49<0.55$，可不验算裂缝宽度。

(2) 下柱 3—3 截面

$M=518.31\text{kN}\cdot\text{m}$，$N=1003.9\text{kN}$

$e_0=\frac{M_0}{N}=\frac{518.31}{1003.9}=516\text{mm}$，$\frac{e_0}{h_0}=\frac{516}{805}=0.64>0.55$，需验算裂缝宽度。

验算裂缝宽度的荷载标准组合值，按《荷载规范》有

$$\begin{aligned}M_k&=M_{Gk}+M_{Q_{1k}}+\sum_{i=1}^{n}\psi_{ci}S_{Q_{ik}}\\&=32.14+260.44+(4.57\times0.7+19.4\times0.7+96.34\times0.7)\\&=376.8\text{kN}\cdot\text{m}\end{aligned}$$

$N_k=437.27+(40.5\times0.7+339.8\times0.7)=703.46kN$

$$e_0=\frac{M_k}{N_k}=\frac{376.8}{703.46}=537\text{mm}$$

$$\rho_{te}=\frac{A_s}{A_{te}}=\frac{1256}{0.5\times100\times850+300\times200}=0.0123>0.01,$$

$\eta_s=1+\frac{1}{4000\frac{e_0}{h_0}}\left(\frac{l_0}{h}\right)^2=1+\frac{1}{4000\times\frac{537}{805}}\times\left(\frac{9300}{850}\right)^2=1.045$，因为$\frac{l_0}{h}=\frac{9300}{850}=11<14$，

取 $\eta_s=1.0$

$e=\eta_se_0+y_s=1.0\times537+425-45=917\text{mm}$

$$\gamma_f'=\frac{(b_f'-b)h_f'}{bh_0}=\frac{(400-100)\times161}{100\times805}=0.6$$

$$\begin{aligned}z&=\left[0.87-0.12(1-\gamma_f')\left(\frac{h_0}{e}\right)^2\right]h_0=\left[0.87-0.12(1-0.6)\times\left(\frac{805}{917}\right)^2\right]\times805\\&=670.6\text{mm}\end{aligned}$$

$z=670.6\text{mm}<0.87h_0=0.87\times805=700.35\text{mm}$

$N_q=437.27+40.5=477.77kN$

$$\sigma_s=\frac{N_q(e-z)}{A_sz}=\frac{477770\times(917-670.6)}{941\times670.6}=186.6\text{N/mm}^2$$

裂缝间纵向钢筋应变不均匀系数：

$$\omega_{max}=\alpha_{cr}\psi\frac{\sigma_s}{E_s}\left(1.9c_s+0.08\frac{d_{eq}}{\rho_{te}}\right)$$

$$=1.9\times0.423\times\frac{186.6}{2.1\times10^5}\times\left(1.9\times35+0.08\times\frac{20}{0.0123}\right)=0.14\text{mm}<0.3\text{mm}$$

满足要求。

4. 柱牛腿设计

(1) 牛腿的几何尺寸

牛腿宽 $b=400$mm，若取吊车梁外侧至牛腿外边缘的距离 $C_1=80$mm，吊车梁下部尺寸为 340mm，则牛腿水平截面高度 $=800+\frac{340}{2}+80=1050$mm，牛腿外边缘高度 $h_1=500$mm，倾角 $\alpha=45°$，牛腿高度 $h=500+200=700$mm。

(2) 截面尺寸验算

牛腿外形尺寸：$h_1=500$mm，$h=700$mm，$c=200$mm，$h_0=655$mm；见图 6-16。

裂缝控制系数：$\beta=0.65$，$f_{tk}=2.39\text{N/mm}^2$

作用于牛腿顶部按荷载标准效应组合计算的竖向力值为：

$F_{vk}=D_{max,k}+G_{4k}=339.8+50.2=390$kN

牛腿顶面无水平荷载，即 $F_{hk}=0$。$a=750-850+20=80\text{mm}<0$，取 $a=0$。

$$\beta\left(1-0.5\frac{F_{hk}}{F_{vk}}\right)\frac{f_{tk}bh_0}{0.5+\dfrac{a}{h_0}}=0.65\times\left(1-0.5\times\frac{0}{390}\right)\times\frac{2.39\times400\times655}{0.5+0}=814\text{kN}>F_{vk}$$

所以，牛腿截面尺寸满足要求。

(3) 牛腿配筋（正截面承载力计算和配筋构造）

牛腿纵筋采用 HRB400，$f_y=360\text{N/mm}^2$。

由于吊车垂直荷载作用于下柱截面内，即 $a=750-850+20=-80\text{mm}<0$，且 $F_{hk}=0$ 故该牛腿可按构造配筋：

$$A_s\geqslant\rho_{min}bh=0.002\times400\times800=640\text{mm}^2,\ A_s\geqslant0.45\frac{f_t}{f_y}bh=0.45\times\frac{1.71}{360}\times400\times800=684\text{mm}^2$$

纵向钢筋取 4Φ16，$A_s=804\text{mm}^2$，箍筋为Φ8@100。

(4) 斜截面配筋

因为 $a/h_0<0.3$，故牛腿可不设弯起钢筋，箍筋选用Φ8@100，且应满足牛腿上部 $2h_0/3$ 范围内的箍筋总截面面积不应小于承受竖向力的纵向受拉钢筋截面面积的 1/2，即

$$\frac{2}{3}\times655\times50.3\times2\times\frac{1}{100}=439\text{mm}^2>\frac{A_s}{2}=\frac{804}{2}=402\text{mm}^2$$

满足要求。

(5) 牛腿局部承压验算

设垫板尺寸为 400mm×400mm，局部压力标准值 $F_{vk}=D_{max,k}+G_{4k}=339.8+50.2=390kN$

故局部压应力 $\sigma_{sk}=\frac{F_{vk}}{A}=\frac{390000}{400\times400}=2.44\text{N/mm}^2<0.75f_c=14.33\text{N/mm}^2$

满足要求。

牛腿的尺寸与配筋详见图 6-16 所示。

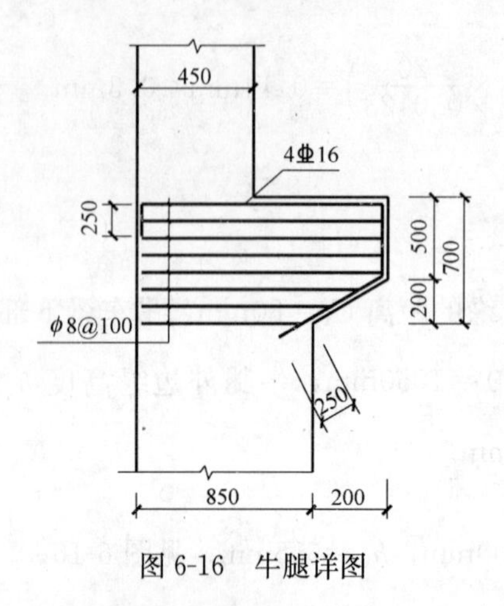

图 6-16　牛腿详图

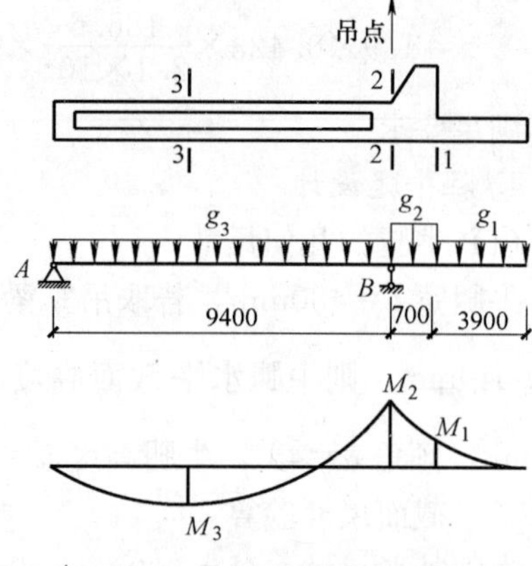

图 6-17　柱吊装验算简图

5. 柱的吊装验算

采用翻身吊，吊点设在牛腿与下柱交接处，待混凝土达到设计强度后起吊。

柱插入杯口深度为：

$h_1=0.9\times h=0.9\times 850=765\text{mm}<800\text{mm}$，取 $h_1=800\text{mm}$；

则柱的总长为：$3.9+9.3+0.8=14\text{m}$

计算简图详见图 6-17 所示。

(1) 荷载计算

吊装阶段的荷载为柱的自重，且因考虑动力系数 $\mu=1.5$，则

① 上柱自重 $g_1=1.2\times1.5\times25\times0.4\times0.45=8.1\text{kN/m}$

② 牛腿自重 $g_2=1.2\times1.5\times25\times\dfrac{(0.7\times1.05-0.5\times0.2\times0.2)}{0.7}\times0.4=18.4\text{kN/m}$

③ 下柱自重 $g_3=1.2\times1.5\times25\times0.255=11.5\text{kN/m}$

(2) 内力计算

结构重要性系数取 1.0

$$M_1=0.5\times8.1\times3.9^2=61.6\text{kN}\cdot\text{m}$$

$$M_2=\frac{1}{2}\times8.1\times4.6^2+\frac{1}{2}\times(18.4-8.1)\times0.7^2=88.2\text{kN}\cdot\text{m}$$

$$M_3=\frac{1}{8}\times11.5\times9.4^2-\frac{88.2}{2}=82.9\text{kN}\cdot\text{m}$$

柱的吊装弯矩图见图 6-17。

(3) 截面承载力验算

① 1—1 截面

$$M_u=A_s f_y(h_0-a_s')=604\times300\times(405-45)=65.23\text{kN}\cdot\text{m}>61.6\text{kN}\cdot\text{m}$$

② 2—2 截面

$$M_u=A_s f_y(h_0-a_s')=1256\times300\times(805-45)=286.37\text{kN}\cdot\text{m}>88.2\text{kN}\cdot\text{m}$$

满足要求。

(4) 裂缝宽度验算

由承载力计算可知，只验算 1—1 截面即可。

钢筋应力如下

$$\sigma_s=\frac{M_k}{0.87\times A_s h_0}=\frac{\frac{61600000}{1.2}}{0.87\times 658\times 415}=216.1\text{N/mm}^2$$

$$\rho_{te}=\frac{A_s}{0.5bh}=\frac{658}{0.5\times 400\times 450}=0.0073<0.01$$

裂缝间纵向受拉钢筋应变不均匀系数 ψ：

$$\psi=1.1-0.65\frac{f_{tk}}{\rho_{te}\sigma_s}=1.1-0.65\times\frac{2.39}{0.01\times 186.6}=0.381$$

故最大裂缝宽度为：

$$\omega_{max}=\alpha_{cr}\psi\frac{\sigma_s}{E_s}\left(1.9c_s+0.08\frac{d_{eq}}{\rho_{te}}\right)$$

$$=1.9\times 0.381\times\frac{216.1}{2.1\times 10^5}\times\left(1.9\times 35+0.08\times\frac{20}{0.01}\right)=0.169\text{mm}<0.2\text{mm}$$

满足要求。

柱的设计详图见附图 6-6 所示。

6.6.6 基础设计

1. 基础受力

(1) 柱传给基顶的荷载

由表 6-4 中选出两组最不利内力：

$M_{max}=518.31\text{kN}\cdot\text{m}, N=1003.9\text{kN}, V=60.64\text{kN}$

$M_{min}=-442.26\text{kN}\cdot\text{m}, N=682.22\text{kN}, V=-46.71\text{kN}$

(2) 由基础梁传至基础顶面的荷载

墙重(含内抹灰和外饰面)=1.2(安全系数)×[(填充墙出室内地坪高度＋基础顶面距室内地坪的高度－基础梁高度)×所计算基础所承担的墙长－(下层窗的高度＋上层窗的高度)×窗洞宽度]×每延米墙的重量=1.2×[(14.5＋0.6－0.45)×6－(5.1＋1.8)×4]×5.24=379.2kN

钢框玻璃窗的重量=1.2(安全系数)×(下层窗面积＋上层窗面积)×每平方米玻璃窗的重量=1.2×(4×5.1＋4×1.8)×0.45=14.9kN

基础梁的重量=1.2×梯形截面基础梁的截面积×所计算基础所承担的梁长×混凝土基础梁的密度=1.2×(0.2＋0.3)×0.45/2×6×25=20.3kN

基础梁传给基础的荷载 G_5=414.4kN

(3) 取顺时针方向的弯矩为正值，由基础梁传来的荷载 G_5 对基础底面产生的偏心弯矩设计值为：

$$G_5e_5=-414.4\times\left(\frac{0.3}{2}+\frac{0.85}{2}\right)=-238.3\text{kN}\cdot\text{m}$$

(4) 作用于基底的总弯矩和轴向力设计值为（假定基础高度 H=1100mm）

第一组：

M_{bot}=柱传来的弯矩＋柱传来的剪力×基础刚度－基础梁传来的荷载所产生的弯矩。

$M_{bot}=518.31+60.64\times 1.1-238.3=346.7\text{kN}\cdot\text{m}$

$N=1003.9+414.4=1418.3\text{kN}$

第二组：

$M_{bot}=-442.26-46.71\times1.1-238.3=-731.9\text{kN}\cdot\text{m}$

$N=682.22+414.4=1096.6\text{kN}$

基底受力情况如图 6-18 所示。

2. 确定基底尺寸

由第二组确定柱下基础宽度 b 和长度 l：

所需基础面积 $A=(1.1-1.4)\times\dfrac{1096.6}{240-20\times1.7}=(5.86\sim7.45)\text{m}^2$

取 $b=2.5\text{m}$，$l=4.0\text{m}$，$A=10\text{m}^2$。

第一组基底尺寸验算：

$$e_0=\frac{M_{bot}}{N_{bot}}=\frac{346.7}{1418.3+20\times2.5\times4.0\times1.7}=0.197<\frac{l}{6}=0.617\text{m}，满足要求。$$

第二组基底尺寸验算：

$$e_0=\frac{M_{bot}}{N_{bot}}=\frac{731.9}{1096.6+20\times2.5\times4.0\times1.7}=0.509<\frac{l}{6}=0.617\text{m}，满足要求$$

$$P_{max}=\frac{N_{bot}}{A}+\frac{M_{bot}}{W}=\frac{N}{A}+\gamma_G d+\frac{M_{bot}}{W}=\frac{1096.6}{2.5\times4.0}+20\times1.7+\frac{731.9}{\frac{1}{6}\times2.5\times4.0^2}$$

$$=253.4<1.2f=1.2\times240=288\text{kN/m}^2$$

$P_{min}=33.9\text{kN/m}^2>0$，满足要求；$P_m=143.7\text{kN/m}^2<240\text{kN/m}^2$

该厂房是可不作地基变形的二级建筑物，不作地基变形验算。

3. 确定基础高度

前面已初步假定基础高度 $H=1.1\text{m}$，如采用锥形基础，根据构造要求，初步确定基础底面尺寸如图 6-18 所示。由于上阶底面落在柱边冲切破坏锥体之内（见图 6-19），故仅在变阶处作冲切验算。

（1）各组荷载设计值作用下的地基净反力

第一组：$P_{n,max}=\dfrac{1418.3}{10}+\dfrac{346.7}{\frac{1}{6}\times2.5\times4.0^2}=193.8\text{kN/m}^2$

第二组：$P_{n,max}=\dfrac{1096.6}{10}+\dfrac{731.9}{\frac{1}{6}\times2.5\times4.0^2}=219.4\text{kN/m}^2$

故按第二组进行计算。

（2）基础抗冲切验算

基础抗冲切验算简图如图 6-19 所示。

由于基础宽度 $b=2.5\text{m}$，故小于冲切破坏锥体底宽 $b_1+2h_0=1.25+0.655\times2=2.56\text{m}$，故冲切破坏荷载：

$$F_L=P_{n,max}A=219.4\times\left(\frac{l}{2}-\frac{l_1}{2}-h_{01}\right)b=219.4\times\left(\frac{4.0}{2}-\frac{1.85}{2}-0.655\right)\times2.3$$

$$=211.9\text{kN}$$

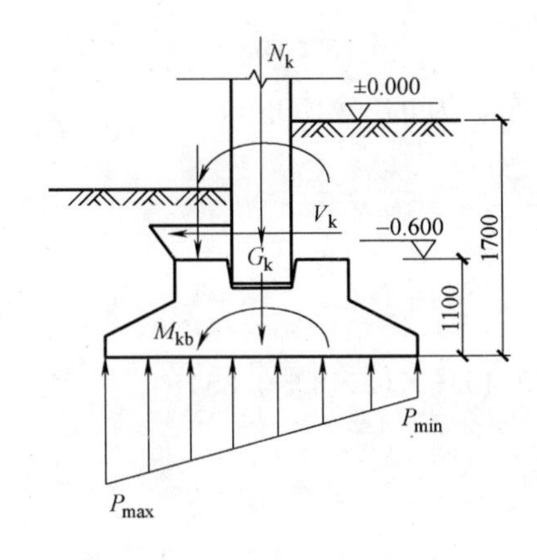

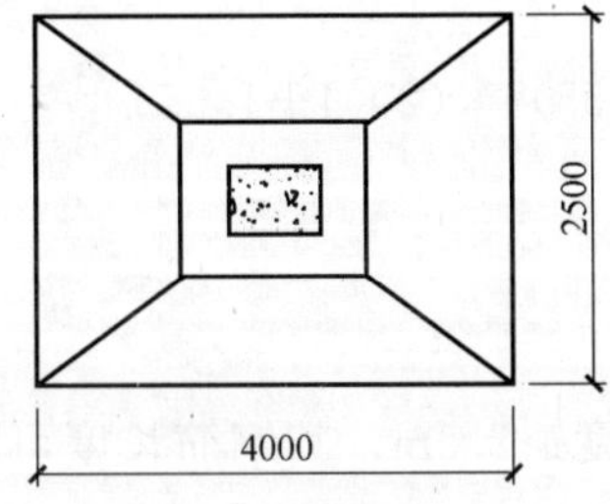

图 6-18　确定基础尺寸

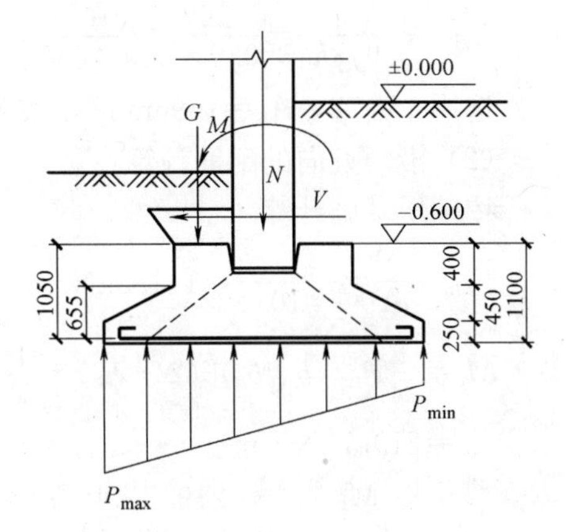

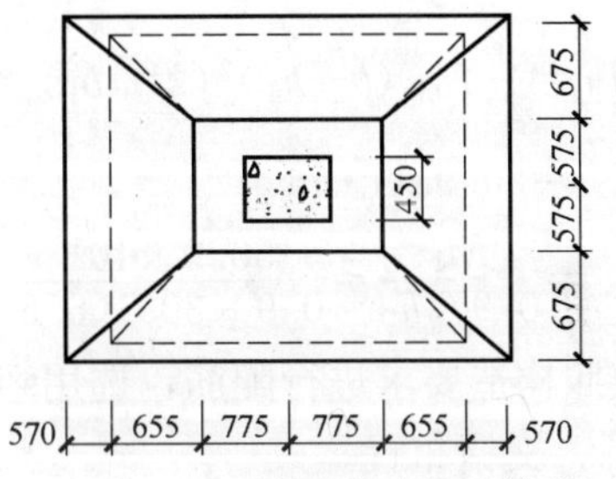

图 6-19　基础抗冲切验算简图

变阶处抗冲切力为 $0.7\beta_h f_t b_m h_0 = 0.7\times1.0\times1.10\times\left(\frac{1.25+2.5}{2}\right)\times655 = 945.7\text{kN} > 217.6\text{kN}$

4. 基础配筋验算

(1) 沿长方向的配筋计算

在第二组荷载作用下，$P_{n,max}=219.4\text{kN/m}^2$；

相应于柱边的净反力 $P_{sI}=\frac{1096.6}{10}+\frac{731.9}{6.67}\times\frac{0.425}{2}=133\text{kN/m}^2$

相应于变阶的净反力 $P_{sII}=\frac{1096.6}{10}+\frac{731.9}{6.67}\times\frac{0.925}{2}=160.4\text{kN/m}^2$

则：

$$M_I=\frac{1}{48}(P_{namx}+p_{sI})(l-h_c)^2(2b+b_c)$$

$$=\frac{1}{48}\times(219.4+133)\times(4-0.85)^2\times(2\times2.5+0.45)=397\text{kN}\cdot\text{m}$$

$$A_{sI}=\frac{M_I}{0.9f_yh_0}=\frac{397\times10^6}{0.9\times300\times1055}=1394\text{mm}^2$$

$$M_{II}=\frac{1}{48}(P_{n,amx}+p_{sII})(l-l_1)^2(2b+b_1)$$

$$=\frac{1}{48}\times(219.4+160.4)\times(4-1.55)^2\times(2\times2.5+1.15)$$

$$=292.1\text{kN}\cdot\text{m}$$

$$A_{sI}=\frac{M_{II}}{0.9f_yh_0}=\frac{292.1\times10^6}{0.9\times300\times655}=1652\text{mm}^2$$

选用15Φ12，$A_s=1696\text{mm}^2$，按照基底长度均匀分布，为Φ12@150。

(2) 沿短方向的配筋计算

按轴压基础计算

$$P_{nm}=\frac{N}{A}=\frac{1418.3}{10}=141.8\text{kN/m}^2$$

$$M_I=\frac{1}{24}P_{nm}(b-b_c)^2(2l+h_c)=\frac{1}{24}\times141.8\times(2.5-0.45)^2\times(2\times4+0.85)$$
$$=219.7\text{kN}\cdot\text{m}$$

$$A_{sI}=\frac{M_I}{0.9f_yh_0}=\frac{219.7\times10^6}{0.9\times300\times1055}=771.3\text{mm}^2$$

$$M_{II}=\frac{1}{24}P_{nm}(b-h_1)^2(2l+b_1)=\frac{1}{24}\times141.8\times(2.5-1.55)^2\times(2\times4+1.55)$$
$$=50.9\text{kN}\cdot\text{m}$$

$$A_{sI}=\frac{M_I}{0.9f_yh_0}=\frac{50.9\times10^6}{0.9\times300\times655}=288\text{mm}^2$$

按照构造要求进行配筋，选用Φ10@200。由于长边长度＞2.5m，其钢筋长度可以切断10%，交错布置。

基础配筋详见附图6-7，基础的布置详图见附图6-5。

参考文献

[1] 建筑地基基础设计规范（GB 50007—2002）. 北京：中国建筑工业出版社，2002.

[2] 混凝土结构设计规范（GB 50010—2010）. 北京：中国建筑工业出版社，2011.

[3] 建筑抗震设计规范（GB 50011—2010）. 北京：中国建筑工业出版社，2011.

[4] 建筑结构荷载规范（GB 50009—2012）. 北京：中国建筑工业出版社，2012.

[5] 吕晓寅，等. 混凝土建筑结构设计. 北京：中国建筑工业出版社，2013.

[6] 罗福午. 单层工业厂房结构设计. 北京：清华大学出版社，1996.

[7] 王祖华主编. 混凝土与砌体结构（下）. 广州：华南理工大学出版社，2007.

[8] 东南大学，同济大学，天津大学合编，清华大学主审. 混凝土结构（中册）. 北京：中国建筑工业出版社，2008.

[9] 朱彦鹏主编. 混凝土结构设计. 上海：同济大学出版社，2004.

[10] 徐建，裘民川，刘大海，武仁岱. 单层工业厂房抗震设计. 北京：地震出版社，2004.

附图 6-1　桥式吊车基本参数（引自国家标准图集 95G425）

1. 5～50/10 吨吊钩桥式起重机技术规格

编制单位：大连起重机器厂（'85 系列 95'确认）

起重量		t	5								10								16/3.2								20/5							
吊车跨度		m	10.5	13.5	16.5	19.5	22.5	25.5	28.5	31.5	10.5	13.5	16.5	19.5	22.5	25.5	28.5	31.5	10.5	13.5	16.5	19.5	22.5	25.5	28.5	31.5	10.5	13.5	16.5	19.5	22.5	25.5	28.5	31.5
起升高度		m	16								16								16								12							
B	A5	mm	5190			5340		6100			5840			5980		6330			5955			6055		6390			5955			6055		6390		
	A6	mm																	6235			6235		6835			6235			6235		6835		
B_Q	A5	mm	3400			3550		5000			4050					5000			4000			4100		5000			4000			4100		5000		
	A6	mm																	4400								4400							
H	A5	mm	1764								1876					1926			2095			2185					2097			2187				
	A6	mm																	2095	2097		2187	2185				2097	2099		2189				
吊车总重	A5	t	13	14	16	19	21	26	29	32	15	17	19	21	24	28	32	35	19.2	21	23	27	30	34	38	41	20	22	24	29	32	37	40	43
	A6	t	14	15	17	20	22	27	31	34	15	17	20	22	25	30	33	36	21	23	25	29	32	36	40	44	22	24	27	31	34	39	43	46
小车重	A5	t	1.856								3.461								6.326								6.977							
	A6	t	2.329								3.651								6.592								7.28							
最大轮压	A5	t	8	8.5	9.1	9.8	10.4	11.7	12.5	13.2	10.9	11.5	12.3	12.9	13.6	14.9	15.8	16.6	14.6	15.5	16.3	18.5	19.3	20.5	21.4	22.3	16.5	17.6	18.5	20.7	21.6	23	23.9	24.9
	A6	t	8.5	9.1	9.2	10.4	11.1	12.5	13.3	14.1	11.1	11.8	12.6	13.1	13.8	15.4	16.3	17.1	15.5	16.4	17.3	19.4	20.3	21.4	22.3	23.2	17.7	18.8	19.9	22.1	23.3	24.3	25.5	26.5
缓冲器高 H_2(mm)	A5		$730+H_1$								$730+H_1$					$780+H_1$			$780+H_0$			$880+H_0$					$780+H_0$			$880+H_0$				
	A6																		$790+H_0$								$790+H_0$							

H　H_2　B_Q　B

注：H_0 为大车缓冲器增加的高度，$H_0 \leqslant 250$mm。

2. 32/5.50/10 吨吊钩桥式起重机技术规格

编制单位:大连起重机器厂('85 系列 95'确认)

起重量	t	32/5								50/10							
吊车跨度	m	10.5	13.5	16.5	19.5	22.5	25.5	28.5	31.5	10.5	13.5	16.5	19.5	22.5	25.5	28.5	31.5
起升高度	m	16								12							
B	mm	6640			6690		6990			6775					6975		
B_Q	mm	4650			4700		5000			4800					5000		
H A5	mm	2345	2345			2475				2726		2732					
H A6	mm		2347			2477				2726	2728	2734					
吊车总重 A5	t	27	30	33	38	41	46	50	54	37	40	44	49	53	58	62	68
吊车总重 A6	t	28	31	35	40	43	48	52	56	40	43	48	52	56	62	67	72
小车重 A5	t	10.9								15.5							
小车重 A6	t	11.3								18.5							
最大轮压 A5	t	24.8	26.4	27.8	30.1	31.1	33.1	34.4	35.4	36.5	39.9	42.0	44.0	45.6	47.4	48.7	50.3
最大轮压 A6	t	26.4	28.2	29.6	31	32.4	34	35	36.4	37.9	40.3	42.5	44.4	46	47.8	49.2	50.8
缓冲器高 H_2(mm)	A5、A6	$880+H_0$			$1010+H_0$					$1030+H_0$							

注:H_0 为大车缓冲器增加的高度,$H_0 \leqslant 250$mm。

3. 80/20～100/20 吨吊钩桥式起重机技术规格

编制单位：大连起重机器厂（'85 系列 95'确认）

起重量	t	80/20							80/20							100/20							100/20						
吊车跨度	m	13	16	19	22	25	28	31	13	16	19	22	25	28	31	13	16	19	22	25	28	31	13	16	19	22	25	28	31
工作级别		A5							A6							A5							A6						
起升高度	m	20							20							22							22						
B	mm	9200							9200							9200							9200						
B_Q	mm	4400							4400							4400							4400						
H	mm	3252	3252	3256	3260	3258	3262	3264	3254	3254	3258	3262	3260	3264	3266	3360	3362	3364	3370	3370	3372	3374	3362	3364	3366	3372	3372	3374	3378
吊车总重 (t)		61.88	65.79	70.84	76.57	81.42	88.03	94.07	63.73	68.05	73.11	78.99	83.86	90.87	96.63	68.86	73.21	78.24	85.54	90.20	97.36	107.83	70.36	74.86	80.01	87.46	92.31	99.66	111.91
小车重 (t)		28.56							28.56	29.12						32.36							32.62						
最大轮压 (t)		29.4	30.7	31.9	32.9	33.8	35.0	36.1	30.6	32.2	33.3	34.4	35.4	36.6	37.5	33.7	35.0	36.4	37.8	38.9	40.1	41.2	34.0	35.7	37.2	38.7	39.8	41.1	42.8
缓冲器高 H_1(mm)		$950+H_0$							$950+H_0$							$950+H_0$							$950+H_0$						

注：H_0 为大车缓冲器增加的高度，$H_0 \leqslant 250$mm。

5～20/5 吨吊钩桥式起重机技术规格

编制与生产单位：大连起重机器厂（DSQD 型 1995 年样本）

起重量	G_n	t	5								10								16/4								20/5							
跨度	S	m	10.5	13.5	16.5	19.5	22.5	25.5	28.5	31.5	10.5	13.5	16.5	19.5	22.5	25.5	28.5	31.5	10.5	13.5	16.5	19.5	22.5	25.5	28.5	31.5	10.5	13.5	16.5	19.5	22.5	25.5	28.5	31.5
起升高度	H	m	10		18		24(26)		34		12(10)		18		26		36		10(12)		18 (12)	18	26(18)		36(28)		12			18			28	
主要尺寸	D	mm	308					383			308(383)		418				418(458)		418				458		508		418			468(508)		508		
	W	mm	250			3150	4000		4560	5000	2500			3150	4000		4560	5000	2500			3150	4000		4560	5000	4000						4560	5000
	C	mm	0								0								0								0							
	H_1	mm	1236(1351)					1351			1351(1497)								1497(1810)					1609(1922)			1810			1922				
	H_2	mm	100								100		130						130					150			130			150				
小车重	A5	kg	1585		1747		1927		2157		1787		1995		2275		2528		4740		5078		5451		5926		5797			6377			7110	
	A6	kg	1670		1832		2010		2250		2449		2657		2937		3190		5441			5814			6289		5814			6394			7134	
起重机总重	A5	t	8.15	9.17	11.3	12.2	14.5	16.6	19.9	22.5	8.88	10.2	11.6	14.1	15.8	18.3	21.5	25.1	13.2	14.7	16.8	18.9	22.1	24.1	29.5	35.0	15.2	17.2	19.3	21.6	24.1	27.0	34.3	41.1
	A6	t	8.27	9.31	11.5	12.7	14.8	16.9	20.2	22.8	9.60	10.9	12.3	14.7	17.3	20.0	23.3	25.8	15.1	16.5	18.3	20.6	23.8	25.9	31.5	37.0	15.5	17.6	19.7	22.2	24.5	27.5	35.0	41.9
最大轮压	A5	kN	51.0	57.0	64.0	67.0	74.0	81.0	87.0	96.0	79.0	82.0	87.0	94.0	100	107	117	129	111	120	128	136	145	150	170	183	136	145	152	162	170	180	189	207
	A6	kN	53.0	59.0	67.0	69.0	77.0	84.0	89.0	98.0	81.0	84.0	89.0	96.0	103	110	120	132	115	125	133	142	150	157	176	192	137	147	155	165	172	182	192	210

起重机侧面示意图

注：1. 表中括号内的数据只适用于 A6 工作级别的起重机；
2. 小车运行工作速度一般为 40m/min；
3. 大车缓冲器是按 63m/min 全速动能选取的。

25/6.3～50/12.5 吨吊钩桥式起重机技术规格

编制与生产单位：大连起重机器厂（DSQD 型 1995 年样本）

起重量	G_n	t	25/6.3								32/8								40/10								50/12.5							
跨度	S	m	10.5	13.5	16.5	19.5	22.5	25.5	28.5	31.5	10.5	13.5	16.5	19.5	22.5	25.5	28.5	31.5	10.5	13.5	16.5	19.5	22.5	25.5	28.5	31.5	10.5	13.5	16.5	19.5	22.5	25.5	28.5	31.5
起升高度	H	m	12		12(22)		18(22)		18(32)		28(38)		12		18		26		36		12 (8)	22 (12)	34(18)		40(20)		8(10)		12(10)		18(16)		20	
主要尺寸	D	mm	418		418(468)		468	508			468				612				475				515				515							
	W	mm	4000						4560	5000	4000				4560		5000		5200					5950			5200					5950		
	C	mm	0								0								2150					2350			2150					2350		
	H_1	mm	1810 (1990)		1810 (2102)		1922(2102)				2102				2250				2278(2203)								2203(2408)							
	H_2	mm	130		130(150)		150				150				180				250								250							
小车重	A5	kg	5860			6440			7180		7549		8288		9278		9872		7873		8530		9946		10795		9650		10662		12078		13229	
	A6	kg	5886		6525		7515		8110		8082		8821		9820		10410		9345		10400		11816		12665		12997				14413		15563	
起重机总重	A5	t	15.3	17.6	19.4	21.8	24.2	27.4	35.4	43.4	22.5	24.5	26.5	29.0	33.0	36.0	41.0	48.0	24.5	26.6	29.4	32.1	35.9	39.7	48.1	55	25.8	27.0	30.0	33.0	36.0	42.0	49.0	56.5
	A6	t	17.4	19.6	21.5	23.9	26.4	29.5	37.8	46.1	23.4	25.4	27.5	30.5	33.8	37.5	43.0	50.0	25.9	28.1	31.3	33.9	37.8	41.6	49.9	57	28.2	310	33.5	36.0	42.0	47.0	55.0	62.5
最大轮压	A5	kN	162	172	179	191	199	208	227	247	214	229	242	259	271	279	293	318	142	148	154	161	167	173	181	191	169	179	185	199	207	214	226	232
	A6	kN	168	179	182	199	202	216	238	259	218	234	244	266	277	286	300	327	145	151	157	165	171	177	186	196	176	185	190	204	210	218	231	238

起重机侧面示意图

注：1. 表中括号内的数据只适用于 A6 工作级别的起重机；

2. 小车运行工作速度一般为 40m/min；

3. 大车缓冲器是按 63m/min 全速动能选取的。

63/16,80/20 吨吊钩桥式起重机技术规格

编制与生产单位:大连起重机器厂(DSQD 型 1995 年样本)

起重量	G_n	t	63/16								80/20							
跨度	S	m	16	19	22	25	28	31	34		16	19	22	25	28	31	34	
起升高度	H	m	10		16			20			10		16			20		
主要尺寸	D	mm	665			715					665			715				
	W	mm	5350		5550			6300			5350	5550				6300		
	C	mm	2125		2225			2600			2125	2225				2600		
	H_1	mm	2530								2530							
	H_2	mm	250								250							
小车重	A5	kg	13954		15718			16787			18359		19525			21150		
	A6	kg	16779		18560			19619			—							
起重机总重	A5	t	34.5	38.9	45.6	50.2	58.1	64.8	71.7		43.8	48.1	53.2	62.9	71.6	77.2	86.8	
	A6	t	38.0	42.4	48.9	53.1	61.9	70.0	76.3		—	—	—	—	—	—	—	
最大轮压	A5	kN	231	240	247	251	262	271	279		276	290	305	320	335	350	360	
	A6	kN	235	244	252	260	271	280	287		—	—	—	—	—	—	—	

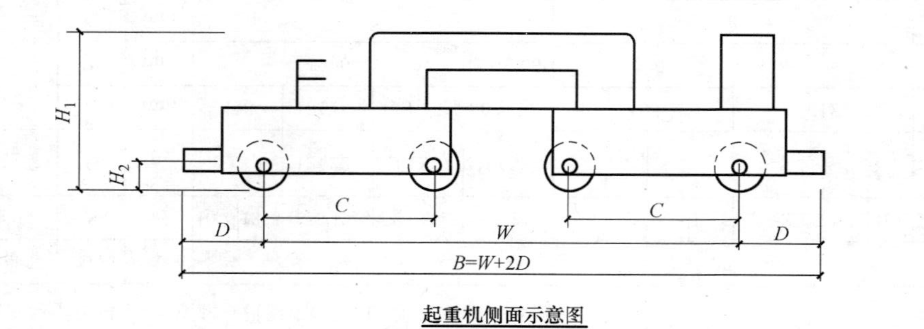

起重机侧面示意图

注:1. 表中括号内的数据只适用于 A6 工作级别的起重机;

2. 小车运行工作速度一般为 40m/min;

3. 大车缓冲器是按 63m/min 全速动能选取的。

QD. 5～50/10 吨吊钩桥式起重机技术规格

编制单位：机电部北京起重运输机械研究所（1992 年版）

项目		单位	5							
吊车跨度		m	10.5	13.5	16.5	19.5	22.5	25.5	28.5	31.5
起升高度		m	16.0							
LD		mm	5622			5822		6722		
W		mm	3850			4100		5000		
H_2		mm	2067							
吊车总重	A5	t	13.6	15.1	17.4	19.4	21.4	25.2	28.1	30.9
	A6	t	13.9	15.3	17.6	19.6	21.7	25.6	28.4	31.2
小车重	A5	t	2.617							
	A6	t	2.762							
最大轮压	A5/A6	t	6.5	7	7.6	8.2	8.9	9.8	11	11.8
缓冲器高 H_3		mm	518							

项目		单位	10							
吊车跨度		m	10.5	13.5	16.5	19.5	22.5	25.5	28.5	31.5
起升高度		m	16.0							
LD		mm	5922			5922		6922		
W		mm	4000			4100		5000		
H_2		mm	2239							
吊车总重	A5	t	15.7	17.5	19.4	21.7	23.9	28.7	31.6	34.6
	A6	t	16.1	17.9	19.9	22.1	24.3	29.3	32.2	35.2
小车重	A5	t	4.084							
	A6	t	4.234							
最大轮压	A5/A6	t	10.3	10.9	11.2	12	13	14	15	16.2
缓冲器高 H_3		mm	518					593		

项目		单位	16/3.2							
吊车跨度		m	10.5	13.5	16.5	19.5	22.5	25.5	28.5	31.5
起升高度		m	16.0							
LD		mm	5922			6322		6922		
W		mm	4000			4400		5000		
H_2		mm	2336							
吊车总重	A5	t	20.4	22.7	24.0	27.0	29.4	33.6	36.7	39.8
	A6	t	21.2	23.5	25.1	27.6	30.6	34.7	37.8	40.9
小车重	A5	t	6.765							
	A6	t	6.987							
最大轮压	A5/A6	t	14.5	15.6	16	17.6	18.7	19.9	21	22
缓冲器高 H_3		mm	593			653				

项目		单位	20/5							
吊车跨度		m	10.5	13.5	16.5	19.5	22.5	25.5	28.5	31.5
起升高度		m	12.0							
LD		mm	5972			6322		6922		
W		mm	4000			4400		5000		
H_2		mm	2340							
吊车总重	A5	t	21.5	23.8	25.9	29.6	32.0	37.0	39.8	43.2
	A6	t	22.5	24.8	27.1	30.3	32.7	37.7	40.5	43.9
小车重	A5	t	7.427							
	A6	t	7.786							
最大轮压	A5/A6	t	17	18	19.5	20.7	21.6	22.9	24.1	25.2
缓冲器高 H_3		mm	593			653				

起重量		t	32/8								50/10							
吊车跨度		m	10.5	13.5	16.5	19.5	22.5	25.5	28.5	31.5	10.5	13.5	16.5	19.5	22.5	25.5	28.5	31.5
起升高度		m	16.0								12.0							
LD		mm	6562			6622		6642			6622			6662		6622		
W		mm	4600			4800		5000			4700			4800		5000		
H_2		mm	2542	2546		2671					2891	2893	2895	2899				
吊车总重	A5	t	27.8	31.1	33.5	39.9	42.4	47.0	50.5	54.1	36.2	39.3	42.6	47.0	51.2	57.3	61.9	65.4
	A6	t	28.7	32.0	34.2	40.8	43.3	48.0	51.5	55.1	37.3	40.4	43.7	48.1	52.4	60.8	65.4	68.9
小车重	A5	t	12.012								15.763							
	A6	t	12.466								16.554							
最大轮压	A5/A6	t	23	25.1	26.1	27.7	28.7	30.2	31.2	32.6	34.3	36.3	38.3	40.5	41.5	43.5	44.6	46.3
缓冲器高 H_3		mm	653			753					753							

H_2 H_3 *W* *B*

附图 6-2　屋面板、屋架布置图（04G415-1 预应力混凝土折线形屋架）

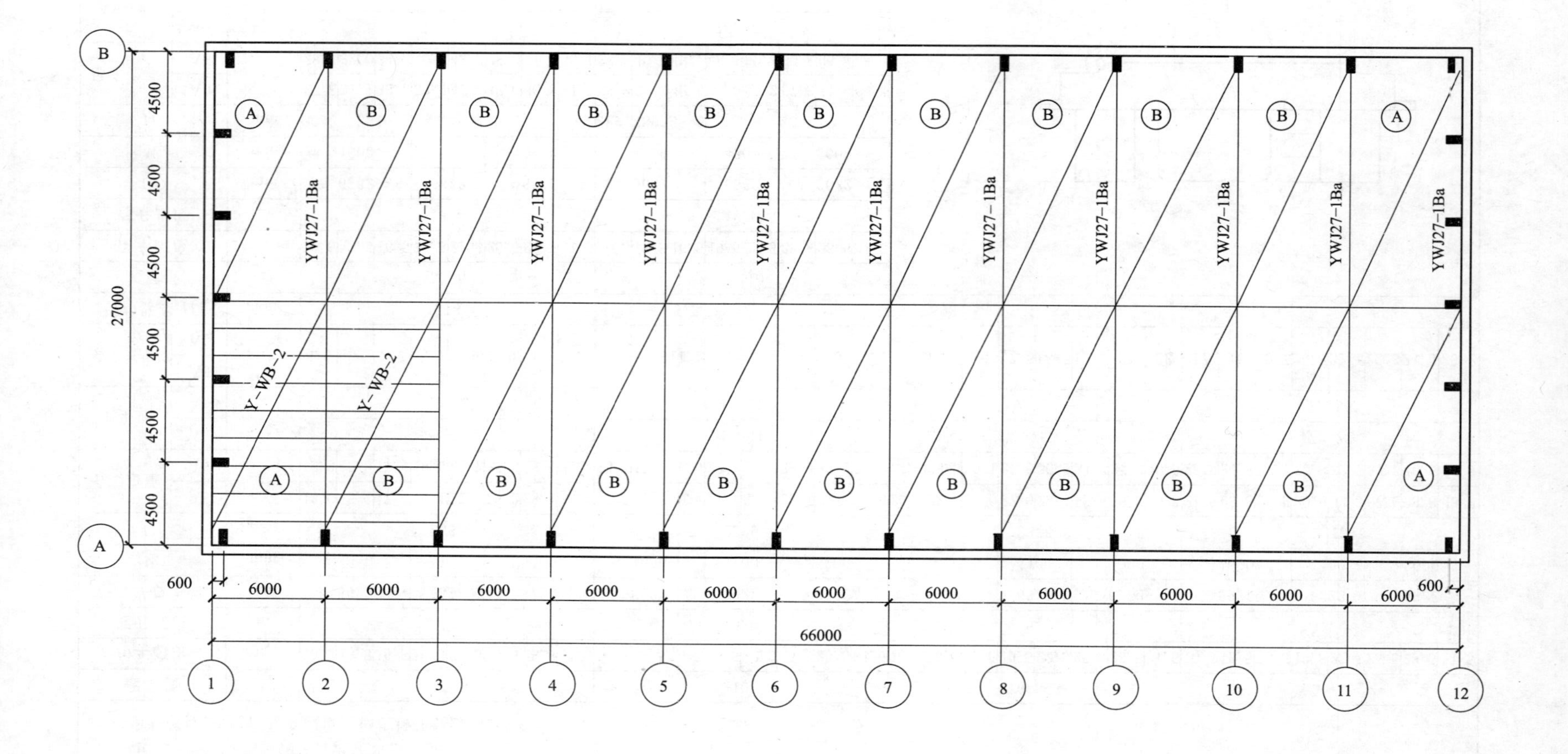

附图 6-3　屋架下弦支撑布置图（04G415-1 预应力混凝土折线形屋架）

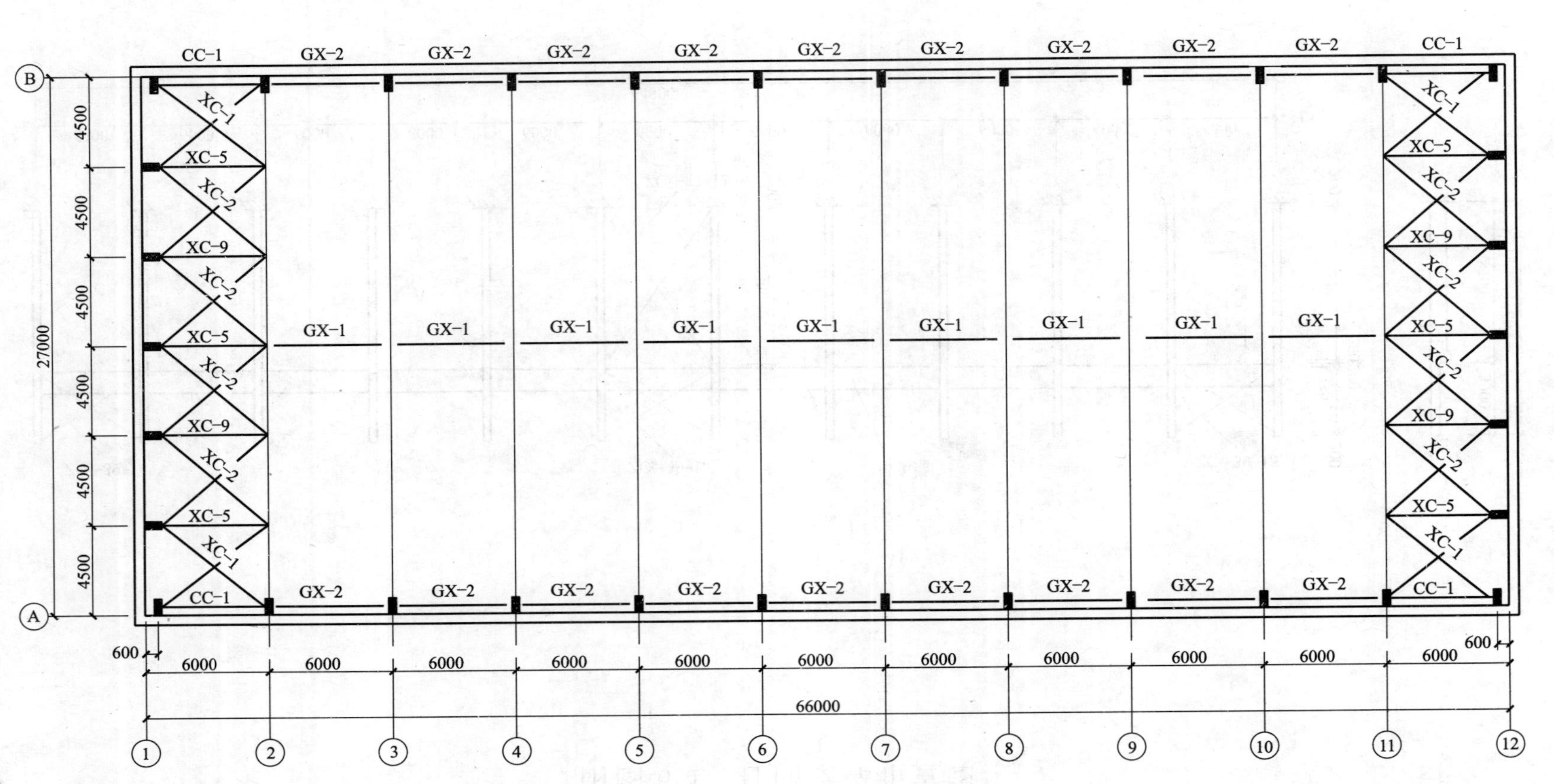

附图 6-4　柱间支撑布置图

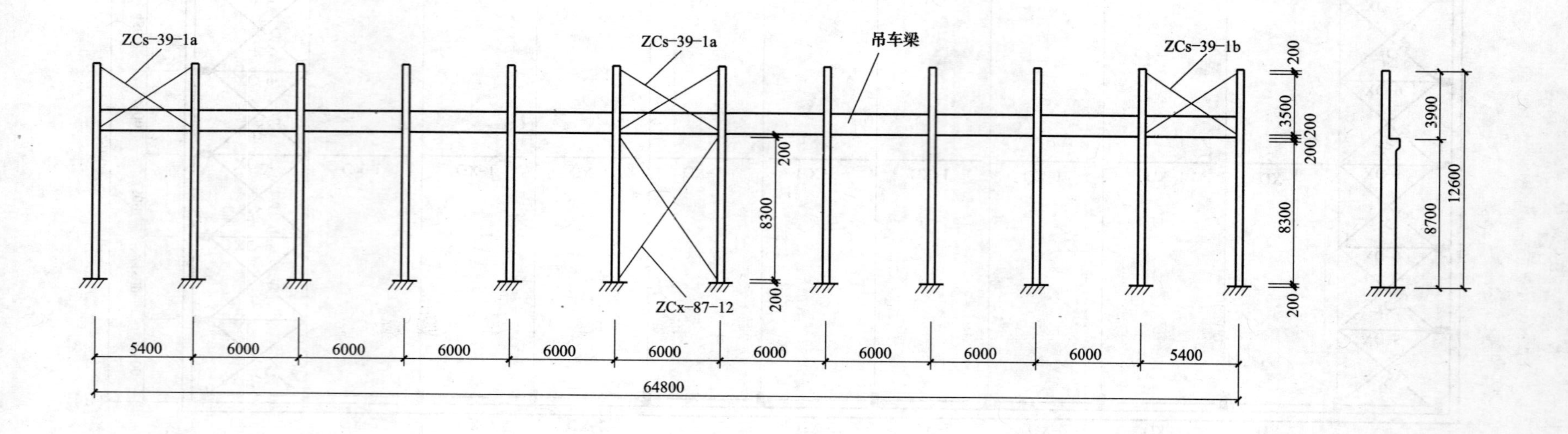

附图 6-5　基础、基础梁、吊车梁布置图

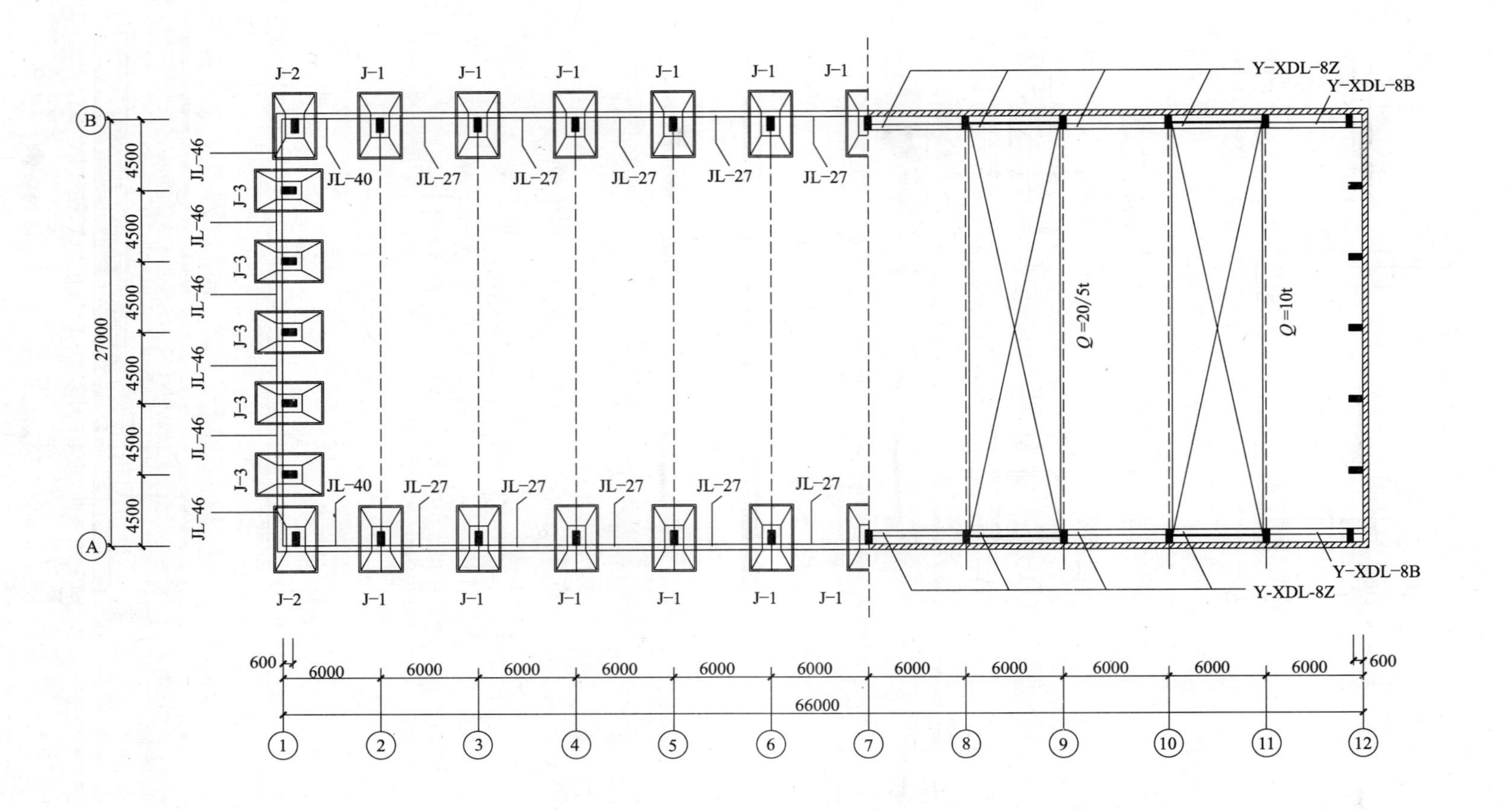

附图 6-6　排架柱设计详图

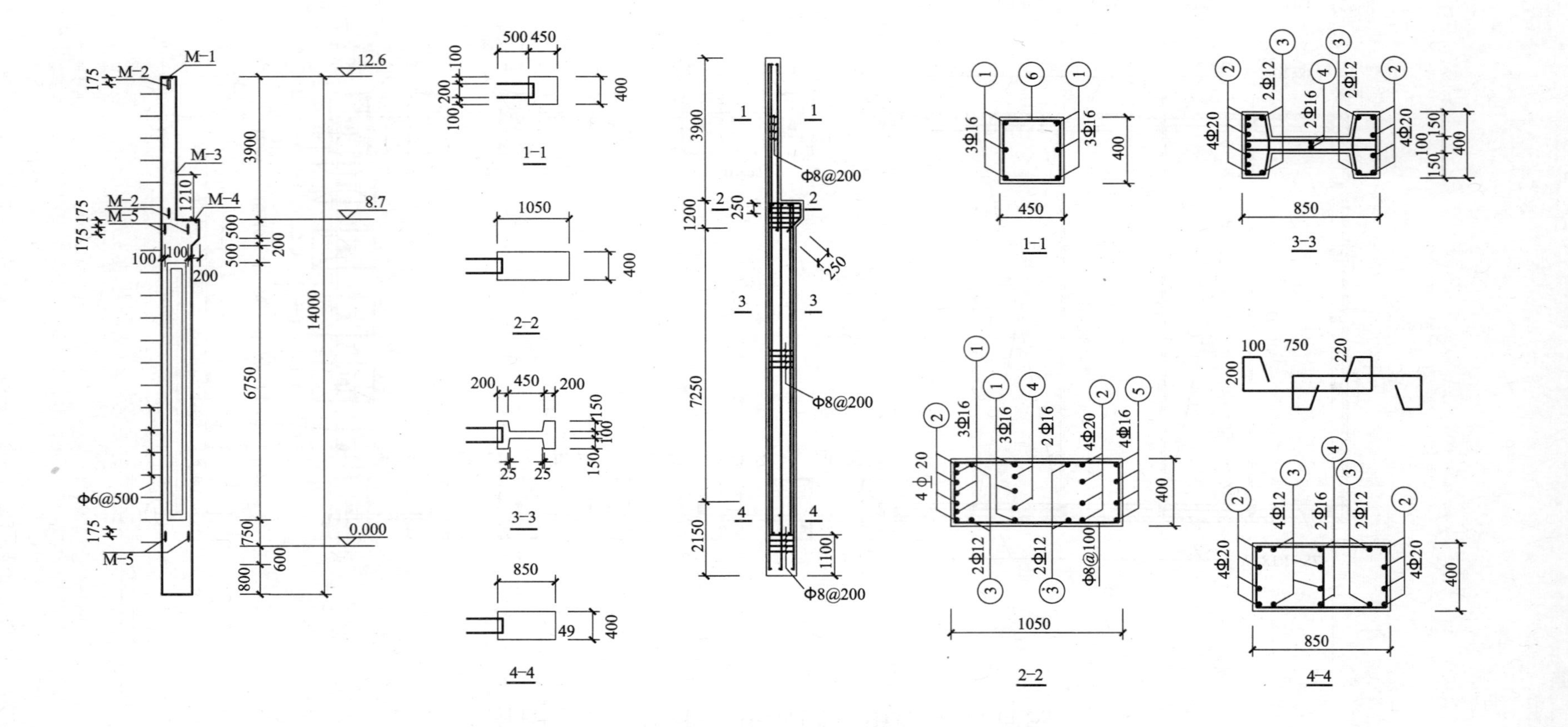

附图 6-7　基础设计详图

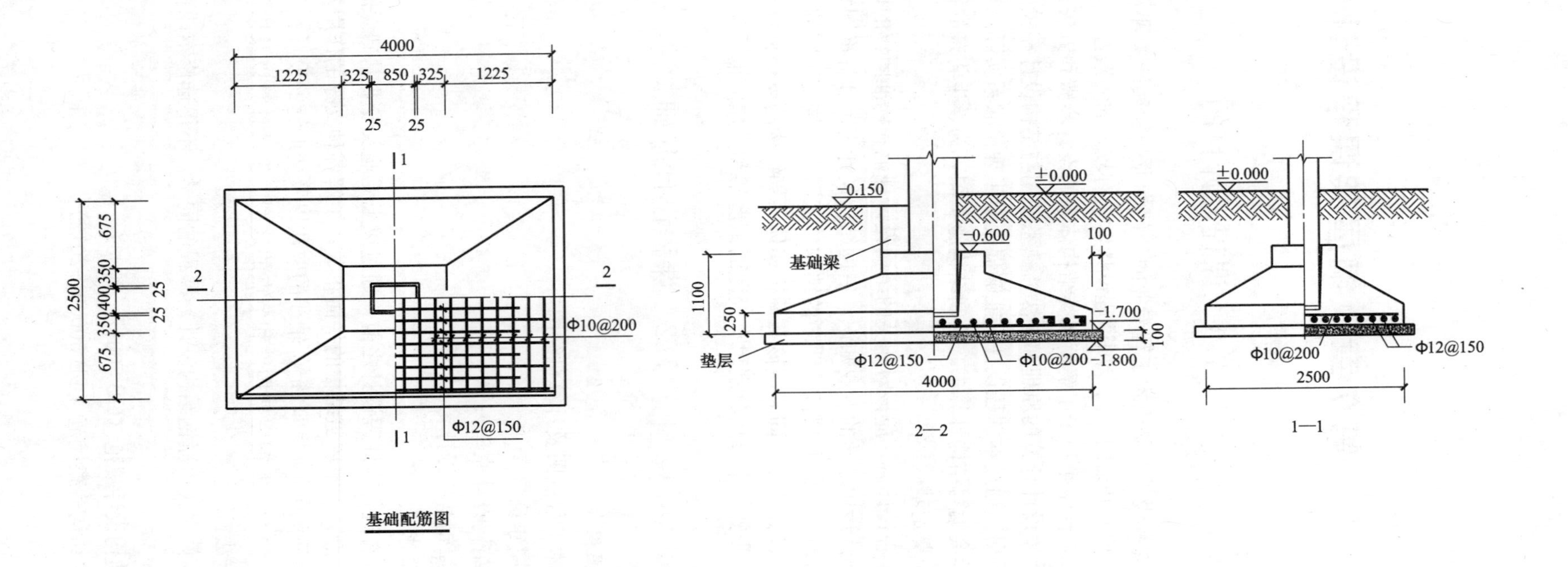

4000
1225
325
850
325
1225
25
25
2500
675
350
400
350
675
1
2
Φ10@200
Φ12@150
基础配筋图
±0.000
−0.150
−0.600
基础梁
100
1100
250
−1.700
100
垫层
Φ12@150
Φ10@200
−1.800
4000
2—2
2500
1—1

第 7 章　钢屋架课程设计

7.1　课程设计目的

“钢屋架课程设计”是土木工程专业的一门专业拓展实践类课程，是为配合《房屋钢结构设计》课程而开设的一门专项课程设计，具有较强的实践性。本课程设计主要完成钢屋架结构设计，使学生初步了解桁架类结构体系的设计步骤和方法；了解结构体系的构造要求，掌握整体设计计算的原理和方法；熟悉使用与结构设计相关的规范、规程、标准图和设计计算手册。通过本课程设计，能够促使学生理论联系实际，培养学生的实践能力和动手能力，学会编写结构计算书、绘制结构施工图，为学生将来的钢结构方向的设计或施工管理等工作奠定基础。

完成本课程设计后，应该对相关的结构设计规范和标准图集的框架和内容有所了解和掌握，能够熟练运用已学的专业知识，借助结构设计规范和标准图集，独立完成钢屋架的结构设计和计算，并绘制规范、明晰的结构施工图，结构施工图的内容能够清晰表达自己的设计思路和设计意图。同时应该掌握桁架体系钢结构的设计特点和方法。为便于系统了解设计方法和步骤，本节后分别附有轻屋面钢屋架和重屋面钢屋架的设计实例。

7.2　课程设计基础

1. 先修课程

(1)《土木工程制图及计算机绘图》；

(2)《房屋建筑学》；

(3)《钢结构设计原理》；

(4)《房屋钢结构设计》。

2. 基本要求

要求学生在进行本课程设计之前，通过以上专业及专业基础课的学习，能够掌握屋盖结构的受力特点；了解屋盖结构的平面布置；了解各种支撑的作用及布置方式；了解屋盖结构平面、立面的关键尺寸，定位轴线的取法以及变形缝的设置；掌握屋盖结构的荷载类型及其计算方法；掌握钢屋架构件和节点的选型、设计计算以及构造；掌握钢屋架结构施工图的绘制方法。

注意：未修完《房屋钢结构设计》课程的同学，不得选修本课程设计。

3. 设计依据

(1) 钢结构设计规范（GB 50017—2003）。

(2) 建筑结构荷载规范（GB 50009—2012）。

(3) 建筑抗震设计规范（GB 50011—2010）。

(4) 建筑结构制图标准（GB/T 50105—2010）。

(5) 房屋建筑制图统一标准（GB/T 50001—2010）。

(6) 钢结构工程施工质量验收规范（ GB 50205—2001）。

(7) 建筑钢结构焊接技术规程（JGJ 81—2002）。

(8) 其他有关规范、标准、图集、设计手册及教材。如图集《1.5m×6m 预应力混凝土屋面板》04G410-1～2。图集《压型钢板、夹芯板屋面及墙体建筑构造》01J925-1 等。

7.3 课程设计任务书范例

1. 设计工程名称

单层单跨封闭式工业厂房梯形钢屋架设计，具体情况根据任务书确定。

2. 设计资料

2.1 工程地点

见设计分组。

2.2 工程规模

单层单跨封闭式工业厂房，长度 90m，120m，150m 屋架铰支于钢筋混凝土柱上；屋架跨度在 18m、21m、24m、27m、30m、33m、36m 中选一种；柱距在 6m、7.5m、9m 中选一种；屋面离地面高度约 20m。室内正常环境，吊车起重量≤50t，工作制为 A1～A5，无较大的振动设备。

2.3 屋面做法

在预应力混凝土屋面板（卷材防水）、长尺压型钢板、夹芯板中选一种；屋面坡度为 1/10；檩条（有檩体系时）在 H 型钢檩条、冷弯薄壁型钢檩条、高频焊接 H 型钢檩条中选一种；无天窗。

2.4 自然条件

基本风压、基本雪压、地震设防烈度、基本地震加速度取值等均根据工程地点查阅相关设计规范确定。地面粗糙度类别为 B 类，也可根据具体情况选取。

2.5 材料选用

(1) 屋架钢材采用《碳素结构钢》(GB/T 700—2006) 规定的 Q235B。

(2) 焊条采用《碳钢焊条》(GB/T 5117—1995) 中规定的 E43 型焊条。

(3) 普通螺栓采用性能等级为 4.6 级 C 级螺栓。锚栓采用《碳素结构钢》(GB/T 700—2006) 中规定的 Q235 钢制成。

(4) 角钢型号按《热轧型钢》(GB/T 706—2008)。针对 T 型钢截面在屋盖钢结构中的应用，上下弦杆可以选用热轧 T 型钢截面。

(5) 混凝土为 C25。

2.6 结构及各组成构件形式

(1) 钢屋架：在梯形钢屋架、三角形钢屋架中选择一种。

(2) 屋面板：对于卷材防水的 1.5×6m 预应力钢筋混凝土屋面板，可按图集《1.5m×6m 预应力混凝土屋面板》(04G410-1～2) 选用。对于长尺压型钢板、夹芯板可按图集《压型钢板、夹芯板屋面及墙体建筑构造》（01J925-1）选用。

（3）檩条及屋盖支撑：设计计算或从相关标准图集中选用。

2.7 主要建筑构造做法及建筑设计要求

（1）重屋面（预应力钢筋混凝土屋面板）做法：

二毡三油防水层上铺小豆石（0.35kN/m^2）；

20mm 厚水泥砂浆找平层（0.4kN/m^2）；

100mm 厚加气混凝土保温层（0.6kN/m^2）；

冷底子油一道、热沥青二道（0.05kN/m^2）；

预应力屋面板（自重查图集《1.5m×6m 预应力混凝土屋面板》04G410-1～2）。

（2）轻屋面（压型钢板、夹芯板）做法：

按图集《压型钢板、夹芯板屋面及墙体建筑构造》（01J925-1）选用。

3. 设计内容及要求

（1）根据任务书的要求选定屋架的形式、跨度、间距以及屋面做法等。依据选材原则选用钢材及焊条。

（2）合理布置屋盖支撑体系。在计算书上画出屋盖支撑布置图，并对各榀屋架进行编号。

（3）荷载计算：计算书要涵盖所有可能荷载的计算过程。

（4）确定计算简图，进行内力计算：采用图解法、解析法或电算法。

（5）内力组合：确定最不利荷载组合，进行内力组合，得到所有杆件的最不利内力。

（6）杆件设计：选择杆件的截面形式及尺寸，并满足强度、刚度、稳定等设计要求。

（7）节点设计：选择典型的上下弦节点，下弦跨中节点，下弦支座节点及屋脊节点进行设计。在计算书内写出节点设计的过程。

（8）绘制结构施工图，提交设计计算书一份。

重点：屋架的内力计算与组合，杆件和节点的设计和计算，施工图绘制。

难点：内力组合，标准图的选用。

7.4 课程设计方法与步骤

1. 屋架形式的选定和结构平面布置

选定屋架的形式、跨度、间距以及屋面做法等。由结构重要性，荷载特征，连接方法（焊接）及工作温度选用钢材及焊条。合理布置支撑体系，主要考虑上弦横向水平支撑、下弦横向水平支撑、垂直支撑和系杆（刚性或柔性系杆）。画出屋盖支撑布置图，并对各榀屋架进行编号。了解支撑的作用，了解变形缝的设置方法。

2. 构件选型

查阅相关标准图集，完成屋盖结构相关构件的选型（包括屋面板、檩条以及支撑等），根据荷载传递，利用图集找到适合设计条件的构件代号和有关尺寸、重量等设计参数。

3. 荷载计算

计算屋面活荷载，永久荷载（包括屋面构造层重、屋面板和天沟板的自重及灌缝重、屋架、檩条及支撑的自重等），风荷载，雪荷载，地震作用，积灰荷载、悬挂荷载及其他荷载。

4. 单项荷载作用下的结构内力分析

确定计算简图，采用图解法、解析法或电算法对钢屋架进行内力计算：完成屋面恒载、活载、地震作用、风荷载等各种单项荷载在结构中产生的内力。

5. 最不利内力组合

按照《建筑结构荷载规范》（GB 50009—2012）和《建筑抗震设计规范》（GB 50011—2010）对于荷载组合方式的要求，通过内力组合，求解各杆件的最不利内力。

6. 构件截面设计

根据最不利内力组合结果，分别完成上弦杆件、下弦杆件、竖杆及斜杆的截面设计，满足相应的强度、刚度和稳定等设计要求。计算中应注意杆件计算长度的准确计算，支撑对计算长度的影响，构件的构造要求，节间荷载引起的局部弯矩，节点刚性引起的次应力以及杆件的内力变号等问题。

7. 节点设计

选择典型的上下弦节点，下弦支座节点，屋脊节点以及杆件拼接节点进行设计。

8. 结构施工图绘制

要求图名、图幅、图例、符号、文字及尺寸的标注符合《房屋建筑制图统一标准》（GB/T 50001—2010）及《建筑结构制图标准》（GB/T 50105—2010）的基本要求；内容充实，安排合理。内容应包括：

（1）屋架简图。

（2）屋架正面图，上、下弦平面图。

（3）侧面图，剖面图。

（4）零件详图。

（5）材料表。

（6）设计说明。

7.5 课程设计要求

1. 进度安排与阶段检查

本课程设计计划在一周内完成，设计进度安排与阶段检查内容详见表 7-1。

钢屋架课程设计进度安排 **表 7-1**

时间安排	设计进度	阶段检查
第一天	结构平面布置，支撑布置，选择标准构件型号，并确定相关的计算参数	支撑布置是否正确
第二天		主要荷载和内力计算是否正确
第三天	钢屋架、构件及节点的设计计算	构件和节点设计计算是否正确
第四天		
第五天	绘制结构施工图	全部计算书是否完整
第六天	答疑和质疑时间详见通知	制图是否规范，图面布置是否合理，图纸是否能够准确表达设计意图
第七天		

2. 设计计算书的要求

按照前面所述的设计步骤，完成一份完整的钢屋架结构设计计算书，包含的主要内容有：

2.1　设计资料

2.2　结构及构件选型

(1) 钢屋架的选型。

(2) 屋面板的型号及自重。

(3) 檩条型号及自重（对有檩体系）。

(4) 屋盖支撑及自重。

2.3　荷载计算（均按标准值计算）

(1) 永久荷载

屋面永久荷载（屋面板、嵌缝、找平层及防水层等），屋盖支撑重，屋架自重，檩条自重。

(2) 屋面可变荷载：

① 屋面均布活荷载

② 雪荷载：由于降雪时一般不会上屋面进行施工或维修，因此设计时雪载和屋面均布活荷载不必同时考虑，取两者中的较大者进行计算。

③ 屋面积灰荷载

(3) 风荷载：荷载计算中，因屋面坡度较小，风荷载对屋面为吸力，对重屋盖可不考虑。

(4) 地震作用：对于跨度较大的钢屋架还应进行竖向抗震计算。

(5) 其他荷载：如悬挂荷载等，根据实际要求考虑。

2.4　钢屋架的内力分析

(1) 永久荷载作用下的内力计算。

(2) 屋面可变荷载作用下的内力计算。

(3) 风荷载作用下的内力计算。

(4) 地震作用下的内力计算。

(5) 其他荷载作用下的内力计算。

2.5　内力组合

内力组合通常列表进行，将前面计算出的内力（标准值）结果填入内力组合表，乘以相应的分项系数和组合系数，完成所有内力组合。

2.6　杆件截面设计

(1) 拉杆截面设计。

选择合理的截面形式，根据内力组合表中最不利的一组内力，按强度、刚度条件计算。

(2) 压杆截面设计。

选择合理的截面形式，根据内力组合表中最不利的一组内力，按强度、刚度和稳定条件进行计算。

2.7　节点设计

(1) 典型上下弦节点。

(2) 有集中荷载作用的节点。

（3）下弦跨中节点。

（4）下弦支座节点。

（5）屋脊节点以及杆件拼接节点。

3. 设计图纸的要求

结构施工图要求能清晰表达设计者的设计思路和设计意图，图纸干净整洁，内容丰富，图面充实美观，符号和标注符合建筑制图的一般规定；图纸可以手绘或计算机绘制；图纸采用A2图纸绘制，屋架杆件轴线通常用1∶20～1∶30比例绘制，节点尺寸和杆件截面尺寸用1∶10～1∶15比例绘制，对重要节点和特殊零部件还可加大，以清楚表达节点的细部尺寸。

结构施工图包括：

（1）屋架简图：左半跨标明杆件长度，右半跨注明杆件最不利内力，以及跨中预拱度。

（2）屋架正面图，上、下弦平面图，侧面图及剖面图：应注明全部零件的编号，规格及尺寸（包括加工尺寸和定位尺寸），孔洞位置，孔洞及螺栓直径，焊缝尺寸以及对工厂加工和工地施工的要求。

（3）零件详图：清楚地表达细部构造要求。

（4）材料表：注明所有零件的规格、尺寸、数量及重量等信息，零件按主次、上下、左右的顺序逐一进行编号。完全相同的零部件须用同一编号；对于形状和尺寸完全一样的部件，但是因开孔位置或切角等不同，使两构件加工时成镜像对称关系时，可以在材料表中编制相同的编号，并用正、反字样注明，以示区别。

（5）说明：具体说明所用钢材的钢号、焊条型号、焊接方法和质量要求，图中未注明的焊缝和螺栓孔尺寸，以及防腐、防火、运输、加工等内容。

4. 能力培养要求

本课程设计主要锻炼学生的动手能力，即综合运用已有专业知识基础，分析和解决土木工程实际问题。学生完成本课程设计后，应该对相关的结构设计规范和标准图集的框架和内容有所了解和掌握，能够熟练运用已学的专业知识，借助结构设计规范和标准图集，独立完成钢屋架的结构设计和计算，并绘制规范、明晰的结构施工图，结构施工图的内容能够清晰表达自己的设计思路和设计意图。

7.6 轻屋面钢屋架设计例题

7.6.1 设计资料及说明

1. 工程地点

北京。

2. 设计使用年限：50年

3. 工程规模

单层单跨封闭式工业厂房，长度150m，屋架铰支于钢筋混凝土柱上；屋架跨度24m；柱距7.5m；屋面离地面高度约18m。室内正常环境，吊车起重量20/5t，工作制为A5，无较大的振动设备。

4. 屋面做法

选用轻型屋面板；屋面坡度为1/10；无天窗。

5. 自然条件

基本风压为0.45kN/m²，基本雪压为0.40kN/m²，积灰荷载标准值0.50kN/m²，地震设防烈度为8度，基本地震加速度为0.2g。地面粗糙类别为B类。

6. 材料选用

（1）屋架钢材采用《碳素结构钢》（GB/T 700—2006）规定的Q235B。

（2）焊条采用《碳钢焊条》（GB/T 5117—1995）中规定的E43型焊条。

（3）普通螺栓采用性能等级为4.6级C级螺栓。锚栓采用《碳素结构钢》（GB/T 700—2006）中规定的Q235B制成。

（4）角钢型号按《热轧型钢》GB/T 706—2008选用。

（5）混凝土为C25。

7. 结构及各组成构件形式

（1）钢屋架：梯形钢屋架

（2）屋面板：选用轻型屋面板，材料夹芯板，对于长尺压型钢板、夹芯板可按图集《压型钢板、夹芯板屋面及墙体建筑构造》（01J925-1）选用。

（3）檩条及屋盖支撑：计算或从相关标准图集中选用。

8. 主要建筑构造做法及建筑设计要求按轻屋面计算。

7.6.2 屋架形式的选定和结构平面布置

1. *屋架形式和几何尺寸*

由于$i=1/10$，采用缓坡梯形屋架。

屋架计算跨度：$l_0=l-2\times150=24000-300=23700\text{mm}$

屋架端部高度取$H_0=2015\text{mm}$

跨中高度：$h=H_0+i\dfrac{l_0}{2}=2015+0.1\times\dfrac{23700}{2}=3200\text{mm}$

屋架高跨比$h/l_0=\dfrac{3.2}{23.7}\approx\dfrac{1}{7.4}$，在屋架常用的高度范围以内。

屋架起拱度$f=\dfrac{l}{500}=\dfrac{24000}{50}=48\text{mm}$，取50mm

为使屋架上弦节点受荷，腹杆采用人字式，上弦节点水平间距取1.5m。屋架各杆件几何尺寸见图7-1。

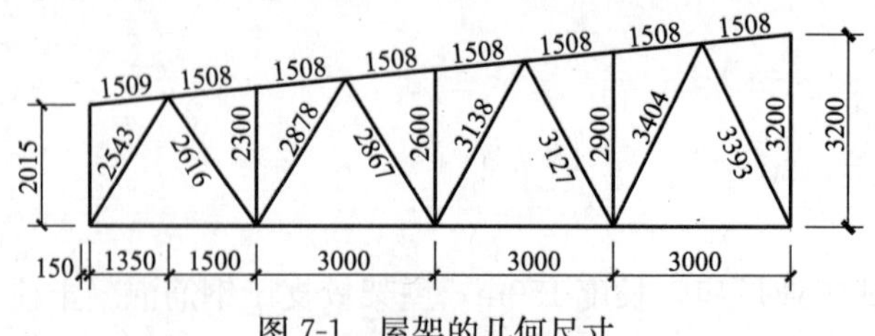

图7-1 屋架的几何尺寸

2. *屋盖支撑布置*

根据车间长度150m，跨度24m及荷载情况，设置四道上、下弦横向水平支撑。屋脊处与下弦支座处设置 3 道刚性系杆，两端和中央上弦处设 3 道系杆。在屋盖两端和水平支撑开间内的屋脊处与两端支座处设屋架间的垂直支撑。由于有吊车，所以设置下弦纵向水平支撑（图 7-2～图 7-4）。

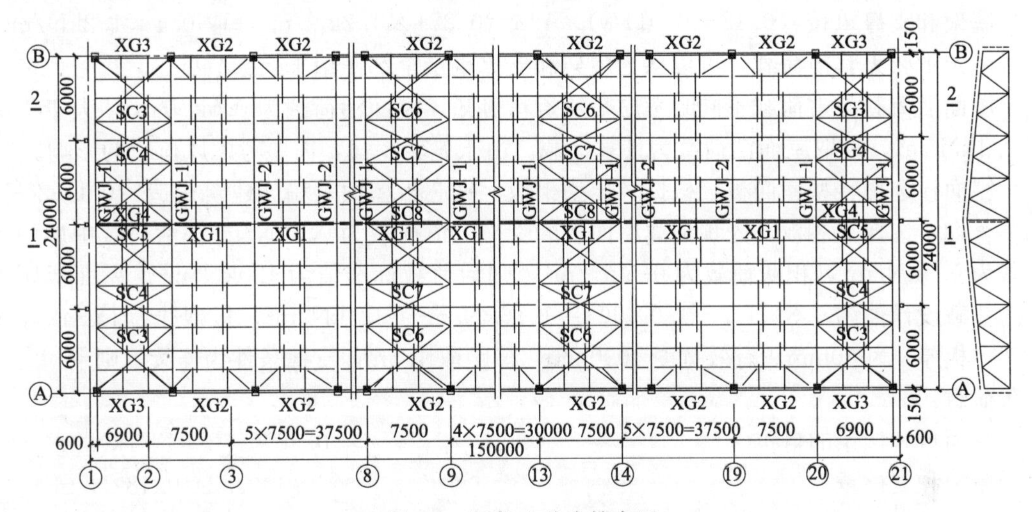

图 7-2 屋架上弦支撑布置

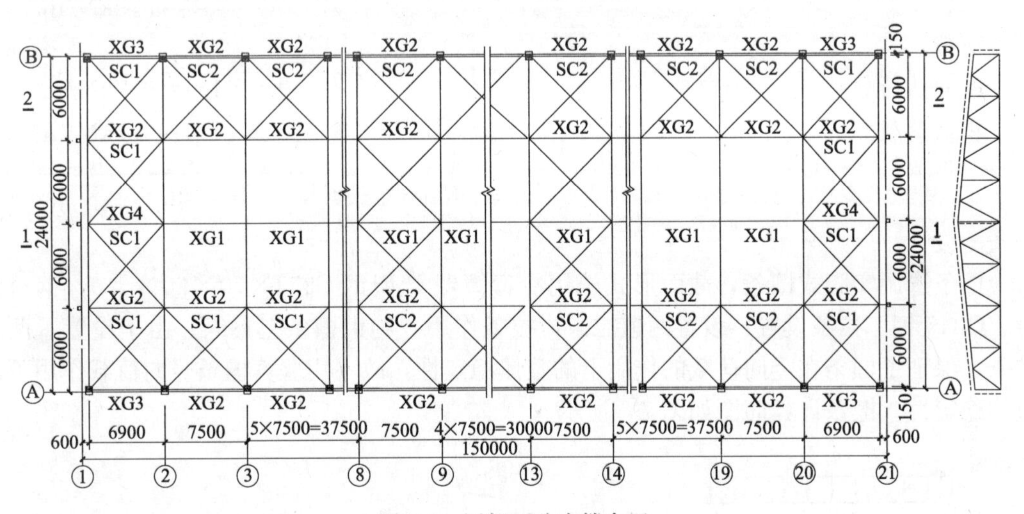

图 7-3 屋架下弦支撑布置

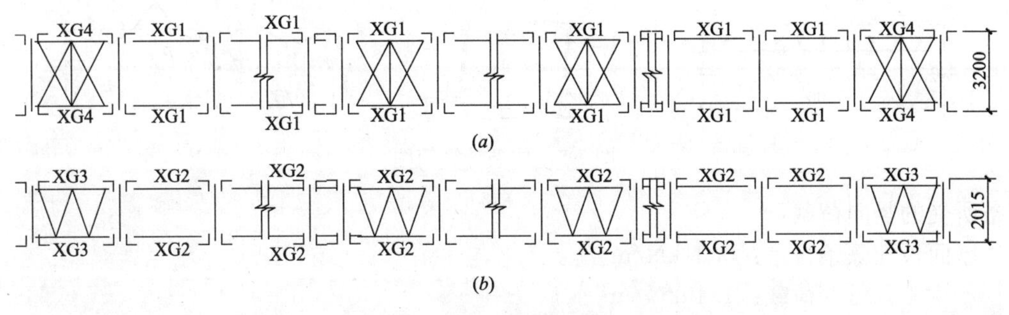

图 7-4 屋架垂直支撑布置

（*a*）屋架 1—1 剖面垂直支撑布置；（*b*）屋架 2—2 剖面垂直支撑布置

7.6.3　屋架荷载和内力计算

1. 荷载计算

屋架和支撑重按（$0.12+0.011l_0$）×1.2＝0.381×1.2kN/m²，取 0.4×1.2kN/m²，且因屋架下弦无其他荷载，可以认为屋架和支撑重量全部作用于上弦节点。

屋面活荷载与雪荷载不同时考虑，从资料可知，屋面活荷载为 0.5kN/m²，大于雪荷载 0.4kN/m²，故取屋面活荷载为计算荷载。由于是轻屋面，需要考虑风荷载的影响。

屋面板选择轻型屋面板，根据《压型钢板、夹芯板屋面及墙体建筑构造》（01J925-1）图集查询，选择夹芯板。先预估算屋面板的受力，恒荷载为 0.3kN/m²。活荷载中屋面活荷载为 0.5kN/m²，积灰荷载为 0.5kN/m²，则活荷载标准值为 1.0kN/m²。屋面板所承受的荷载设计值为 0.3×1.2＋1.0×1.4＝1.76kN/m²＜3.5kN/m²。板型选为 JXB42-333-1000，板厚 s 为 60mm，有效宽度 1000mm，檩距取 1.5m，支撑条件为连续，则

永久荷载：

屋面板和檩条的自重	0.26×1.2＝0.31kN/m²
屋架和支撑重	0.4×1.2＝0.48kN/m²
	共 0.79kN/m²

可变荷载：

屋面活荷载	0.5×1.4＝0.7kN/m²
积灰荷载	0.5×1.4＝0.7kN/m²
	共 1.4kN/m²

檩条的设计：

檩条选用实腹式檩条，截面形式选用冷弯薄壁 C 型钢 C250×70×20×3.0，钢材钢号：Q345 钢。拉条设置：设置两道拉条，拉条作用：约束檩条上翼缘。由于设置了两道拉条，保证了檩条在竖向荷载的作用下的整体稳定性，故不用验算檩条竖向荷载作用下的整体稳定性。檩条计算简图如图 7-5 所示。

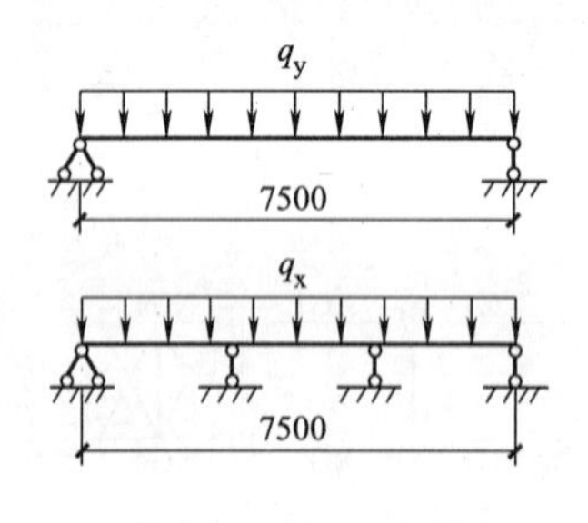

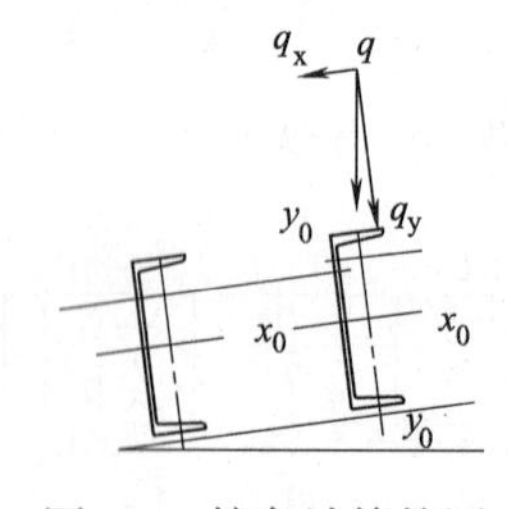

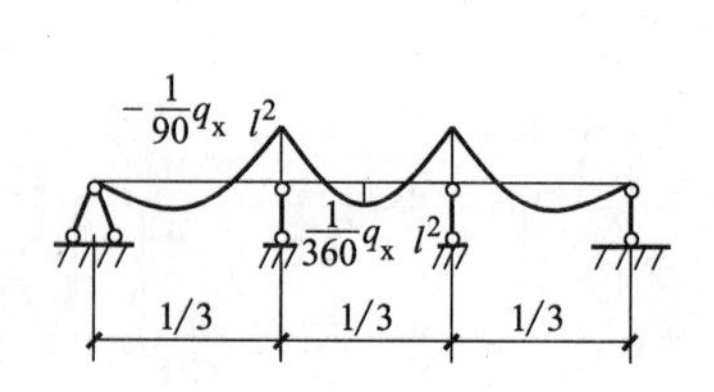

图 7-5　檩条计算简图

檩条所受的竖向荷载：

屋面板和檩条自重：0.31kN/m²

可变荷载：1.40kN/m²

则，　　$q=(0.31+1.4)\times1.5=2.57\text{KN/m}$

按简支梁计算，两个方向弯矩分别为：

$$M_x=\frac{1}{8}q_y l^2=\frac{1}{8}ql^2\cos\alpha=\frac{1}{8}\times2.57\times7.5^2\times\cos5.71°=17.80\text{kN}\cdot\text{m}$$

跨中： $M_y=\frac{1}{360}q_x l^2=\frac{1}{360}ql^2\sin\alpha=\frac{1}{360}\times2.57\times7.5^2\times\sin5.71°=0.040\text{kN}\cdot\text{m}$

1/3 跨：$M_y=-\frac{1}{90}q_x l^2=-\frac{1}{90}ql^2\sin\alpha=-\frac{1}{90}\times2.57\times7.5^2\times\sin5.71°=-0.16\text{kN}\cdot\text{m}$

檩条受弯强度验算：

冷弯薄壁 C 型钢 C250×70×20×3.0 的截面特性为：$I_x=1013.01\text{cm}^4$，$W_{nx}=81.04\text{cm}^3$，$W_{ny}=12.82\text{cm}^3$，由于设有两根拉条，且 $q_y<\frac{q_x}{3.5}$，则采用跨中的弯矩 $M_y=0.04\text{kN}\cdot\text{m}$，则 $\frac{M_x}{W_{nx}}+\frac{M_y}{W_{ny}}=\frac{17.80\times10^6}{81.04\times10^3}+\frac{0.04\times10^6}{12.82\times10^3}=222.7\text{N/mm}^2<f=310\text{N/mm}^2$，满足！

檩条的挠度验算：

由于设有拉条，只验算垂直于屋面坡度的挠度即可。

考虑荷载的组合系数，恒载+活载+0.9 积灰进行荷载标准值的组合，则

$$q_y'=(0.26+0.5+0.9\times0.5)\times1.5\times\cos5.71°=1.81\text{kN/m}$$

$$\frac{w}{l}=\frac{5q_y'l^3}{384EI_x}=\frac{5\times1.81\times7500^3}{384\times2.06\times10^5\times1013.01\times10^4}=\frac{1}{210}<\frac{1}{200}，满足。$$

设计钢屋架时，应考虑以下四种组合：

(1) 全跨永久荷载+全跨可变荷载：

全跨节点永久荷载及可变荷载：

$$F=(0.79+1.4)\times1.5\times7.5=24.64\text{kN}$$

(2) 全跨永久荷载+半跨可变荷载：

全跨节点永久荷载：

$$F_1=0.79\times1.5\times7.5=8.89\text{kN}$$

半跨节点可变荷载：

$$F_2=1.4\times1.5\times7.5=15.75\text{kN}$$

(3) 全跨屋架包括支撑+半跨屋面板重和活荷载：

全跨节点屋架和支撑自重：

$$F_3=0.48\times1.5\times7.5=5.4\text{kN}$$

半跨节点屋面板重和活荷载：

$$F_4=(0.16+0.7)\times1.5\times7.5=9.68\text{kN}$$

(4) 竖向地震作用效应和其他荷载效应组合：

$$G=0.66\times1.5\times7.5=7.43\text{kN}$$

$$G_E=7.43+0.5\times0.4\times1.5\times7.5+0.5\times0.5\times1.5\times7.5=12.49\text{kN}$$

$$F_{Evk}=12.49\times0.1=1.249\text{kN}$$

全跨节点地震作用和其他荷载效应的组合：

$$F_5=1.2\times7.43+1.3\times1.249=10.54\text{kN}$$

(5) 由于是轻屋面，考虑风吸力的作用：

风荷载标准值：$\omega_k=\beta_z\mu_s\mu_z\omega_0=0.45\times0.6\times1=0.27\text{kN/m}^2$，由图 7-6 得，$\mu_s=-0.6$

考虑 1.0 恒荷载+1.4 风荷载（风吸力）的荷载组合，风吸力结果为：

$$F_f=1.0\times(0.26+0.4)-0.27\times1.4=0.282\text{kN/m}^2$$

由于风吸力为 0.282kN/m²，非常小，可以忽略。

荷载组合中，(1)、(2) 为使用荷载情况，(3) 为施工阶段荷载情况。

图 7-6　厂房的体型系数

2. 内力计算

桁架在上述四种荷载组合作用下的计算简图见图 7-7。

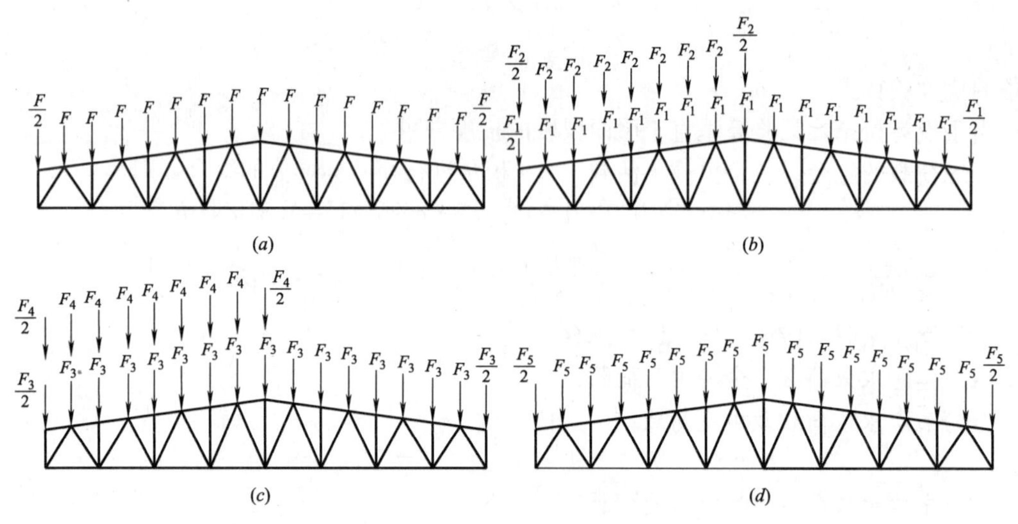

图 7-7　荷载组合作用下的计算简图

(a) 全跨节点永久荷载；(b) 半跨节点可变荷载；(c) 全跨节点屋架和支撑自重；

(d) 全跨节点地震作用和其他荷载效应的组合

采用软件，先计算桁架各杆件的内力系数（$F=1$ 作用于全跨、左半跨和右半跨）。然后求出各种荷载情况下的内力进行组合，计算结果见表 7-2。

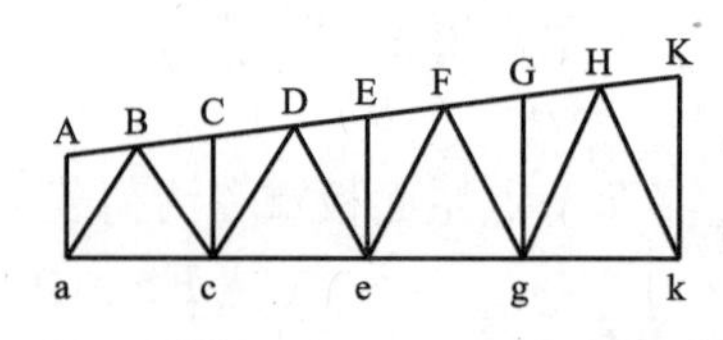

杆件内力组合　　表 7-2

杆件名称		内力系数(F=1)			第一种组合	第二种组合		第三种组合		第四种组合	计算杆件内力(kN)
		全跨①	左半跨②	右半跨③	F×①	F_1×①+F_2×②	F_1×①+F_2×③	F_3×①+F_4×②	F_3×①+F_4×③	F_5×①	
上弦杆	AB	0	0	0	0	0	0	0	0	0	0
	BCCD	−8.659	−6.198	−2.461	−213.4	−174.6	−115.7	−106.8	−70.6	−91.27	−213.4

续表

杆件名称		内力系数(F=1)			第一种组合	第二种组合		第三种组合		第四种组合	计算杆件内力(kN)
		全跨①	左半跨②	右半跨③	F×①	F_1×①+F_2×②	F_1×①+F_2×③	F_3×①+F_4×②	F_3×①+F_4×③	F_5×①	
上弦杆	DEEF	−13.460	−8.992	−4.468	−331.7	−261.3	−190.0	−159.7	−115.9	−141.9	−331.7
	FGGH	−15.188	−9.128	−6.060	−374.2	−278.8	−230.5	−170.4	−140.7	−160.1	−374.2
	HK	−14.706	−7.353	−7.353	−362.4	−246.5	−246.5	−150.6	−150.6	−155.0	−362.4
下弦杆	ac	+4.678	+3.438	+1.240	115.3	95.7	61.1	58.5	37.3	49.3	115.3
	ce	+11.452	+7.945	+3.507	282.2	226.9	157.0	138.7	95.8	120.7	282.2
	eg	+14.567	+9.288	+5.297	358.9	275.8	212.9	168.6	129.9	153.5	358.9
	gk	+15.101	+8.399	+6.702	372.1	266.5	239.8	162.8	146.4	159.2	372.1
斜杆	aB	−8.813	−6.477	−2.336	−217.2	−180.4	−115.1	−110.3	−70.2	−92.9	−217.2
	Bc	+6.862	+4.756	+2.106	169.1	135.9	94.2	83.1	57.4	72.3	169.1
	cD	−5.450	−3.417	−2.033	−134.3	−102.3	−80.5	−62.5	−49.1	−57.4	−134.3
	De	+3.699	+1.908	+1.791	91.1	62.9	61.1	38.4	37.3	39.0	91.1
	eF	−2.467	−0.720	−1.747	−60.8	−33.3	−49.4	−20.3	−30.2	−26.0	−60.8
	Fg	+1.125	−0.435	+1.560	27.7	3.2	34.6	1.9	21.2	11.9	34.6
	gH	+0.012	+1.544	−1.532	0.3	24.4	−24.0	15.0	−14.8	0.13	−24.0 +24.4
	Hk	−1.071	−2.455	+1.384	−26.4	−48.2	12.3	−29.5	7.6	−11.3	−48.2 +12.3
竖杆	Aa	−0.55	−0.55	0	−13.6	−13.6	−4.9	−8.3	−3.0	−5.8	−13.6
	CcEe Gg	−1	−1	0	−24.6	−24.6	−8.9	−15.1	−5.4	−10.5	−24.6
	Kk	+2.048	+1.024	+1.024	50.5	34.3	34.3	21.0	21.0	21.6	50.5
支座反力 R		8	6.052	1.975	197.1						

注：F=24.64kN，F_1=8.89kN，F_2=15.75kN，F_3=5.4kN，F_4=9.68kN，F_5=10.54kN。

7.6.4 杆件设计

1. 上弦杆截面设计

上弦杆均按最大内力设计，归并为一种截面。

上弦杆的最大内力在FG、GH节间，最大内力为 $N=-374.2$ kN$=-374200$N

上弦杆计算长度：在桁架平面内，节间轴线长度 $l_{ox}=1508$mm；在桁架平面外，根据支撑布置和内力变化，取 $l_{oy}=3\times1508=4524$mm。

因为 $l_{oy}>l_{ox}$，故截面宜选两个不等肢角钢，短肢相拼，如图7-8所示。腹杆最大内力 $N=-217.2$kN，查表可知，节点板厚度选用8mm，支座节点板厚度选用10mm。

设 $\lambda=60$，查得 $\varphi=0.807$，需要截面面积：

$$A=\frac{N}{\varphi f}=\frac{374200}{0.807\times215}=2157\text{mm}^2$$

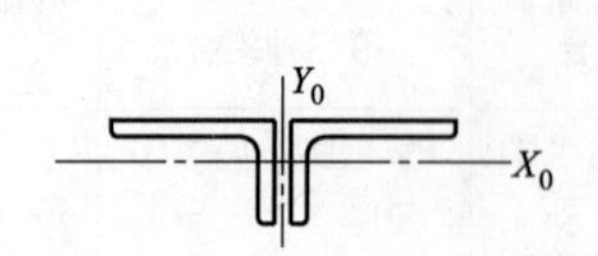

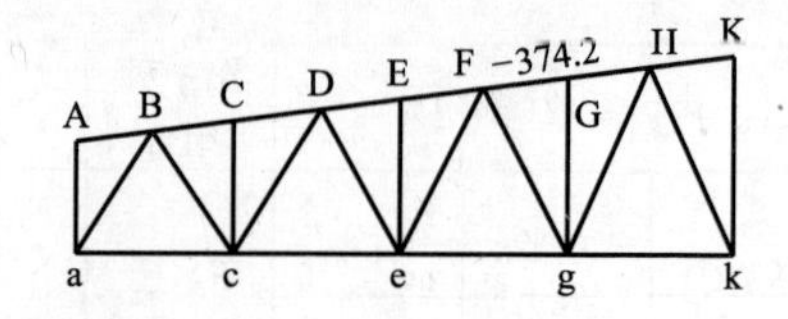

图 7-8 上弦杆截面

需要的回转半径：$i_x=\frac{l_{ox}}{\lambda}=\frac{1508}{60}=25.1\text{mm}$，$i_y=\frac{l_{oy}}{\lambda}=\frac{4524}{60}=75.4\text{mm}$

根据需要的 A、i_x、i_y查角钢规格表，选用 2∟100×63×10，$A=30.934\text{cm}^2$，$i_x=1.75\text{cm}$，$i_y=4.94\text{cm}$，按所选角钢进行验算：

$\lambda_x=\frac{l_{ox}}{i_x}=\frac{150.8}{1.75}=86.2<[\lambda]=150$，满足。

$\lambda_y=\frac{l_{oy}}{i_y}=\frac{452.4}{4.94}=91.6<[\lambda]=150$，满足。

由于 $\lambda_y>\lambda_x$，需求 $\varphi_r=0.610$

$\frac{N}{\varphi_y A}=\frac{374200}{0.610\times3093.4}=198.3<215\text{N/mm}^2$，满足。

2. 下弦杆截面设计

下弦杆均按最大内力设计，归并为一种截面。

下弦杆的最大内力在 gk 节间，最大内力为 $N=372.1\text{kN}=372100\text{N}$

下弦杆计算长度：在桁架平面内，节间轴线长度 $l_{ox}=3000\text{mm}$；在桁架平面外，根据支撑布置和内力变化，取 $l_{oy}=6000\text{mm}$。

因为 $l_{oy}>l_{ox}$，故截面宜选两个不等肢角钢，短肢相拼，如图 7-9 所示。

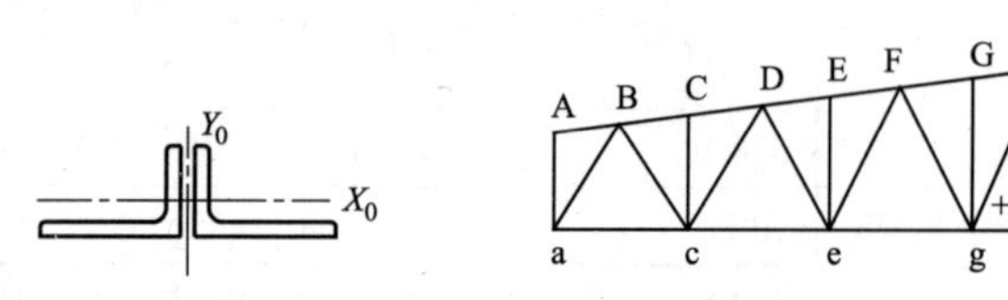

图 7-9 下弦杆截面

所需截面面积为：

$$A=\frac{N}{f}=\frac{372100}{215}=1731\text{mm}^2$$

选用 2∟100×63×6，$A=19.234\text{cm}^2$，按所选角钢进行验算：

$A=1923.4\text{mm}^2>1731\text{mm}^2$，$i_x=1.79\text{cm}$，$i_y=4.92\text{cm}$，则长细比：

$\lambda_x=\frac{l_{ox}}{i_x}=\frac{300}{1.79}=167.6<[\lambda]=350$，满足。

$\lambda_y=\frac{l_{oy}}{i_y}=\frac{600}{4.92}=122.0<[\lambda]=350$，满足。

3. 斜杆截面设计

(1) 端斜杆 aB 截面设计

aB 杆件的最大内力为 $N=-217.2\text{kN}=-217200\text{N}$

下弦杆计算长度：在桁架平面内，为端斜杆，取节间轴线长度 $l_{ox}=2543\text{mm}$；在桁架平面外，$l_{oy}=2543\text{mm}$。因为 $l_{oy}=l_{ox}$，故截面宜选两个不等肢角钢，长肢相拼，使 $i_x \approx i_y$，如图 7-10 所示。

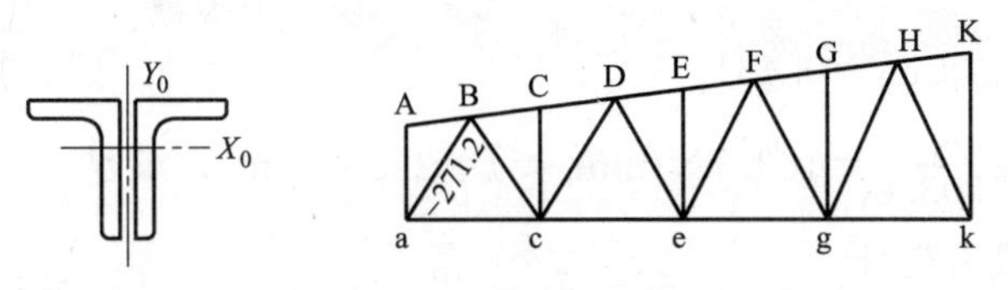

图 7-10　端部斜杆截面

设 $\lambda=80$，查得 $\varphi=0.688$，需要的截面面积：

$$A=\frac{N}{\varphi f}=\frac{217200}{0.688\times 215}=1468\text{mm}^2$$

需要的回转半径：

$$i_x=i_y=\frac{l_{ox}}{\lambda}=\frac{2543}{80}=31.8\text{mm}$$

根据需要的 A、i_x、i_y 查角钢规格表，选用 2∟75×50×10，$A=23.18\text{cm}^2$，$i_x=2.33\text{cm}$，$i_y=2.31\text{cm}$，按所选角钢进行验算：

$\lambda_x=\frac{l_{0x}}{i_x}=\frac{254.3}{2.33}=109.1<[\lambda]=150$，满足。

$\lambda_y=\frac{l_{oy}}{i_y}=\frac{254.3}{2.31}=110.1<[\lambda]=150$，满足。

由于 $\lambda_x<\lambda_y$，需求 $\varphi_y=0.492$

$\frac{N}{\varphi_y A}=\frac{217200}{0.492\times 2318.0}=190.5\text{N/mm}^2<f=215\text{N/mm}^2$ 满足！

(2) 腹杆 cD

cD 杆件的最大内力：$N_{cd}=-134.3\text{kN}=-134300\text{N}$

腹杆计算长度：在桁架平面内，节间轴线长度 $l_{ox}=0.8\times 2878=2302\text{mm}$；在桁架平面外，$l_{oy}=2878\text{mm}$。因为 $l_{oy}=1.25l_{ox}$，故截面宜选两个等肢角钢，使 $i_x \approx (1.3\sim 1.5)i_y$，如图 7-11 所示。

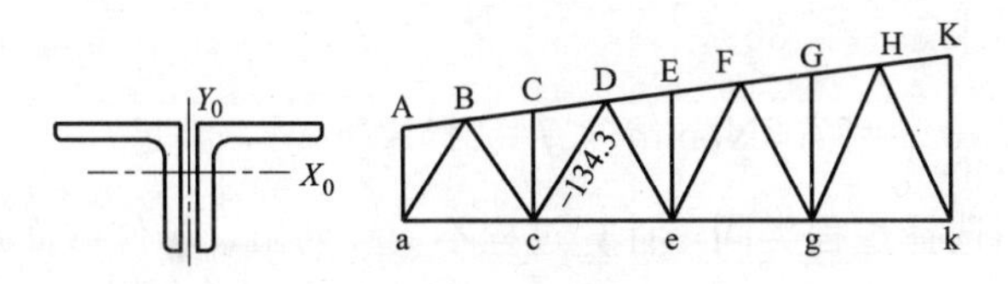

图 7-11　cD 截面

设 $\lambda=80$，查得 $\varphi=0.688$，需要的截面面积：

$$A=\frac{N}{\varphi f}=\frac{134300}{0.688\times 215}=908\text{mm}^2$$

需要的回转半径：$i_x=\frac{l_{ox}}{\lambda}=\frac{2302}{80}=28.8\text{mm}$，$i_y=\frac{l_{oy}}{\lambda}=\frac{2878}{80}=36.0\text{mm}$

根据需要的 A、i_x、i_y 查角钢规格表，选用 2∟63×8，$A=1903.0\text{mm}^2$，$i_x=$

1.90cm，i_y=3.03cm，按所选角钢进行验算：

$$\lambda_x=\frac{l_{ox}}{i_x}=\frac{230.2}{1.90}=121.2<[\lambda]=150$$，满足。

$$\lambda_y=\frac{l_{oy}}{i_y}=\frac{287.8}{3.03}=95.0<[\lambda]=150$$，满足。

由于$\lambda_x>\lambda_y$，需求$\varphi_x=0.431$

$\frac{N}{\varphi_x A}=\frac{134300}{0.431\times1903.0}=163.7\text{N/mm}^2<f=215\text{N/mm}^2$，满足。

4. 竖杆Cc的截面设计

竖杆Cc杆件的最大内力：$N=-24.6\text{kN}=-24600\text{N}$

竖杆计算长度：在桁架平面内，节间轴线长度l_{ox}=1840mm；在桁架平面外，l_{oy}=2300mm。因为$l_{oy}=1.25l_{ox}$，故截面宜选两个不等肢角钢，使$i_x\approx(1.3\sim1.5)i_y$，如图7-12所示。

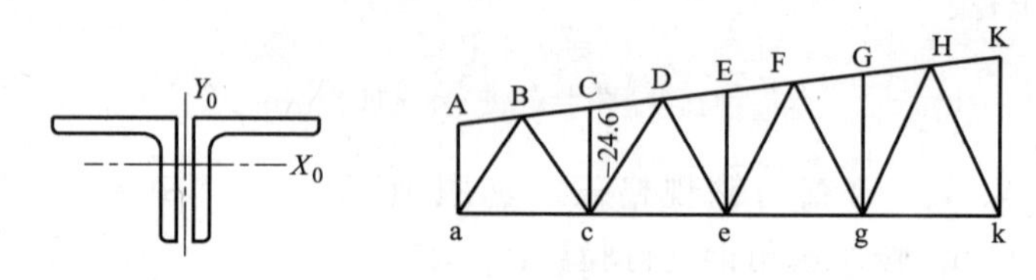

图7-12　Cc截面

由于杆件内力较小，设$\lambda=150$，查得$\varphi=0.248$，需要的截面面积：

$$A=\frac{N}{\varphi f}=\frac{24600}{0.248\times215}=461.4\text{mm}^2$$

需要的回转半径：$i_x=\frac{l_{ox}}{\lambda}=\frac{1840}{150}=12.3\text{mm}$，$i_y=\frac{l_{oy}}{\lambda}=\frac{2300}{150}=15.3\text{mm}$

根据需要的A、i_x、i_y查角钢规格表，选用2∟45×5，A=858.4mm²，i_x=1.37cm，i_y=2.26cm按所选角钢进行验算：

$\lambda_x=\frac{l_{ox}}{i_x}=\frac{184.0}{1.37}=134.3<[\lambda]=150$，满足。

$\lambda_y=\frac{l_{oy}}{i_y}=\frac{230}{2.26}=101.8<[\lambda]=150$，满足。

由于$\lambda_x>\lambda_y$，需求$\varphi_x=0.369$，

$\frac{N}{\varphi_x A}=\frac{24600}{0.369\times858.4}=77.7\text{N/mm}^2<f=215\text{N/mm}^2$，满足。

其余杆件的截面选择过程类同，计算过程不一一列出，杆件截面选择结果见表7-3。

杆件截面选择表　　　　**表7-3**

杆件		内力设计值(kN)	几何长度(mm)	计算长度(mm)		截面形式及规格	截面面积A(mm²)	回转半径(mm)		长细比		稳定系数		应力设计值σ(N/mm²)
				l_{ox}	l_{oy}			i_x	i_y	λ_x	λ_y	φ_x	φ_y	
弦杆	AK	−374.2	1508	1508	3016	2∟100×63×10(短肢相拼)	3093.4	17.5	50.2	86.2	60.1	0.647		173.5
	ak	+372.1	3000	3000	11850	2∟100×63×6(短肢相拼)	1923.4	17.9	49.2	167.6	240.8	—	—	193.5

续表

杆件		内力设计值(kN)	几何长度(mm)	计算长度(mm)		截面形式及规格	截面面积 A(mm²)	回转半径(mm)		长细比		稳定系数		应力设计值 σ (N/mm²)
				l_{ox}	l_{oy}			i_x	i_y	λ_x	λ_y	φ_x	φ_y	
斜杆	aB	−217.2	2543	2543	2543	2∟75×50×10（长肢相拼）	2318.0	23.3	23.1	109.1	110.1		0.492	190.3
	Bc	+169.1	2616	2093	2616	2∟45×5	858.4	13.7	22.6	152.8	115.8	—	—	197.0
	cD	−134.3	2878	2302	2878	2∟63×8	1903.0	19.0	30.3	121.2	95.0	0.431		163.7
	De	+91.1	2867	2294	2867	2∟45×5	858.4	13.7	22.6	167.4	126.9	—	—	106.1
	eF	−60.8	3138	2510	3138	2∟63×8	1903.0	19.0	30.3	132.1	103.6	0.378		84.6
	Fg	+34.6	3127	2502	3127	2∟45×5	858.4	13.7	22.6	182.7	138.4	—	—	40.3
	gH	{−24.0 +24.4	3404	2723	3404	2∟63×8	1903.0	19.0	30.3	143.3	112.3	0.332		−38.0 +12.8
	Hk	{−48.2 +12.3	3393	2714	3393	2∟63×8	1903.0	19.0	30.3	142.8	112.0	0.334		−75.9 +6.5
竖杆	Aa	−13.6	2015	2015	2015	2∟45×5	858.4	13.7	22.6	147.1	89.2	0.318		49.8
	Cc	−24.6	2300	1840	2300	2∟45×5	858.4	13.7	22.6	134.3	101.8	0.369		77.8
	Ee	−24.6	2600	2080	2600	2∟63×8	1903.0	19.0	30.3	109.5	85.8	0.496		26.1
	Gg	−24.6	2900	2320	2900	2∟63×8	1903.0	19.0	30.3	122.1	95.7	0.427		30.3
	Kk	+50.5	3200	斜平面 2880		╋45×5	858.4	i_{min}=17.2		λ_{max}=167.4		—	—	58.8

注：f=215N/mm²；[λ]=150（压杆）、350（拉杆）。

5. 垫板的截面选择

为了保证两个角钢组成的杆件共同作用，应在两角钢相并肢之间，每隔一定距离设置垫板，并与角钢焊接。垫板厚度与节点板相同，为 8mm；宽度一般取 50～80mm，本设计取 60mm；长度应比角钢肢宽大 15～20mm，以便于角钢焊接。垫板间距在受压杆件中不大于 40 i，在受拉杆件中不大于 80 i（i 为一个角钢最小回转半径）。在杆件的计算长度范围内至少设置两块垫板，如果只在中央设置一块，则垫板处剪力为零而不起作用。各杆件的垫板数量见表 7-5。

7.6.5 节点设计

表 7-4 为下弦一般节点计算表。

表 7-6 为上弦一般节点计算表。

表 7-7 为腹杆焊缝计算表，焊缝最小构造尺寸为 5-60mm。

下弦一般节点计算表　　表 7-4

节点	N_1(kN)	N_2(kN)	ΔN(kN)	放样焊缝 l_w(mm)	$\tau_f=\dfrac{k_1\Delta N}{2\times0.7h_f(l_w-10)}$	说　明
c	+115.3	+282.2	166.9	390	47.1	h_f=5mm 肢尖焊缝的应力变小， 定能满足要求。 f_f^w=160N/mm²
e	+282.2	+358.9	76.7	300	28.3	
g	+358.9	+372.1	13.2	320	4.6	

各杆件垫板截面选择 表 7-5

杆件		内力设计值(kN)	几何长度(mm)	计算长度(mm)	截面面积 $A(mm^2)$	最小回转半径 i (mm)	垫板的数量	垫板间的间距(mm)	垫板间的间距允许值 $40i$ 或 $80i$(mm)
弦杆	AK	−374.2	1508	1508	2∟100×63×10（短肢相拼）	31.5	8	750	1260
	ak	+372.1	3000	3000	2∟100×63×6（短肢相拼）	32.1	4	1500	2568
斜杆	aB	−217.2	2543	2543	2∟75×50×10（长肢相拼）	13.8	3	500	552
	Bc	+169.1	2616	2093	2∟45×5	13.7	2	800	1096
	cD	−134.3	2878	2302	2∟63×8	19.0	3	600	760
	De	+91.1	2867	2294	2∟45×5	13.7	2	800	1096
	eF	−60.8	3138	2510	2∟63×8	19.0	3	650	760
	Fg	+34.6	3127	2502	2∟45×5	13.7	2	900	1096
	gH	{−24.0 +24.4	3404	2723	2∟63×8	19.0	3	700	760
	Hk	{−48.2 +12.3	3393	2714	2∟63×8	19.0	3	700	760
竖杆	Aa	−13.6	2015	2015	2∟45×5	13.7	2	500	548
	Cc	−24.6	2300	1840	2∟45×5	13.7	3	500	548
	Ee	−24.6	2600	2080	2∟63×8	19.0	3	550	760
	Gg	−24.6	2900	2320	2∟63×8	19.0	3	600	760
	Kk	+50.5	3200	2880	┼45×5	8.8	5	500	704

上弦一般节点计算表 表 7-6

节点	ΔN(kN)	l_w(mm)	$\sigma_f=\frac{P/1.22}{2\times0.7h_f'l_w'}$	$\tau_f^N=\frac{\Delta N}{2\times0.7h_f''l_w''}$	$\sigma_f^M=\frac{6M}{2\times0.7h_f''l_w''^2}$	$\sqrt{(\tau_f^N)^2+\left(\frac{\sigma_f^M}{1.22}\right)^2}$	说　明
B	213.4	295	9.9	103.3	100.9	132.3	$h_f=5mm$ $\sigma_f<0.8f_f^w$ $\sqrt{(\tau_f^N)^2+\left(\frac{\sigma_f^M}{1.22}\right)^2}<f_f^w=160N/mm^2$
D	118.3	225	12.8	75.1	96.1	108.9	
F	42.5	195	14.7	31.1	46.0	48.9	
H	11.8	205	14.1	8.2	11.6	12.5	

腹杆焊缝计算表 **表 7-7**

杆件		内力设计值 N(kN)	需要焊缝(mm²) $h_{f1}l_{w1}=\frac{N}{320}$ $\left(\frac{N}{344.6}\right)$	需要焊缝(mm²) $h_{f2}l_{w2}=\frac{N}{746.7}$ $\left(\frac{N}{640}\right)$	采用焊缝(mm)(计算时 l_w 按值－10mm) $h_{f1}-l_{w1}$	采用焊缝(mm)(计算时 l_w 按值－10mm) $h_{f2}-l_{w2}$	双角钢角焊缝计算公式 ($f_f^w=160\text{N/mm}^2$)
斜杆	aB	－217.2	(630)	(339)	6-120	5-80	角钢背： $h_{f1}l_{w1}=\frac{k_1N}{2\times0.7f_f^w}=\frac{N}{224/k_1}$ 角钢尖： $h_{f2}l_{w2}=\frac{k_2N}{2\times0.7f_f^w}=\frac{N}{224/k_2}$ k_1 k_2 等边角钢 0.7 0.3 不等边角钢长边连接 0.65 0.35 不等边角钢短边连接 0.75 0.25 $h_{f1}l_{w1}$ $h_{f2}l_{w2}$ 等边角钢 $\frac{N}{320}$ $\frac{N}{746.7}$ 不等边角钢长边连接 $\frac{N}{344.6}$ $\frac{N}{640}$ 不等边角钢短边连接 $\frac{N}{298.7}$ $\frac{N}{896}$ (“－”表示 $h_fl_w<250\text{mm}^2$ 用角钢焊缝 5-60mm)
	Bc	＋169.1	528		6-110	—	
	cD	－134.3	420		5-110	—	
	De	＋91.1	—		—	—	
	其他	＜80	—		—	—	
竖杆	所有	＜80	—		—	—	

1. 下弦一般节点“c”

下弦一般节点“c”如图 7-13 所示。

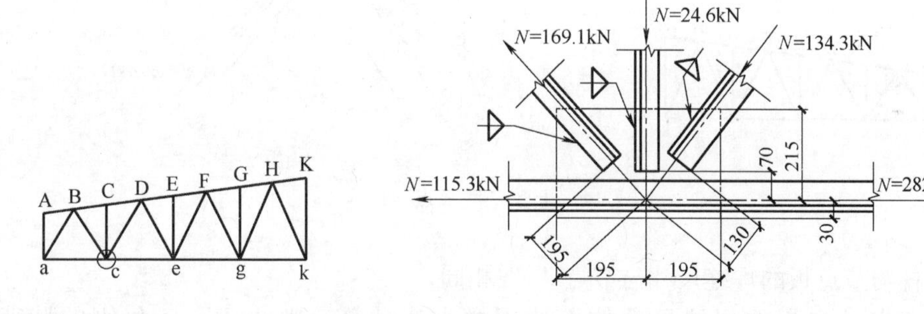

图 7-13 下弦一般节点“c”

这类节点的设计步骤是：先根据腹杆的内力，计算腹杆与节点板连接焊缝的尺寸，即表 7-7 所示的内容，然后再根据 l_w 的大小，按比例绘出节点板的形状和尺寸，最后验算下弦杆与节点板的连接焊缝，即表 7-4 内容。

“Bc”杆角钢的肢背和肢尖：

$$h_{f1}l_{w1}=\frac{k_1N}{2\times0.7f_f^w}=\frac{N}{224/k_1}=\frac{169100\times0.7}{224}=528\text{mm}^2\text{，则取 }h_{f1}=6\text{mm，}l_{w1}=110\text{mm}$$

$$h_{f2}l_{w2}=\frac{k_2N}{2\times0.7f_f^w}=\frac{N}{224/k_2}=\frac{169100\times0.3}{224}=227\text{mm}^2\text{，则取 }h_{f2}=5\text{mm，}l_{w2}=60\text{mm}$$

“cD”杆角钢的肢背和肢尖：

$$h_{f1}l_{w1}=\frac{k_1N}{2\times0.7f_f^w}=\frac{N}{224/k_1}=\frac{134300\times0.7}{224}=420\text{mm}^2\text{，则取 }h_{f1}=5\text{mm，}l_{w1}=100\text{mm}$$

$$h_{f2}l_{w2}=\frac{k_2N}{2\times0.7f_f^w}=\frac{N}{224/k_2}=\frac{134300\times0.3}{224}=180\text{mm}^2\text{，则取 }h_{f2}=5\text{mm，}l_{w2}=60\text{mm}$$

“Cc”杆的内力很小，焊缝尺寸可按构造确定，取焊缝焊脚尺寸 $h_f=5$mm。

根据上面求得的焊缝长度，并考虑杆件之间应有的间隙以及制作和装配等误差，按比例绘出节点详图，从而确定节点板尺寸为 390mm×245mm。

验算下弦杆与节点板连接焊缝强度：下弦与节点板连接的焊缝长度 390mm，$h_f=5$mm 。焊缝所受的力为左右两下弦杆的内力差 $\Delta N=N_1-N_2=282.2-115.3=166.9$kN，受力较大的肢背处焊缝应力为：

$$\tau_f=\frac{k_1\Delta N}{2\times0.7h_f(l_w-2h_f)}=\frac{0.75\times166900}{2\times0.7\times5\times(390-10)}=47.1\text{N/mm}^2<f_f^w=160\text{N/mm}^2$$

焊缝强度满足要求。

2. 上弦一般节点“B”

上弦一般节点“B”如图 7-14 所示。

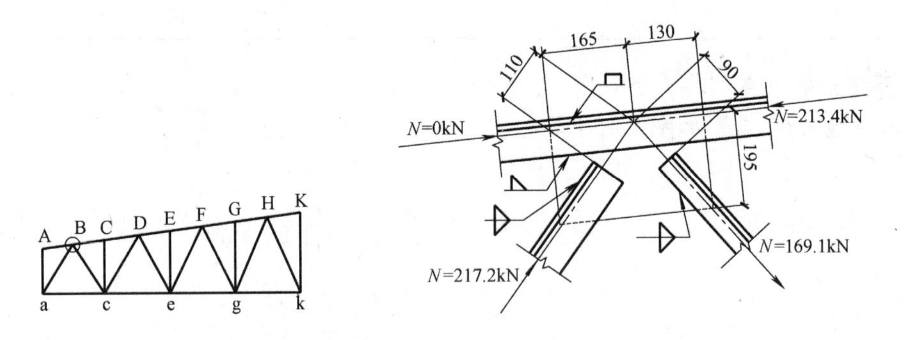

图 7-14　上弦一般节点“B”

“Bc”杆与节点板的焊缝尺寸与节点“c”相同。

“aB”杆与节点板的焊缝尺寸按上述同样方法计算，则“aB”杆角钢的肢背和肢尖：

$$h_{f1}l_{w1}=\frac{k_1N}{2\times0.7f_f^w}=\frac{N}{224/k_1}=\frac{217200\times0.65}{224}=630\text{mm}^2\text{，则取 }h_{f1}=6\text{mm，}l_{w1}=120\text{mm}$$

$$h_{f2}l_{w2}=\frac{k_2N}{2\times0.7f_f^w}=\frac{N}{224/k_2}=\frac{217200\times0.35}{224}=339\text{mm}^2\text{，则取 }h_{f2}=5\text{mm，}l_{w2}=80\text{mm}$$

为了便于在上弦上搁置檩托，节点板的上边缘可缩进上弦肢背 8mm。用塞焊缝把上弦角钢和节点板连接起来。塞焊缝作为两条角焊缝计算，焊缝强度设计值应乘以 0.8 的折减系数。计算时可略去桁架上弦坡度的影响，而假定集中荷载 P 与上弦垂直，节点荷载由塞焊缝承受，上弦两相邻节间内力差由角钢肢尖焊缝承受。

同样方法确定节点板的尺寸，可知上弦与节点板间焊缝长度为 295mm。

验算焊缝的强度，上弦肢背塞焊缝内的应力为：

$\sigma_{\mathrm{f}}=\dfrac{P/1.22}{2\times0.7h'_{\mathrm{f}}l'_{\mathrm{w}}}=\dfrac{24640}{1.22\times2\times0.7\times5\times295}=9.9\mathrm{N/mm^2}<0.8f_{\mathrm{f}}^{\mathrm{w}}=0.8\times160=128\mathrm{N/mm^2}$

肢尖焊缝内的应力为：

$$\tau_{\mathrm{f}}^{\mathrm{N}}=\frac{\Delta N}{2\times0.7h''_{\mathrm{f}}l''_{\mathrm{w}}}=\frac{213400}{2\times0.7\times5\times295}=103.3\mathrm{N/mm^2}$$

$$\sigma_{\mathrm{f}}^{\mathrm{M}}=\frac{6M}{2\times0.7h''_{\mathrm{f}}l''^{2}_{\mathrm{w}}}=\frac{6\times213400\times48}{2\times0.7\times5\times295^2}=100.9\mathrm{N/mm^2}$$

$$\sqrt{(\tau_{\mathrm{f}}^{\mathrm{N}})^2+\left(\frac{\sigma_{\mathrm{f}}^{\mathrm{M}}}{1.22}\right)^2}=\sqrt{103.3^2+\left(\frac{100.9}{1.22}\right)^2}=132.3\mathrm{N/mm^2}<f_{\mathrm{f}}^{\mathrm{w}}=160\mathrm{N/mm^2}$$

焊缝强度满足要求。

3. 下弦中央拼接节点

下弦中央拼接节点如图 7-15 所示。

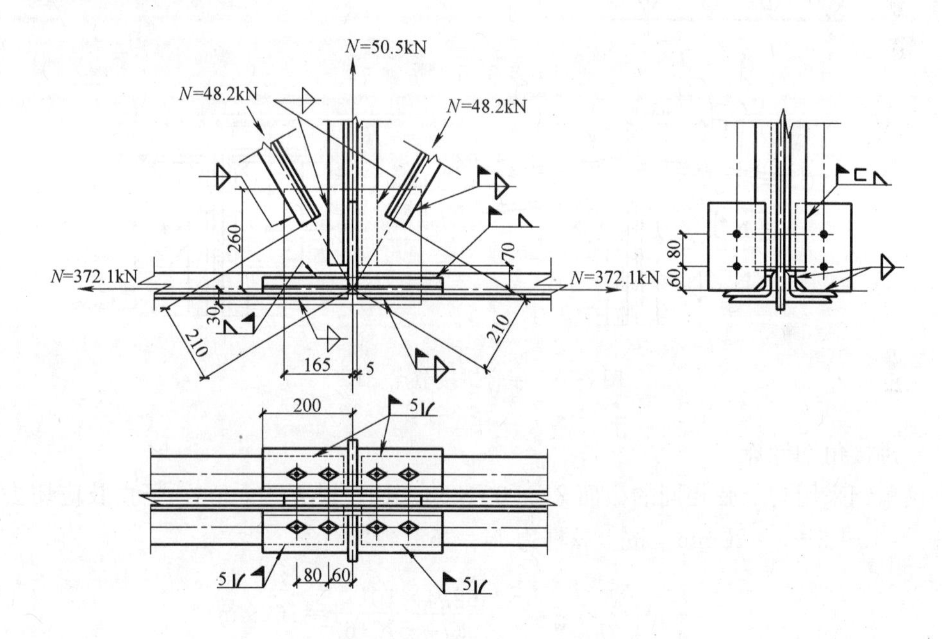

图 7-15　下弦中央拼接节点

(1) 拼接角钢计算

因节点两侧下弦杆力相等，故用一侧杆力 $N=+372.1\mathrm{kN}$ 计算。拼接角钢采用与下弦相同截面 2∟100×63×6，下弦的焊缝焊脚尺寸 $h_{\mathrm{f}}=5\mathrm{mm}$，竖直肢应切去 $\Delta=t+h_{\mathrm{f}}+5=6+5+5=16\mathrm{mm}$，节点一侧与下弦的每条焊缝所需要的计算长度为：

$$l_{\mathrm{w}}=\frac{N}{4\times0.7h_{\mathrm{f}}f_{\mathrm{f}}^{\mathrm{w}}}=\frac{372.1\times10^3}{4\times0.7\times5\times160}=166\mathrm{mm}$$

拼接角钢需要的长度为：

$L=2(l_w+10)+10=2\times(166+10)+10=362\text{mm}$，取 $L=400\text{mm}$

（2）下弦与节点杆的连接焊缝计算

下弦与节点板的连接焊缝按 15%N 计算。取 $h_f=5\text{mm}$，节点一侧下肢弦肢背与肢尖每条焊缝所需的长度 l_1、l_2分别为：

$$l_1=\frac{k_1\times0.15N}{2\times0.7h_{f1}f_f^w}+2h_f=\frac{0.75\times0.15\times372.1\times10^3}{2\times0.7\times5\times160}+10=47.4\text{mm}，取 l_1=50\text{mm}$$

$$l_2=\frac{k_2\times0.15N}{2\times0.7h_{f2}f_f^w}+2h_f=\frac{0.25\times0.15\times372.1\times10^3}{2\times0.7\times5\times160}+10=22.4\text{mm}，取 l_2=30\text{mm}$$

从图中量得肢背、尖焊缝长度为 160mm，均满足要求。

4. 屋脊节点“K”

屋脊拼接节点“K”如 7-16 所示。

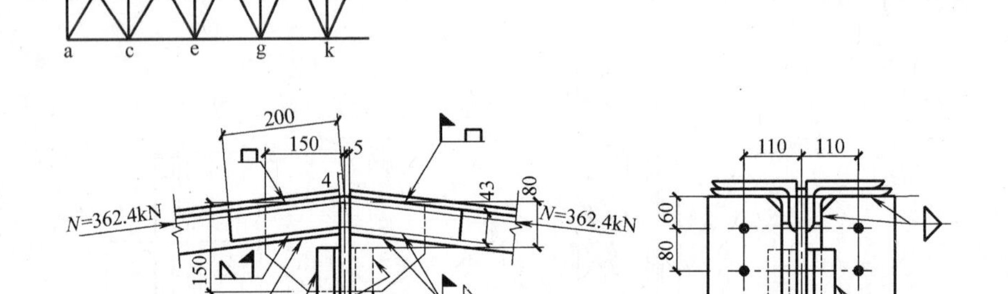

图 7-16 屋脊拼接节点“K”

（1）拼接角钢计算

拼接角钢采用与上弦相同的截面 2∟ 100×63×10。设 $h_f=5\text{mm}$，竖直肢应切去 $\Delta=t+h_f+5=10+5+5=20\text{mm}$，按上弦杆力 $N=362.4\text{kN}$ 计算。

$$l_w=\frac{N}{4\times0.7h_f f_f^w}=\frac{362.4\times10^3}{4\times0.7\times5\times160}=162\text{mm}$$

拼接角钢需要的长度为：

$L=2(l_w+10)+10=2\times(162+10)+10=354\text{mm}$，取 $L=400\text{mm}$

（2）上弦与节点板的连接焊缝计算

上弦与节点板之间的塞焊，假定承受节点荷载，可不必验算。上弦肢尖与节点板的连接焊缝应按上弦内力的 15%计算，设肢尖焊缝 $h_f=5\text{mm}$，节点板长度为 150mm，则节点一侧弦杆焊缝的计算长度>15cm，焊缝应力为：

$$\tau_f^N=\frac{0.15N}{2\times0.7h_f l_w}=\frac{0.15\times362.4\times10^3}{2\times0.7\times5\times150}=51.8\text{N/mm}^2$$

$$\sigma_f^M=\frac{6M}{2\times0.7h_f l_w^2}=\frac{6\times0.15\times362.4\times(63-15)\times10^3}{2\times0.7\times5\times150^2}=99.4\text{N/mm}^2$$

$$\sqrt{(\tau_f^N)^2+\left(\frac{\sigma_f^M}{1.22}\right)^2}=\sqrt{51.8^2+\left(\frac{99.4}{1.22}\right)^2}=96.5\text{N/mm}^2<f_f^w=160\text{N/mm}^2$$

因桁架的跨度较大，需将桁架分成两个运输单元，在屋脊节点和下弦跨中节点设置工地拼接，左半边的上弦、斜杆和竖杆与节点板连接用工厂焊缝，而右半边的上弦、斜杆和节点板的连接用工地焊缝。

5. 上弦支座节点与竖杆节点“A”

这两个节点的弦杆内力或节点两边弦杆内力差值均等于零，因此弦杆肢背焊缝节点力可不必验算，肢尖焊缝也不受力，采用构造焊缝。

6. 支座节点“a”

支座节点“a”如图 7-17 所示。

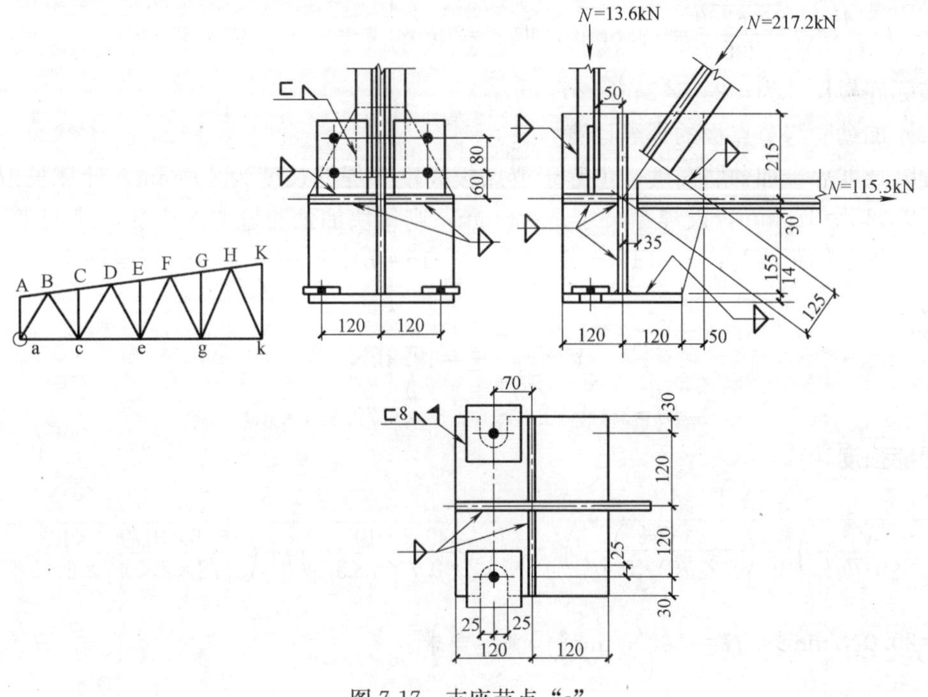

图 7-17　支座节点“a”

(1) 底板计算

底板承受屋架支座反力 $R=197.1\text{kN}$，柱采用 C25 混凝土的轴心抗压强度设计值 $f_c=11.9\text{N/mm}^2$。底板需要净截面面积为：

$$A_n=\frac{R}{f_c}=\frac{197.1\times10^3}{11.9}=16563\text{mm}^2$$

锚栓直径采用 $d=25\text{mm}$，栓孔面积为：

$$\Delta A=50\times30\times2+25^2\times\pi=4963\text{mm}^2$$

底板需要总面积为 $A_s=A_n+\Delta A=16563+4963=21526\text{mm}^2$

按构造要求底板面积取为$A=240\times240=57600\text{mm}^2>A_s$满足要求。

底板承受的实际均布反力为：

$$q=\frac{A}{A-\Delta A}=\frac{197.1\times10^3}{57600-4963}=3.74\text{N/mm}^2$$

节点板和加劲肋将底板分成四块相同的两边支承板，它们对角线长度a，及内角顶点到对角线的距离b分别为：

$$a_1=\sqrt{2\times120^2}=170\text{mm}, b_1=0.5a_1=85\text{mm}$$

$b_1/a_1=0.5$，查表得$\beta=0.058$，二相邻边支撑板单位板宽的最大弯矩为：

$$M=\beta q a_1^2=0.058\times3.74\times170^2=6269\text{N}\cdot\text{mm}$$

所需的底板厚度：

$t=\sqrt{\frac{6M}{f}}=\sqrt{\frac{6\times6269}{205}}=13.5\text{mm}$，取$t=20\text{mm}$

实际底板尺寸为$-240\times240\times20$。

(2) 加劲肋与节点板的焊缝计算

焊缝长度等于加劲肋高度，也等于节点板高度。焊缝长度为400mm，计算长度$l_w=400-10-15=375\text{mm}$，设焊脚尺寸$h_f=6\text{mm}$，则每块加劲肋近似地按受$R/4$计算。$R/4$作用点到焊缝的距离为：$e=(120-6-15)/2+15=64.5\text{mm}$，则焊缝所受剪力$V$和弯矩分别为：

$$V=\frac{197.1}{4}=49.3\text{kN}$$

$$M=Ve=49.3\times64.5=3179.9\text{N}\cdot\text{m}$$

焊缝强度计算：

$$\sqrt{\left(\frac{V}{2\times0.7h_f l_w}\right)^2+\left(\frac{6M}{1.22\times2\times0.7l_w^2}\right)^2}=\sqrt{\left(\frac{49.3\times10^3}{2\times0.7\times6\times375}\right)^2+\left(\frac{6\times3179.9\times10^3}{1.22\times2\times0.7\times6\times375^2}\right)^2}$$

$=20.0\text{N/mm}^2<f_f^w=160\text{N/mm}^2$，满足要求。

(3) 加劲肋和节点板与底板的焊缝计算

上述零件与底板连接焊缝的总计算长度为：

$$\sum l_w=2\times240+2\times(240-10-2\times15)-10\times6=820\text{mm}$$

取每块加劲肋与底板的连接焊缝的焊脚尺寸为8mm，焊缝长度如上计算$\sum l_w=820\text{mm}$

则焊缝内应力为：

$$\sigma_f=\frac{R}{1.22\times0.7h_f\sum l_w}=\frac{197.1\times10^3}{1.22\times0.7\times8\times820}=35.1\text{N/mm}^2<f_f^w=160\text{N/mm}^2,$$

满足要求。

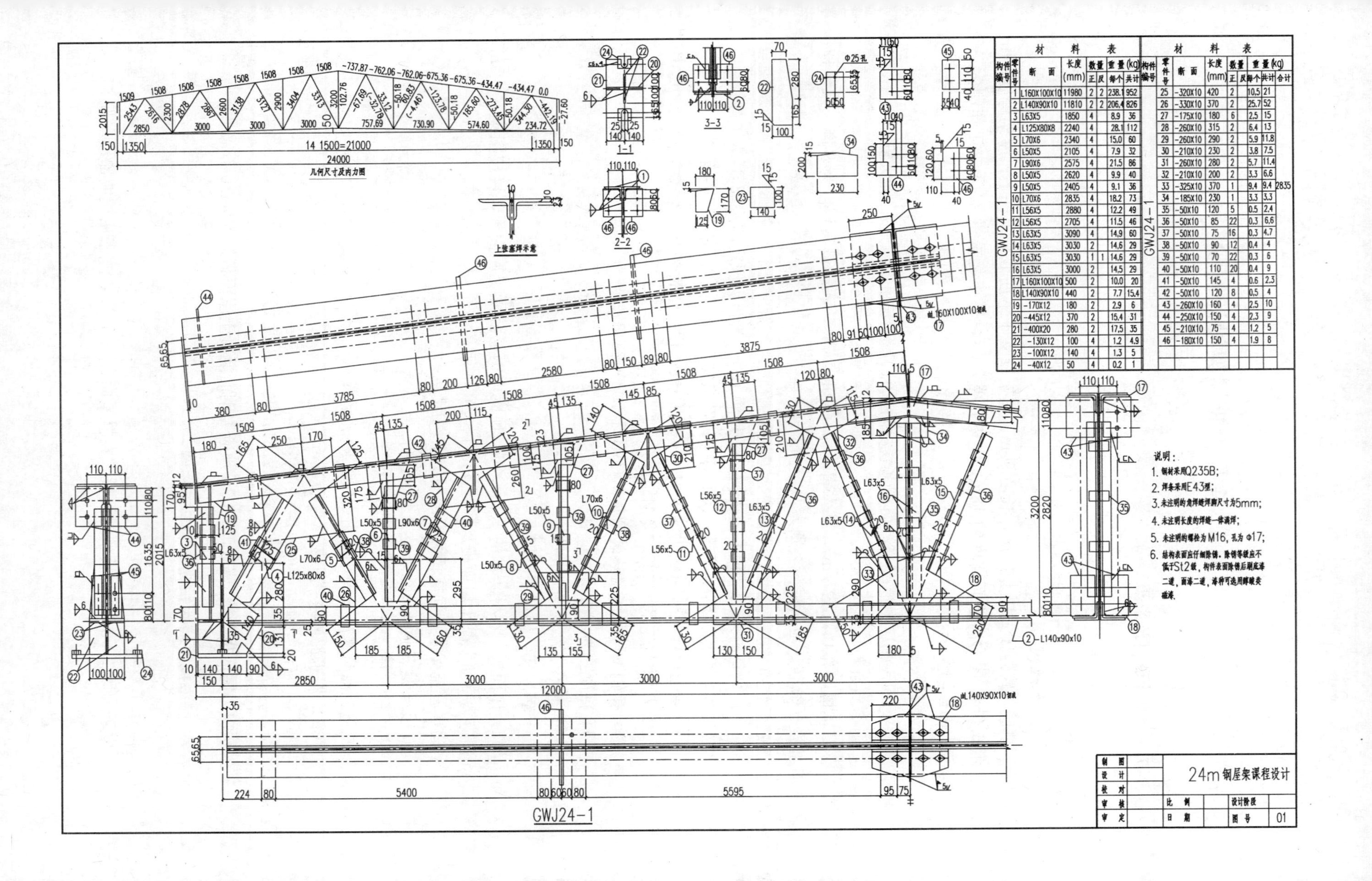

材料表

构件编号	零件号	断面	长度(mm)	数量 正	数量 反	重量(kg) 每个	重量(kg) 共计
GWJ24-1	1	L160X100X10	11980	2	2	238.1	952
	2	L140X90X10	11810	2	2	206.4	826
	3	L63X5	1850	4		8.9	36
	4	L125X80X8	2240	4		28.1	112
	5	L70X6	2340	4		15.0	60
	6	L50X5	2105	4		7.9	32
	7	L90X6	2575	4		21.5	86
	8	L50X5	2620	4		9.9	40
	9	L50X5	2405	4		9.1	36
	10	L70X6	2835	4		18.2	73
	11	L56X5	2880	4		12.2	49
	12	L56X5	2705	4		11.5	46
	13	L63X5	3090	4		14.9	60
	14	L63X5	3030	2		14.6	29
	15	L63X5	3030	1	1	14.6	29
	16	L63X5	3000	2		14.5	29
	17	L160X100X10	500	2		10.0	20
	18	L140X90X10	440	2		7.7	15.4
	19	-170X12	180	2		2.9	6
	20	-445X12	370	2		15.4	31
	21	-400X20	280	2		17.5	35
	22	-130X12	100	4		1.2	4.9
	23	-100X12	140	4		1.3	5
	24	-40X12	50	4		0.2	1

材料表

构件编号	零件号	断面	长度(mm)	数量 正	数量 反	重量(kg) 每个	重量(kg) 共计	重量(kg) 合计
GWJ24-1	25	-320X10	420	2		10.5	21	
	26	-330X10	370	2		25.7	52	
	27	-175X10	180	6		2.5	15	
	28	-260X10	315	2		6.4	13	
	29	-260X10	290	2		5.9	11.8	
	30	-210X10	230	2		3.8	7.5	
	31	-260X10	280	2		5.7	11.4	
	32	-210X10	200	2		3.3	6.6	
	33	-325X10	370	1		9.4	9.4	2835
	34	-185X10	230	1		3.3	3.3	
	35	-50X10	120	5		0.5	2.4	
	36	-50X10	85	22		0.3	6.6	
	37	-50X10	75	16		0.3	4.7	
	38	-50X10	90	12		0.4	4	
	39	-50X10	70	22		0.3	6	
	40	-50X10	110	20		0.4	9	
	41	-50X10	145	4		0.6	2.3	
	42	-50X10	120	8		0.5	4	
	43	-260X10	160	4		2.5	10	
	44	-250X10	150	4		2.3	9	
	45	-210X10	75	4		1.2	5	
	46	-180X10	150	4		1.9	8	

7.7　重屋面钢屋架设计例题

7.7.1　设计资料及说明

1. 工程地点

北京

2. 工程规模

单层单跨封闭式工业厂房，长度 90m，屋架铰支于钢筋混凝土柱上；屋架跨度 24m；柱距 6.0m；屋面离地面高度约 18m。室内正常环境，吊车起重量 20/5t，工作制为 A5，无较大的振动设备。

3. 屋面做法

Y-WB-1X 预应力混凝土屋面板（卷材防水）；屋面坡度为 1/10；无天窗。

4. 自然条件

基本风压为 0.45kN/m^2，基本雪压为 0.40kN/m^2，地震设防烈度为 8 度，基本地震加速度为 0.2g。地面粗糙类别为 B 类。

5. 材料选用

(1) 屋架钢材采用《碳素结构钢》(GB/T 700—2006) 规定的 Q235B 级镇静钢。

(2) 焊条采用《碳钢焊条》(GB/T 5117—1995) 中规定的 E43 型焊条。

(3) 普通螺栓应采用性能等级为 4.6 级 C 级螺栓。锚栓采用《碳素结构钢》(GB/T 700—2006) 中规定的 Q235B 级钢制成。

(4) 角钢型号采用《热轧型钢》(GB/T 706—2008)。

(5) 混凝土为 C25。

6. 结构及各组成构件形式

(1) 钢屋架：梯形钢屋架

(2) 屋面板：卷材防水的 1.5m×6m 预应力钢筋混凝土屋面板，可按图集《1.5m×6m 预应力钢筋混凝土屋面板》(04G410-1～2) 选用。

(3) 屋盖支撑：可从相关标准图集中选用。

7. 主要建筑构造做法及建筑设计要求

重屋面（预应力混凝土屋面板）做法：

二毡三油防水层上铺小豆石 (0.35kN/m^2)；

20mm 厚水泥砂浆找平层 (0.4kN/m^2)；

100mm 厚加气混凝土保温层 (0.6kN/m^2)；

冷底子油一道、热沥青二道 (0.05kN/m^2)；

预应力屋面板图集（《1.5m×6m 预应力钢筋混凝土屋面板》04G410-1～2）。

7.7.2　屋架形式的选定和结构平面布置

1. 屋架形式和几何尺寸

由于采用 1.5m×6m 大型屋面板和卷材屋面，i=1/10，故采用缓坡梯形屋架。

屋架计算跨度：$l_0=l-300=(24000-300)\text{mm}=23700\text{mm}$

屋架端部高度取 $H_0=2015\text{mm}$

跨中高度：$h=H_0+i\dfrac{l_0}{2}=2015+0.1\times\dfrac{23700}{2}=3200\text{mm}$

屋架高跨比 $h/l_0=\dfrac{3.2}{23.7}\approx\dfrac{1}{7.4}$，在屋架常用的高度范围以内。

屋架起拱度 $f=\dfrac{l}{500}=\dfrac{24000}{500}=48\text{mm}$，取 50mm

为使屋架上弦节点受荷，腹杆采用人字式，上弦节点水平间距取 1.5m。屋架各杆件几何尺寸如图 7-18 所示。

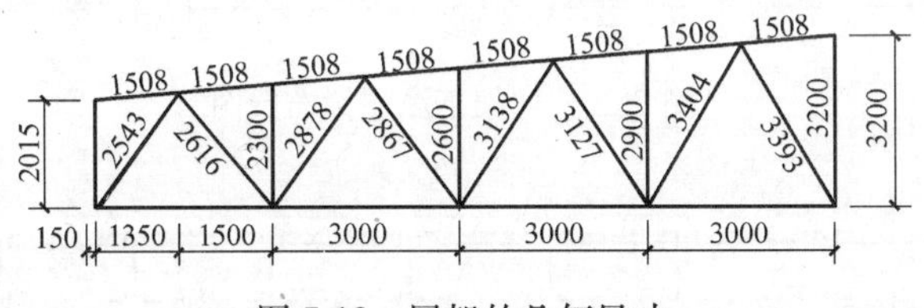

图 7-18　屋架的几何尺寸

2. *屋盖支撑布置*

根据车间长度、跨度及荷载情况，设置三道上、下弦横向水平支撑。屋脊处与下弦支座处上下弦分别设置 3 道刚性系杆，另外，上弦按照支撑位置再设 4 道系杆。在屋盖两端开间内和水平支撑节间的屋脊处与两端支座处设屋架间的垂直支撑。由于有吊车，所以设置下弦纵向水平支撑（图7-19～图 7-21）。

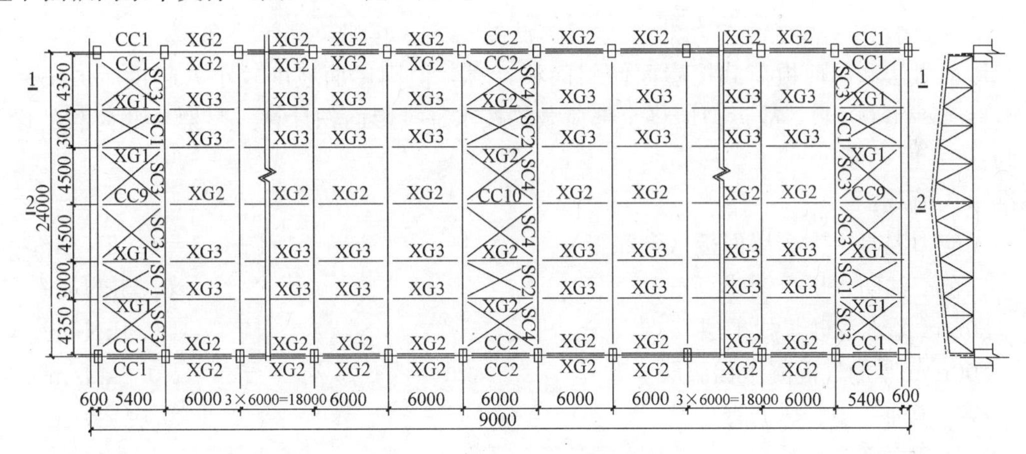

图 7-19　屋架上弦支撑布置图

7.7.3　屋架荷载和内力计算

1. *荷载计算*

屋架和支撑重按 $(0.12+0.011l_0)\times1.2=0.381\times1.2\text{kN/m}^2$，取 $0.4\times1.2\text{kN/m}^2$，且因屋架下弦无其他荷载，可以认为屋架和支撑重量全部作用于上弦节点。

屋面活荷载与雪荷载不会同时出现，从资料可知屋面活荷载（0.5kN/m^2）大于雪荷载（0.4kN/m^2），故取屋面活荷载为计算荷载。由于是重屋面，不考虑风荷载影响。

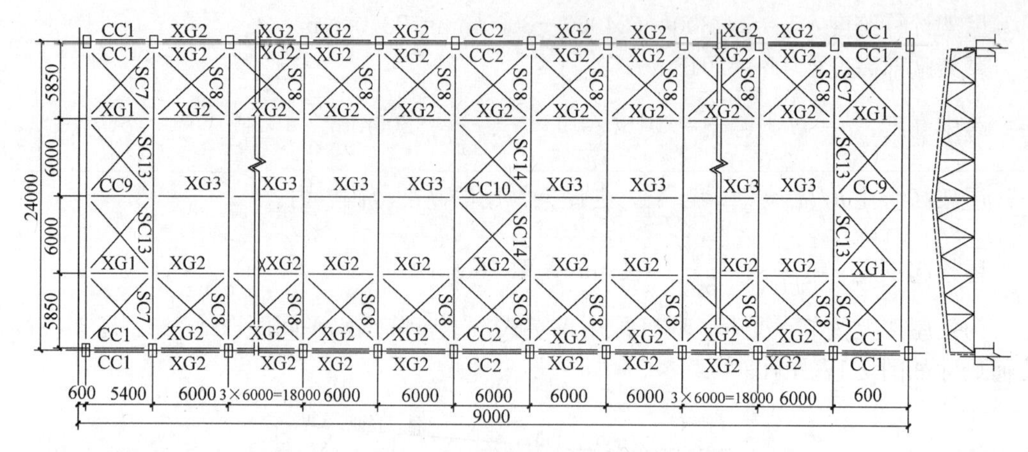

图 7-20　屋架下弦支撑布置图

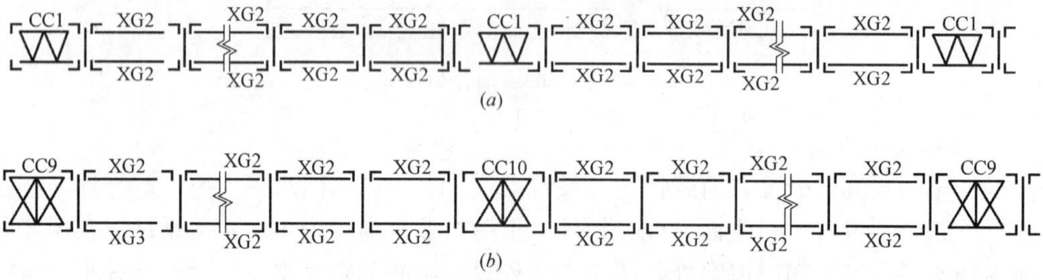

CC1 XG2 XG2 XG2 XG2 CC1 XG2 XG2 XG2 XG2 CC1

XG2 XG2 XG2 XG2 XG2 XG2 XG2 XG2

(*a*)

CC9 XG2 XG2 XG2 XG2 CC10 XG2 XG2 XG2 XG2 CC9

XG3 XG2 XG2 XG2 XG2 XG2 XG2 XG2

(*b*)

图 7-21　屋架垂直支撑布置

(*a*) 屋架 1—1 剖面垂直支撑布置；(*b*) 屋架 2—2 剖面垂直支撑布置

屋面做法和屋面板荷载按屋面倾斜面积计算，但因屋面坡度较小（起拱后 $\tan\alpha=1/9.6$，$\sec\alpha=1.0054$），故近似地将全部荷载均按水平投影面积计算，屋架全部荷载的设计值为：

标准永久荷载：

预应力混凝土大型屋面板（含灌缝）	1.4＋0.1＝1.5kN/m²
二毡三油防水层上铺小豆石	0.35kN/m²
20mm 厚水泥砂浆找平层	0.4kN/m²
100mm 厚加气混凝土保温层	0.6kN/m²
冷底子油一道、热沥青二道	0.05kN/m²
屋架和支撑重	0.4kN/m²
共	3.3kN/m²

标准可变荷载：

屋面活荷载	0.5kN/m²
积灰荷载	0.5kN/m²
共	1.0kN/m²

设计桁架时，应考虑以下四种组合：

(1) 全跨永久荷载＋全跨可变荷载：(按永久荷载为主的组合)

全跨节点荷载设计值：

$$F=(1.35\times3.3+1.4\times0.7\times0.5+1.4\times0.9\times0.5)\times1.5\times6=50.175\text{kN}$$

(2) 全跨永久荷载＋半跨可变荷载：

全跨节点永久荷载设计值：

$$F_1=1.35\times3.3\times1.5\times6=40.095\text{kN}$$

半跨节点可变荷载设计值：

$$F_2=1.4\times(0.7\times0.5+0.9\times0.5)\times1.5\times6=10.08\text{kN}$$

(3) 全跨屋架包括支撑＋半跨屋面板重和活荷载：

全跨节点桁架自重设计值：(按可变荷载为主的组合)

$$F_3=1.2\times0.4\times1.5\times6=4.32\text{kN}$$

半跨节点屋面板自重及活荷载设计值：

$$F_4=(1.2\times1.4+1.4\times0.5)\times1.5\times6=21.42\text{kN}$$

(4) 竖向地震作用效应和其他荷载效应组合：

$$G=3.3\times1.5\times6=29.7\text{kN}$$

$$G_{\text{E}}=29.7+0.5\times0.4\times1.5\times6+0.5\times0.5\times1.5\times6=33.75\text{kN}$$

$$F_{\text{Evk}}=33.75\times0.10=3.375\text{kN}$$

全跨节点地震作用和其他荷载效应的组合：

$$F_5=1.2\times29.7+1.3\times3.375=40.0\text{kN}$$

荷载组合中，(1)、(2) 为使用阶段荷载情况，(3) 为施工阶段荷载情况。

2. 内力计算

桁架在上述四种荷载组合作用下的计算简图如图 7-22 所示。

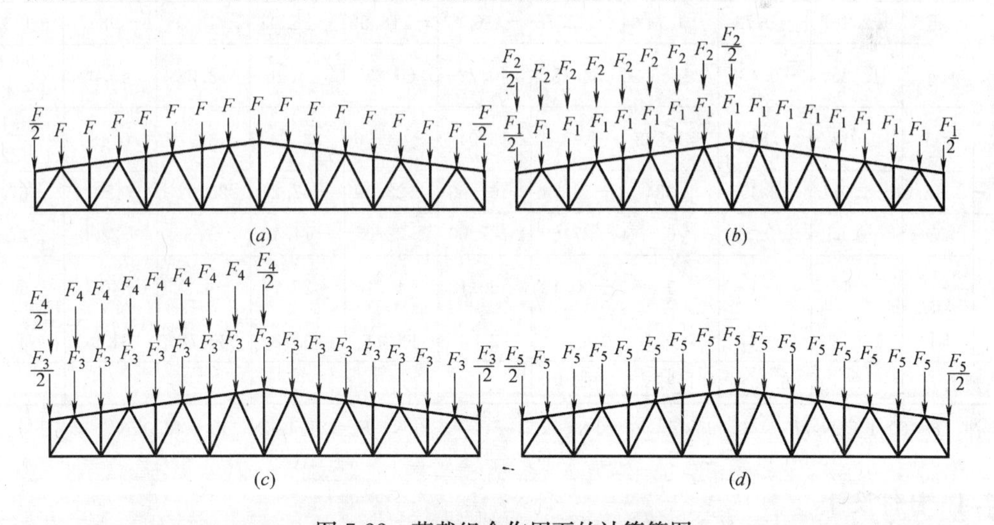

图 7-22　荷载组合作用下的计算简图

(*a*) 全跨节点永久荷载；(*b*) 半跨节点可变荷载；(*c*) 全跨节点屋架和支撑自重

(*d*) 全跨节点地震作用和其他荷载效应的组合

先计算桁架各杆件的内力系数 ($F=1$ 作用于全跨、左半跨和右半跨)。然后求出各种荷载情况下的内力进行组合，计算结果见表 7-8。

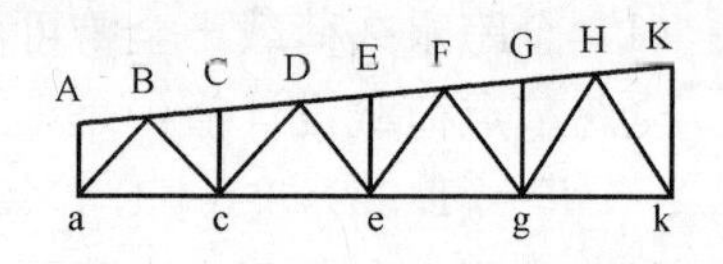

杆件内力组合 **表 7-8**

杆件名称		内力系数(F=1)			第一种组合	第二种组合		第三种组合		第四种组合	计算杆件内力(kN)
		全跨①	左半跨②	右半跨③	F×①	F_1×①+F_2×②	F_1×①+F_2×③	F_3×①+F_4×②	F_3×①+F_4×③	F_5×①	
上弦杆	AB	0	0	0	0	0	0	0	0	0	0
	BC、CD	−8.659	−6.198	−2.461	−434.47	−409.66	−371.99	−170.17	−90.12	−346.4	−434.47
	DE、EF	−13.46	−8.992	−4.468	−675.36	−630.32	−584.72	−250.76	−153.85	−538.4	−675.36
	FG、GH	−15.19	−9.128	−6.06	−762.06	−700.97	−670.05	−261.13	−195.42	−607.6	−762.06
	HK	−14.71	−7.353	−7.353	−737.87	−663.76	−663.76	−221.03	−221.03	−588.4	−737.87
下弦杆	ac	4.678	3.438	1.24	234.72	222.22	200.06	93.85	46.77	187.1	234.72
	ce	11.452	7.945	3.507	574.60	539.25	494.52	219.65	124.59	458.1	574.60
	eg	14.567	9.288	5.297	730.90	677.69	637.46	261.88	176.39	582.7	730.90
	gk	15.101	8.399	6.702	757.69	690.14	673.03	245.14	208.79	604.0	757.69
斜腹杆	aB	−8.813	−6.477	−2.336	−442.19	−418.65	−376.90	−176.81	−88.11	−353.2	−442.19
	Bc	6.862	4.756	2.106	344.30	323.07	296.36	131.52	74.75	274.5	344.30
	cD	−5.45	−3.417	−2.033	−273.45	−252.96	−239.01	−96.74	−67.09	−218	−273.45
	De	3.699	1.908	1.791	185.60	167.54	166.36	56.85	54.34	148.0	185.60
	eF	−2.467	−0.72	−1.747	−123.78	−106.17	−116.52	−26.08	−48.08	−98.7	−123.78
	Fg	1.125	−0.435	1.56	56.45	40.72	60.83	−4.46	38.28	45.0	{60.83 −4.46
	gH	0.012	1.544	−1.532	0.60	16.04	−14.96	33.12	−32.76	0.48	{33.12 −32.76
	Hk	−1.071	−2.455	1.384	−53.74	−67.69	−28.99	−57.21	25.02	−428.4	−67.69
竖杆	Aa	−0.55	−0.55	0	−27.60	−27.60	−22.05	−14.16	−2.38	−22.0	−27.60
	Cc、Ee、Gg	−1	−1	0	−50.18	−50.18	−40.10	−25.74	−4.32	−40.0	−50.18
	Kk	2.048	1.024	1.024	102.76	92.44	92.44	30.78	30.78	81.9	102.76
支反力 R		8	6.052	1.975	401.40						

注：F=50.175kN，F_1=40.095kN，F_2=10.08kN，F_3=4.32kN，F_4=21.42kN，F_5=40.0kN。

7.7.4 杆件设计

1. 上弦杆截面设计

整个上弦采用等截面，按最大内力设计。上弦杆的最大内力在 FG、GH 节间，最大内力为 N=−762.06kN，上弦杆计算长度：

在桁架平面内，节间轴线长度 l_{ox}=1508mm；在桁架平面外，根据支撑布置和内力变

化，取 $l_{oy}=3\times1508=4524\text{mm}$

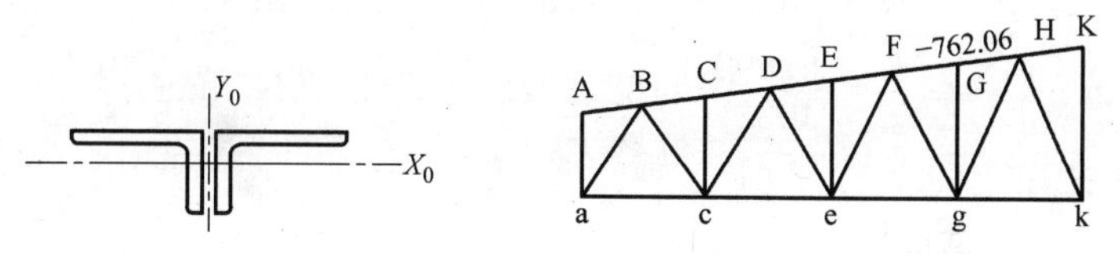

图 7-23　上弦杆截面

因为 $l_{oy}=3l_{ox}$，故截面宜选两个不等肢角钢，短肢相拼，如图 7-23 所示。腹杆最大内力 N=-442.19kN，查表可知，节点板厚度选用 10mm，支座节点板厚度选用 12mm。

设 $\lambda=60$，查得 $\varphi=0.807$，需要截面面积：

$$A=\frac{N}{\varphi f}=\frac{762060}{0.807\times215}=4392.2\text{mm}^2$$

需要的回转半径：

$$i_x=\frac{l_{ox}}{\lambda}=\frac{1508}{60}=25.1\text{mm},i_y=\frac{l_{oy}}{\lambda}=\frac{4524}{60}=75.4\text{mm}$$

根据需要的 A、i_x、i_y查角钢规格表，选用 2∟160×100×10，$A=5063\text{mm}^2$，$i_x=28.4\text{mm}$，$i_y=77\text{mm}$，按所选角钢进行验算：

$$\lambda_x=\frac{l_{ox}}{i_x}=\frac{1508}{28.4}=52.99<[\lambda]=150，\lambda_y=\frac{l_{oy}}{i_y}=\frac{4524}{77}=58.75<[\lambda]=150$$

由于 $\lambda_x<\lambda_y$，需求 $\varphi_y=0.841$。

$$\frac{N}{\varphi_y A}=\frac{762060}{0.814\times5063}=184.91\text{N/mm}^2<215\text{N/mm}^2$$

所选截面合适。

2. 下弦杆截面设计

整个下弦采用等截面，按最大内力设计。下弦杆的最大内力为 $N=+757.69\text{kN}$

上弦杆计算长度：

在桁架平面内，节间轴线长度 $l_{ox}=3000\text{mm}$；在桁架平面外，取 $l_{oy}=2\times3000=6000\text{mm}$。

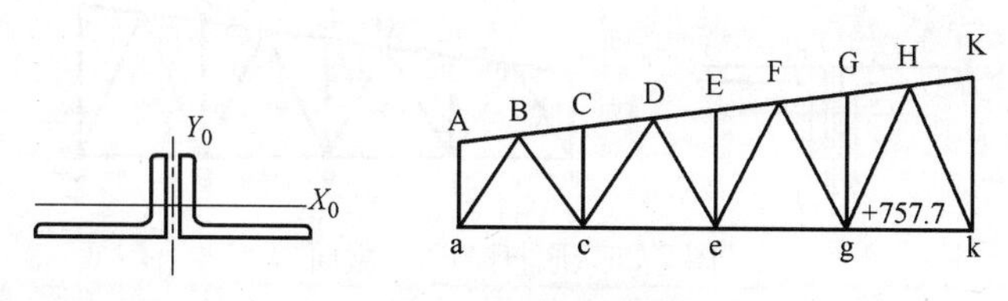

图 7-24　下弦杆截面

需要截面面积：

$$A=\frac{N}{f}=\frac{757690}{215}=3524.14\text{mm}^2$$

选用 2∟140×90×10，截面用两个不等肢角钢，短肢相拼，如图 7-24 所示。

$A=4452\text{mm}^2>3524.14\text{ mm}^2$，$i_x=25.6\text{mm}$，$i_y=67.7\text{mm}$

$$\lambda_x=\frac{l_{ox}}{i_x}=\frac{3000}{25.6}=58.9<[\lambda]=250，\lambda_y=\frac{l_{oy}}{i_y}=\frac{6000}{67.7}=44.55<[\lambda]=250$$

考虑下弦有 2ϕ21.5mm 的栓孔削弱，下弦净截面面积：

$$A_n = 4452 - 2\times21.5\times10 = 4022\text{mm}^2$$

$$\sigma = \frac{N}{A_n} = \frac{757690}{4022} = 188.39\text{N/mm}^2 < 215\text{N/mm}^2$$

3. 斜杆截面设计

(1) 端斜杆“aB”截面设计

杆件轴力：$N=-442.19$kN，计算长度 $l_{oy}=l_{ox}=2543$mm。因为 $l_{oy}=l_{ox}$，故采用不等肢角钢，长肢相拼，使 $i_x \approx i_y$，如图 7-25 所示。

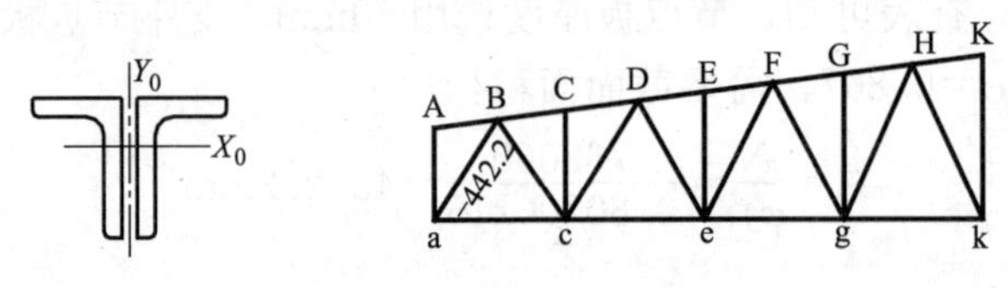

图 7-25　端部斜杆截面

选用 2∟125×80×8，$A=3198\text{mm}^2$，$i_x=40.1$mm，$i_y=32.7$mm，按所选角钢进行验算：

$$\lambda_x = \frac{l_{ox}}{i_x} = \frac{2543}{40.1} = 63.4 < [\lambda] = 150,\ \lambda_y = \frac{l_{oy}}{i_y} = \frac{2543}{32.7} = 77.8 < [\lambda] = 150$$

由于 $\lambda_x < \lambda_y$，需求 φ_y，$\varphi_y=0.702$ 。

$$\frac{N}{\varphi_y A} = \frac{442190}{0.702\times3198} = 196.97\text{N/mm}^2 < 215\text{N/mm}^2$$

所选截面合适。

(2) 腹杆“cD”

cD 杆件的最大内力：$N=-273.45$kN

下弦杆计算长度：在桁架平面内，节间轴线长度 $l_{ox}=0.8\times l_{ox}=2302.4$mm；在桁架平面外，$l_{oy}=2878$mm。因为 $l_{oy}=1.25l_{ox}$，故截面宜选两个等肢角钢，使 $i_y/i_x \approx 1.3\sim1.5$，如图 7-26 所示。

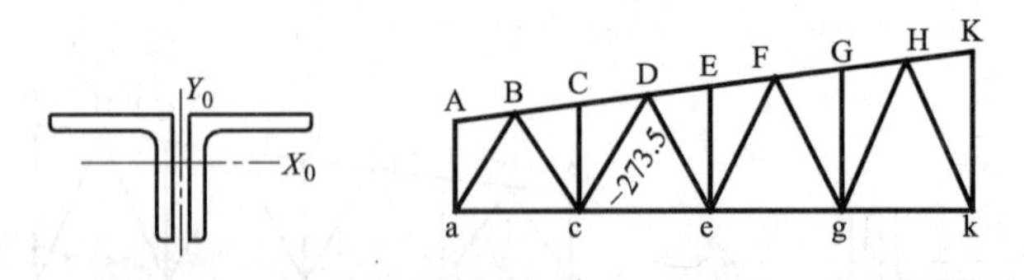

图 7-26　腹杆“cD”截面

设 $\lambda=80$，查得 $\varphi=0.688$，需要的截面面积：

$$A = \frac{N}{\varphi f} = \frac{273450}{0.688\times215} = 1848.63\text{mm}^2$$

需要的回转半径：

$$i_x = \frac{l_{ox}}{\lambda} = \frac{2302}{80} = 28.78\text{mm},\ i_y = \frac{l_{oy}}{\lambda} = \frac{2878}{80} = 35.98\text{mm}$$

根据需要的 A、i_x、i_y 查角钢规格表，选用 2∟90×6，$A=2127\text{mm}^2$，$i_x=27.9$mm，$i_y=40.5$mm，按所选角钢进行验算：

$$\lambda_x=\frac{l_{ox}}{i_x}=\frac{2302}{27.9}=82.5<[\lambda]=150,\ \lambda_y=\frac{l_{oy}}{i_y}=\frac{2878}{40.5}=71.1<[\lambda]=150$$

由于 $\lambda_x>\lambda_y$，需求 $\varphi_x=0.671$

$$\frac{N}{\varphi_y A}=\frac{273450}{0.671\times2127}=191.60\text{N/mm}^2<215\text{N/mm}^2$$

所选截面合适。

4. 竖杆“Kk”的截面设计

“Kk”杆件的最大内力：$N=+102.76$kN

为了使竖向支撑与屋架节点连接不产生偏心，连接垂直支撑的竖腹杆常采用两个等肢角钢组成的十字形截面，竖杆“Kk”的几何长度为 3200mm，截面主轴不在桁架平面内，杆件可能绕截面较小主轴发生斜平面内失稳。此时，桁架上、下弦节点处尚可起到一定的嵌固作用，故取腹杆斜平面的计算长度 $l_{ox}=l_{oy}=0.9\times3200=2880$mm 如图 7-27 所示。

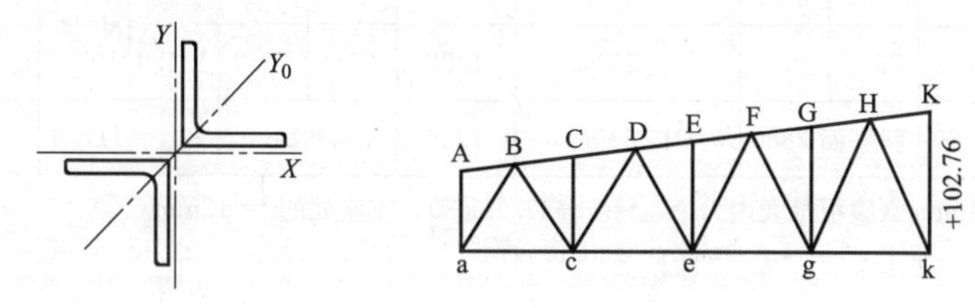

图 7-27　竖杆“Kk”截面

由于杆件内力较小，选用十字形 2∟63×5，$A=1229\text{mm}^2$，$i_{min}=24.5$mm，按所选角钢进行验算：

$$\lambda_{max}=\frac{l_{斜}}{i_{min}}=\frac{2880}{24.5}=117.6<[\lambda]=250$$

$$\frac{N}{A}=\frac{102760}{1229}=83.61\text{N/mm}^2<215\text{N/mm}^2$$

所选截面适合。

其余杆件的截面选择过程同理，杆件截面选择结果见表 7-9。

杆件截面选择表　　　　表 7-9

杆件		内力设计值 (kN)	几何长度 (mm)	计算长度 (mm)		截面形式及规格 (mm)	截面面积 A(mm²)	回转半径 (mm)		长细比		稳定系数		应力设计值 σ (N/mm²)
				l_{ox}	l_{oy}			i_x	i_y	λ_x	λ_y	φ_x	φ_y	
弦杆	AK	−762.06	1508	1508	4524	2∟160×100×10 (短肢相并)	5063	28.46	77	52.99	58.75		0.814	184.91
	ak	+757.69	3000	3000	6000	2∟140×90×10 (短肢相并)	4452	25.6	67.7	58.9	44.55			170.19
斜杆	aB	−442.19	2543	2543	2543	2∟125×80×8 (长肢相并)	3198	40.1	32.7	63.4	77.8		0.702	196.97
	Bc	+344.30	2616	2093	2616	2∟70×6	1632	21.5	32.6	97.3	80.2			210.97
	cD	−273.45	2878	2302	2878	2∟90×6	2127	27.9	40.5	82.5	71.1	0.671		191.60
	De	+185.60	2867	2294	2867	2∟50×5	961	15.3	24.5	149.9	117.0			193.13
	eF	−123.78	3138	2510	3138	2∟70×6	1632	21.5	32.6	116.7	96.3	0.455		166.69

续表

杆件		内力设计值(kN)	几何长度(mm)	计算长度(mm)		截面形式及规格(mm)	截面面积 $A(mm^2)$	回转半径(mm)		长细比		稳定系数		应力设计值 σ (N/mm^2)
				l_{ox}	l_{oy}			i_x	i_y	λ_x	λ_y	φ_x	φ_y	
斜杆	Fg	60.83 −4.46	3127	2502	3127	2∟56×5	1083	17.2	26.9	145.5	116.2	0.324		+56.17 −12.71
	gH	33.12 −32.76	3404	2723	3404	2∟63×5	1229	19.4	29.6	140.4	115.0	0.343		+26.95 −77.71
	Hk	−67.69	3393	2719	3399	2∟63×5	1229	19.4	29.6	139.9	114.6	0.345		159.64
竖杆	Aa	−27.60	2015	2015	2015	2∟63×5	1229	19.4	29.6	103.9	68.1	0.531		42.29
	Cc	−50.18	2300	1840	2300	2∟50×5	961	15.3	24.5	120.3	93.9	0.436		119.76
	Ee	−50.18	2600	2080	2600	2∟50×5	961	15.3	24.5	135.9	106.1	0.362		144.24
	Gg	−50.18	2900	2320	2900	2∟56×5	1083	17.2	26.9	134.9	107.8	0.366		126.60
	Kk	+102.76	3200	斜平面 2880		2∟63×5	1229	i_{min}=24.5		λ_{max}=117.6				83.61

注：1. 节点板 t=10mm（腹板最大内力 N_{max}=−442.19kN），支座处的 t=12mm。

2. f=215N/mm²；[λ]=150（压杆）、250（拉杆）。

下弦一般节点计算表 **表 7-10**

节点	N_1(kN)	N_2(kN)	ΔN(kN)	放样焊缝 l_w(mm)	$\tau_f=\frac{k_1\Delta N}{2\times0.7h_f(l_w-2h_f)}$	说　明
c	+234.72	+574.6	339.89	370	101.2	h_f=5mm 肢尖焊缝的应力小，能满足要求。f_f^w=160N/mm²
e	+574.6	+730.90	156.30	290	59.8	
g	+637.46	+673.03	35.57	280	14.1	

5. 垫板的截面选择

为了保证两个角钢组成的杆件共同作用，应在两角钢相并肢之间，每隔一定距离设置垫板，并与角钢焊住。垫板厚度与节点板相同，为 10mm；宽度一般取 40～60mm，本设计取 50mm；长度取：T 形截面比角钢肢宽大 10～15mm；十字形截面则由角钢脚尖两侧各缩进 10～15mm。垫板间距在受压杆件中不大于 40 i，在受拉杆件中不大于 80 i。在 T 形截面中 i 为一个角钢对平行于垫板的自身形心轴的回转半径，十字形截面中 i 为一个角钢的最小回转半径。受压构件两个侧向支承点之间的垫板数不少于两个。各杆件的垫板数量见表 7-11。

各杆件垫板截面选择 **表 7-11**

杆件		内力设计值(kN)	几何长度(mm)	计算长度(mm)		截面形式及规格(mm)	回转半径(mm)	垫板间的间距允许值 40i 或 80i(mm)	垫板间的间距(mm)	垫板的数量
				l_{ox}	l_{oy}					
弦杆	AK	−762.06	1508	1508	4524	2∟160×100×10	51.4	2056	1500	8
	ak	+757.69	3000	3000	6000	2∟140×90×10	44.7	1788	1500	7

续表

杆件		内力设计值（kN）	几何长度（mm）	计算长度（mm）		截面形式及规格（mm）	回转半径（mm）	垫板间的间距允许值 $40i$ 或 $80i$（mm）	垫板间的间距（mm）	垫板的数量
				l_{ox}	l_{oy}					
斜杆	aB	－442.19	2543	2543	2543	2∟125×80×8	22.85	914	900	2
	Bc	＋344.30	2616	2093	2616	2∟70×6	21.5	860	850	3
	cD	－273.45	2878	2302	2878	2∟90×6	27.9	1116	1100	3
	De	＋185.60	2867	2294	2867	2∟50×5	15.3	612	600	4
	eF	－123.78	3138	2510	3138	2∟70×6	21.5	860	850	3
	Fg	60.83 －4.46	3127	2502	3127	2∟56×5	17.2	688	650	4
	gH	33.12 －32.76	3404	2723	3404	2∟63×5	19.4	776	750	4
	Hk	－67.69	3393	2719	3399	2∟63×5	19.4	776	750	4
竖杆	Aa	－27.60	2015	2015	2015	2∟63×5	19.4	776	750	3
	Cc	－50.18	2300	1840	2300	2∟50×5	15.3	612	600	3
	Ee	－50.18	2600	2080	2600	2∟50×5	15.3	612	600	4
	Gg	－50.18	2900	2320	2900	2∟56×5	17.2	688	650	4
	Kk	＋102.76	3200	斜平面 2880		2∟63×5	12.48	998.4	950	3

上弦一般节点计算表 **表 7-12**

节点	ΔN（kN）	l_w（mm）	肢背槽焊缝的强度（N/mm²）$P=50.18$kN	肢尖焊缝的强度（N/mm²）$e=77.2$mm		合应力（N/mm²）	说明
			$\sigma_f=\dfrac{P/1.22}{2\times0.7h'_f l'_w}$	$\tau_f^N=\dfrac{\Delta N}{2\times0.7h''_f l''_w}$	$\sigma_f^M=\dfrac{6M}{2\times0.7h''_f l''^2_w}$	$\sqrt{(\tau_f^N)^2+\left(\dfrac{\sigma_f^M}{1.22}\right)^2}$	
B	434.47	420	14.33	77.58	89.84	106.97	$h'_f=5$mm $h''_f=10$mm $\sigma_f<0.8f_f^w$ $\sqrt{(\tau_f^N)^2+\left(\dfrac{\sigma_f^M}{1.22}\right)^2}<f_f^w$ $f_f^w=160$N/mm²
D	240.89	315	19.26	58.33	91.58	95.06	
F	86.70	230	26.71	29.49	65.05	60.93	
H	40.1	200	30.92	15.91	40.95	37.15	

腹杆焊缝计算表 **表 7-13**

杆件		内力设计值 N(kN)	需要焊缝(mm²)		采用焊缝(mm)(计算时 l_w 按值$-2h_f$mm)		双角钢角焊缝计算公式 ($f_f^w=160\text{N/mm}^2$)
			$h_{f1}l_{w1}=\frac{N}{320}$ $\left(\frac{N}{344.6}\right)$	$h_{f2}l_{w2}=\frac{N}{746.7}$ $\left(\frac{N}{640}\right)$	$h_{f1}-l_{w1}$	$h_{f2}-l_{w2}$	角钢肢背: $h_{f1}l_{w1}=\frac{k_1N}{2\times0.7f_f^w}=\frac{N}{224/k_1}$ 角钢肢尖:
斜杆	aB	−442.19	(1283)	(691)	8−170	6−120	$h_{f2}l_{w2}=\frac{k_2N}{2\times0.7f_f^w}=\frac{N}{224/k_2}$
	Bc	+344.30	1076	461d	6−190	5−100	k_1 k_2
	cD	−273.45	855	366	6−150	5−80	等边角钢 0.7 0.3 不等边角钢长边连接 0.65 0.35
	De	+185.60	580	—	6−110	—	不等边角钢短边连接 0.75 0.25 $h_{f1}l_{w1}$ $h_{f2}l_{w2}$
	eF	−123.78	387	—	6−80	—	等边角钢 $\frac{N}{320}$ $\frac{N}{746.7}$
	其他	<80	—	—	—	—	不等边角钢长边连接 $\frac{N}{344.6}$ $\frac{N}{640}$
竖杆	kk	+102.76	321	—	6−70	—	不等边角钢短边连接 $\frac{N}{298.7}$ $\frac{N}{896}$
	其他	<80	—	—	—	—	(“—”表示 $h_fl_w<250\text{mm}^2$,用角钢焊缝 5-60mm)

7.7.5 节点设计

表 7-13 为腹杆焊缝计算表，焊缝最小构造尺寸用 5-60mm。

表 7-10 为下弦一般节点计算表。

表 7-12 为上弦一般节点计算表。

1. 下弦节点设计

(1) 支座节点“a”

支座节点“a”如图 7-28 所示。

1) 底板计算

底板承受屋架支座反力 $R=8\times50.18\text{kN}=401.4\text{kN}$，柱采用 C25 混凝土的轴心抗压强度设计值 $f_c=11.9\text{N/mm}^2$。底板需要净截面面积为：

$$A_n=\frac{R}{f_c}=\frac{401.4\times10^3}{11.9}=33731\text{mm}^2$$

锚栓直径采用 $d=25$mm，为便于安装桁架时可以调整位置，取底板上的锚栓孔直径为锚栓直径的 2 倍，即 $d'=50$mm，则栓孔面积为：$\Delta A=50\times30\times2+25^2\times\pi=4963\text{mm}^2$

底板需要总面积为 $A_S=A_n+\Delta A=33731+4963=38694\text{mm}^2$

支座底板平面尺寸采用 $A=280\times400=112000\text{mm}^2>A_S$ 满足要求，仅考虑有加劲肋部分的底板承受支座反力，则承压面积为 $A'=280\times200=56000\text{mm}^2$

验算柱顶混凝土的挤压强度：

$$\sigma=\frac{R}{A'}=\frac{401.4\times10^3}{56000}=7.17\text{N/mm}^2<f_c=11.9\text{N/mm}^2$$

节点板和加劲肋将底板分成四块相同的两边支承板，它们对角线长度 a_1，及内角顶

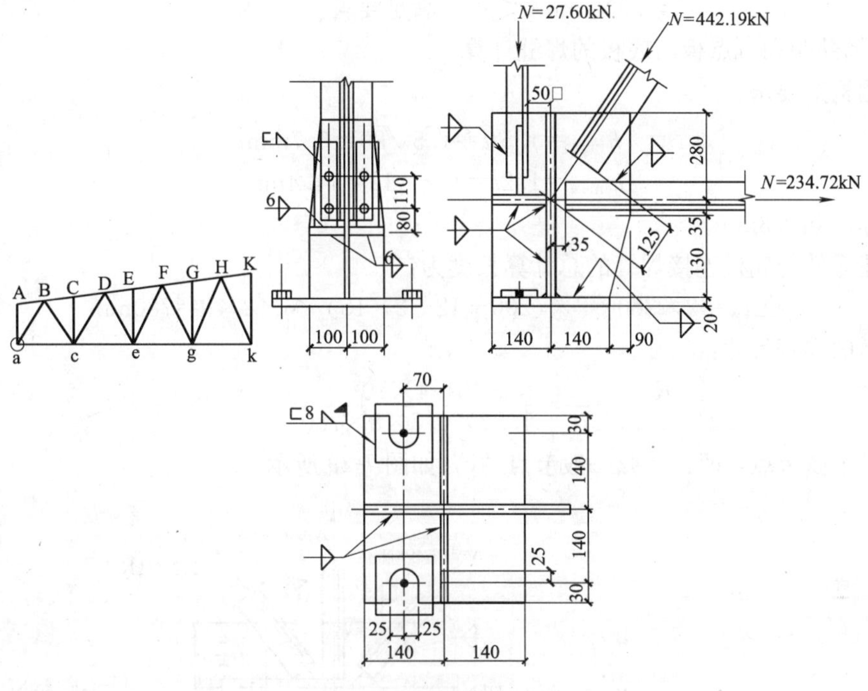

图 7-28 支座节点“a”

点到对角线的距离 b_1 分别为：

$$a_1=\sqrt{\left(140-\frac{12}{2}\right)^2+\left(100-\frac{12}{2}\right)^2}=163.7\text{mm},\ b_1=\frac{134\times94}{163.7}=76.9\text{mm}$$

$b_1/a_1=0.5$，查表得 $\beta=0.058$，二相邻边支承板单位板宽的最大弯矩为：

$$M=\beta qa_1^2=0.058\times7.17\times163.7^2=11144.1\text{N}\cdot\text{mm/mm}$$

所需的底板厚度：

$$t=\sqrt{\frac{6M}{f}}=\sqrt{\frac{6\times11144.1}{215}}=17.6\text{mm},取\ t=20\text{mm}$$

实际底板尺寸为 400mm×280mm×20mm

2）加劲肋与节点板的焊缝计算

焊缝长度等于加劲肋高度，也等于节点板高度。设焊脚尺寸 $h_f=6$mm，焊缝长度为 410mm，计算长度 $l_w=l-2h_f-t=410-10-20=380$mm，而 $l'_w=60h_f=360\text{mm}<380$mm，则每块加劲肋近似地按受 $R/4$ 计算。$R/4$ 作用点到焊缝的距离为：$e=(140-6-15)/2+15=74.5$mm，则焊缝所受的剪力 V 和弯矩分别为：

$$V=\frac{401.4}{4}=100.35\text{kN}$$

$$M=V\times e=100.35\times0.0745=7.4761\text{kN}\cdot\text{m}$$

焊缝强度计算：

$$\sqrt{\tau_f^2+\left(\frac{\sigma_f}{\beta_f}\right)^2}=\sqrt{\left(\frac{V}{2\times0.7h_fl_w}\right)^2+\left(\frac{6M}{1.22\times2\times0.7l_w^2}\right)^2}$$

$$=\sqrt{\left(\frac{100.35\times10^3}{2\times0.7\times6\times360}\right)^2+\left(\frac{6\times7.4761\times10^6}{2\times1.22\times0.7\times6\times360^2}\right)^2}$$

$=47.3\text{N/mm}^2 < f_f^w$，满足要求。

3）加劲肋和节点板与底板的焊缝计算

根据构造要求：

$$h_{fmin}=1.5\sqrt{t}=1.5\sqrt{20}=6.7\text{mm}$$

$$h_{fmax}=1.2t=1.2\times12=14.4\text{mm}$$

实际取 $h_f=8\text{mm}$。

上述零件与底板连接焊缝的总计算长度为：

$$\sum l_w=2\times280+2\times(200-12-2\times15)-6\times2\times8=780\text{mm}$$

所需的焊脚尺寸：

$$\sigma_f=\frac{R}{1.22\times0.7h_f\sum l_w}=\frac{401.4\times10^3}{1.22\times0.7\times8\times780}=75.32\text{N/mm}^2 < f_f^w$$

(2) 下弦节点"c"：下弦一般节点"c"如图 7-29 所示。

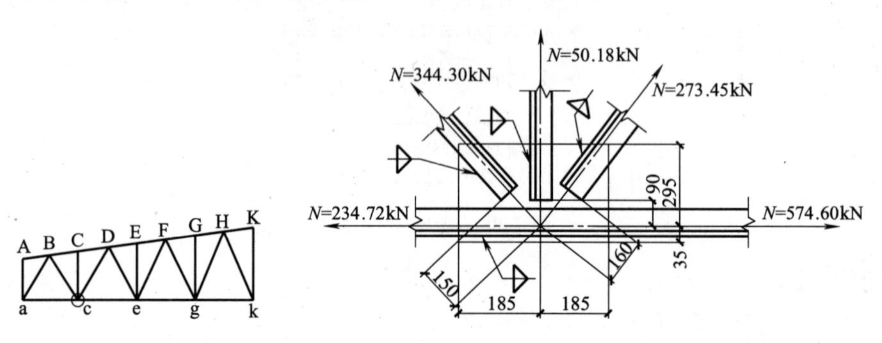

图 7-29 下弦节点"c"

这类节点的设计步骤是：先根据腹杆的内力计算腹杆与节点板连接焊缝的尺寸，即表 7-13 所示的内容，然后再根据 l_w 的大小按比例绘出节点板的形状和尺寸，最后验算下弦杆与节点板的连接焊缝，即表 7-10 内容。

"Bc"杆角钢的肢背和肢尖：

$$h_{f1}l_{w1}=\frac{k_1N}{2\times0.7f_f^w}=\frac{N}{224/k_1}=\frac{344300\times0.7}{224}=1076\text{mm}^2，则取 h_{f1}=6\text{mm}，l_{w1}=190\text{mm}$$

$$h_{f2}l_{w2}=\frac{k_2N}{2\times0.7f_f^w}=\frac{N}{224/k_2}=\frac{344300\times0.3}{224}=461\text{mm}^2，则取 h_{f2}=5\text{mm}，l_{w2}=100\text{mm}$$

"cD"杆角钢的肢背和肢尖：

$$h_{f1}l_{w1}=\frac{k_1N}{2\times0.7f_f^w}=\frac{N}{224/k_1}=\frac{273450\times0.7}{224}=855\text{mm}^2，则取 h_{f1}=6\text{mm}，l_{w1}=150\text{mm}$$

$$h_{f2}l_{w2}=\frac{k_2N}{2\times0.7f_f^w}=\frac{N}{224/k_2}=\frac{273450\times0.3}{224}=366\text{mm}^2，则取 h_{f2}=5\text{mm}，l_{w2}=80\text{mm}$$

"Cc"杆的内力很小，焊缝尺寸可按构造确定，取焊缝焊脚尺寸 $h_f=5\text{mm}$，$l_w=60\text{mm}$。

根据上面求得的焊缝长度，并考虑杆件之间应有的间隙以及制作和装配等误差，按比例绘出节点详图，从而确定节点板尺寸为 330mm×370mm。

验算下弦杆与节点板连接焊缝强度：下弦与节点板连接的焊缝长度 370mm，$h_f=5\text{mm}$。焊缝所受的力为左右两下弦杆的内力差 $\Delta N=N_1-N_2=574.6-234.72=$

339.89kN，受力较大的肢背处焊缝应力为：

$$\tau_f=\frac{k_1\Delta N}{2\times0.7h_f(l_w-2h_f)}=\frac{0.75\times339890}{2\times0.7\times5\times(370-10)}$$
$$=101.2\text{N/mm}^2<f_f^w=160\text{N/mm}^2$$

焊缝强度满足要求。

根据以上的已知条件，并考虑杆件之间应有间隙以及制作和装配等误差，按比例绘出节点详图，从而确定节点板尺寸为340mm×370mm。由表7-10中的验算可知焊缝强度满足要求。

（3）下弦节点“e”：

同理，由表7-13可知“De”杆肢背的焊脚尺寸 $h_f=6$mm，焊缝长度 $l_w=110$mm，肢尖的焊脚尺寸 $h_f=5$mm，焊缝长度 $l_w=60$mm；“eF”杆肢背的焊脚尺寸 $h_f=6$mm，焊缝长度 $l_w=80$mm；肢尖的焊脚尺寸 $h_f=5$mm，焊缝长度 $l_w=60$mm；“Ee”杆肢背和肢尖均按构造设计，焊脚尺寸 $h_f=5$mm，焊缝长度 $l_w=60$mm。

根据以上的已知条件，并考虑杆件之间应有间隙以及制作和装配等误差，按比例绘出节点详图，从而确定节点板尺寸为290mm×260mm。由表7-10中的验算可知焊缝强度满足要求。

（4）下弦节点“g”：

由表7-13可知“Fg”“gH”“gG”杆肢背和肢尖均按构造设计，焊脚尺寸 $h_f=5$mm，焊缝长度 $l_w=60$mm。

根据以上的已知条件，并考虑杆件之间应有间隙以及制作和装配等误差，按比例绘出节点详图，从而确定节点板尺寸为280mm×260mm。由表7-10中的验算可知焊缝强度满足要求。

（5）下弦中央拼接节点

下弦中央拼接节点如图7-30所示。

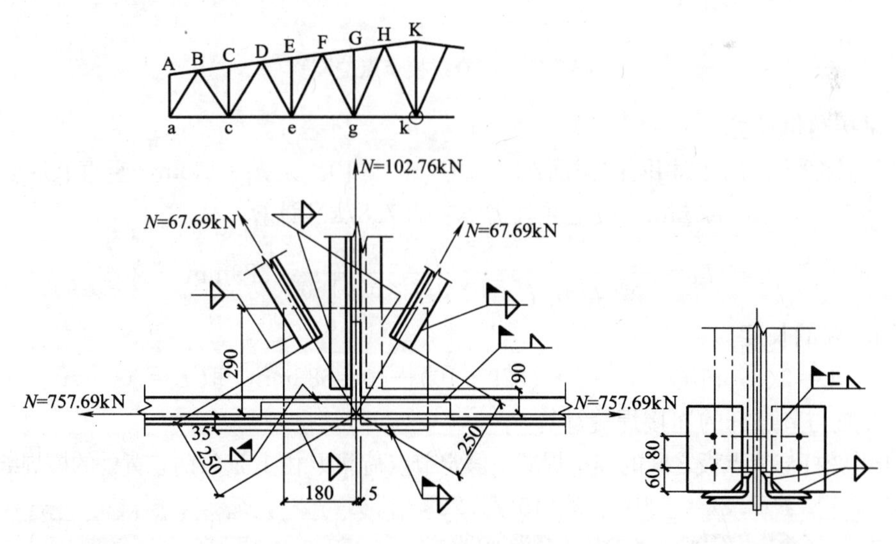

图7-30 下弦拼接节点

1）拼接角钢计算

因节点两侧下弦杆力相等，故用一侧杆力 $N=+757.69$kN 计算。拼接角钢采用与下弦相同的截面2∟140×90×10，故下弦的焊缝的焊脚尺寸 $h_f=5$mm，竖直肢应切去 $\Delta=t+h_f+5=10+5+5=20$mm，节点一侧与下弦的每条焊缝所需要的计算长度为：

$$l_w=\frac{N}{4\times0.7h_f f_f^w}=\frac{757.69\times10^3}{4\times0.7\times5\times160}\text{mm}=338\text{mm}$$

拼接角钢需要的长度为：

$$L=2(l_w+2h_f)+10=2\times(338+10)+10=706\text{mm},取L=720\text{mm}$$

2）下弦与节点板的连接焊缝计算

下弦与节点板的连接焊缝按 $0.15N$ 计算（考虑到拼接角钢由于切角和切肢，截面有一定削弱，这个削弱的部分由节点板来补偿，一般拼接角钢削弱的面积不超过15%）。取 $h_f=5\text{mm}$，节点一侧下弦肢背与肢尖每条焊缝所需的长度 l_1、l_2分别为：

$$l_1=\frac{k_1\times0.15N}{2\times0.7h_{f1}f_f^w}+2h_f=\frac{0.75\times0.15\times757.69\times10^3}{2\times0.7\times5\times160}+10=86.1\text{mm}，取l_1=90\text{mm}$$

$$l_2=\frac{k_2\times0.15N}{2\times0.7h_{f2}f_f^w}+2h_f=\frac{0.25\times0.15\times757.69\times10^3}{2\times0.7\times5\times160}+10=35.4\text{mm}，取l_2=40\text{mm}$$

从图中量得肢背、肢尖焊缝长度为170mm，均满足要求。

2. 上弦节点设计

（1）屋脊节点“K”

屋脊拼接节点“K”如7-31所示。

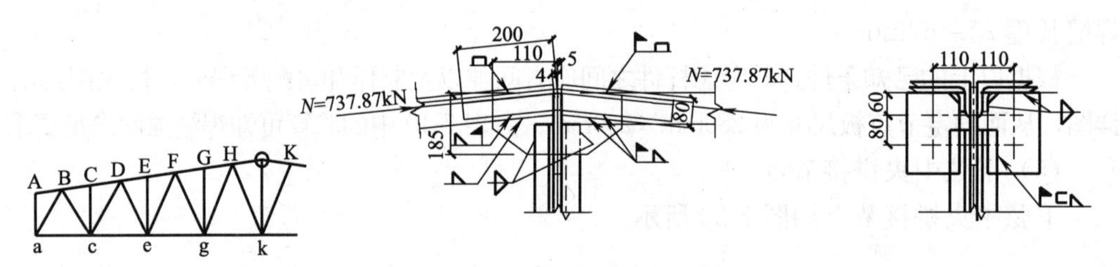

图7-31 屋脊拼接节点“K”

1）拼接角钢计算

拼接角钢采用与上弦相同的截面2∟160×100×10。设 $h_f=5\text{mm}$，竖直肢应切去 $\Delta=t+h_f+5=10+5+5=20\text{mm}$，按上弦杆力 $N=737.87\text{kN}$ 计算。

$$l_w=\frac{N}{4\times0.7h_f f_f^w}=\frac{737.87\times10^3}{4\times0.7\times5\times160}=329\text{mm}$$

拼接角钢需要的长度为：

$$L=2(l_w+10)+10=2\times(329+10)+10=688\text{mm},取L=700\text{mm}$$

2）上弦与节点杆的连接焊缝计算

对于上弦杆与节点板之间的连接焊缝，假定节点荷载 P 由上弦角钢肢背处的槽焊缝承受：

$$\sigma_f=\frac{P/1.22}{2\times0.7h_f'l_w'}=\frac{50.175\times10^3/1.22}{2\times0.7\times5\times335}=17.5\text{N/mm}^2\leqslant160\times0.8\text{N/mm}^2$$

上弦角钢肢尖与节点板的连接焊缝按上弦内力的15%计算，并考虑此力产生的弯矩 $M=0.15Ne$，设肢尖焊缝 $h_f=5\text{mm}$，节点板长度为21.5cm，则节点一侧弦杆焊缝的计算长度>21.5cm，焊缝应力为：

$$\tau_f^N=\frac{0.15\times737.87\times10^3}{2\times0.7\times5\times335}=47.20\text{N/mm}^2<f_f^w=160\text{N/mm}^2$$

$$\sigma_f^M=\frac{0.15\times737.87\times(100-22.8)\times10^3}{2\times0.7\times5\times335^2}=10.88\text{N/mm}^2<f_f^w=160\text{N/mm}^2$$

$$\sqrt{\left(\frac{10.88}{1.22}\right)^2+47.20^2}=48.04\text{N/mm}^2<f_f^w=160\text{N/mm}^2$$

（2）上弦支座节点与竖杆节点

这两类节点的弦杆内力或节点两边弦杆内力差值均等于零，因此弦杆肢背焊缝节点力可不必验算，肢尖焊缝也不受力，采用构造焊缝。

（3）上弦节点“B”

上弦一般节点“B”如图 7-32 所示：

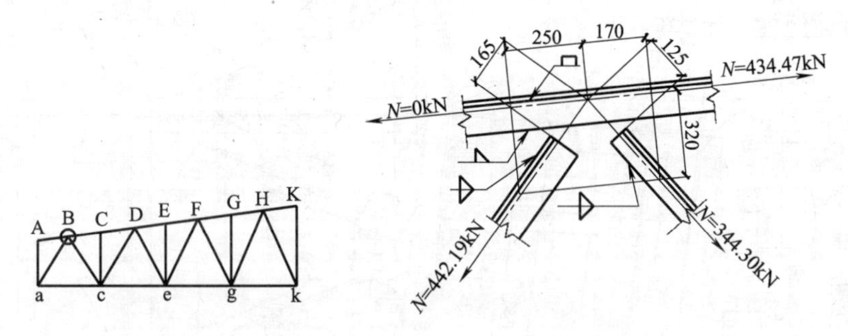

图 7-32　上弦节点“B”

由表 7-13 中“aB”杆肢背的焊脚尺寸 $h_f=8$mm，焊缝长度 $l_w=170$mm，肢尖的焊脚尺寸 $h_f=6$mm，焊缝长度 $l_w=120$mm；“Bc”杆肢背的焊脚尺寸 $h_f=6$mm，焊缝长度 $l_w=190$mm；肢尖的焊脚尺寸 $h_f=5$mm，焊缝长度 $l_w=100$mm。

为了便于在上弦上搁置屋面板，节点板的上边缘可缩进上弦肢背 8mm。用槽焊缝把上弦角钢和节点板连接起来。槽焊缝作为两条角焊缝计算，焊缝强度设计值应乘以 0.8 的折减系数。计算时可略去桁架上弦坡度的影响，而假定集中荷载 F 与上弦垂直。由表7-12知上弦肢背槽焊缝及角钢肢尖焊缝的应力均满足强度要求。

（4）上弦节点“D”

由表 7-13 知，“cD”，杆肢背的焊脚尺寸 $h_f=6$mm，焊缝长度 $l_w=150$mm，肢尖的焊脚尺寸 $h_f=5$mm，焊缝长度 $l_w=80$mm；“De”杆肢背的焊脚尺寸 $h_f=6$mm，焊缝长度 $l_w=110$mm；肢尖按构造设计，焊脚尺寸 $h_f=5$mm，焊缝长度 $l_w=60$mm。

同理，由表 7-12 知上弦肢背槽焊缝及角钢肢尖焊缝的应力均满足强度要求。

（5）上弦节点“F”

由表 7-13 知，“eF”杆肢背的焊脚尺寸 $h_f=6$mm，焊缝长度 $l_w=80$mm，肢尖按构造设计，焊脚尺寸 $h_f=5$mm，焊缝长度 $l_w=60$mm；“Fg”杆肢背和肢尖均按构造设计，焊脚尺寸 $h_f=5$mm，焊缝长度 $l_w=60$mm。

同理，由表 7-12 知上弦肢背槽焊缝及角钢肢尖焊缝的应力均满足强度要求。

（6）上弦节点“H”

由表 7-13 知，“gH”、“Hk”杆肢背和肢尖均按构造设计，焊脚尺寸 $h_f=5$mm，焊缝长度 $l_w=60$mm。同理，由表 7-12 知上弦肢背槽焊缝及角钢肢尖焊缝的应力均满足强度要求。

7.7.6 钢屋架施工图

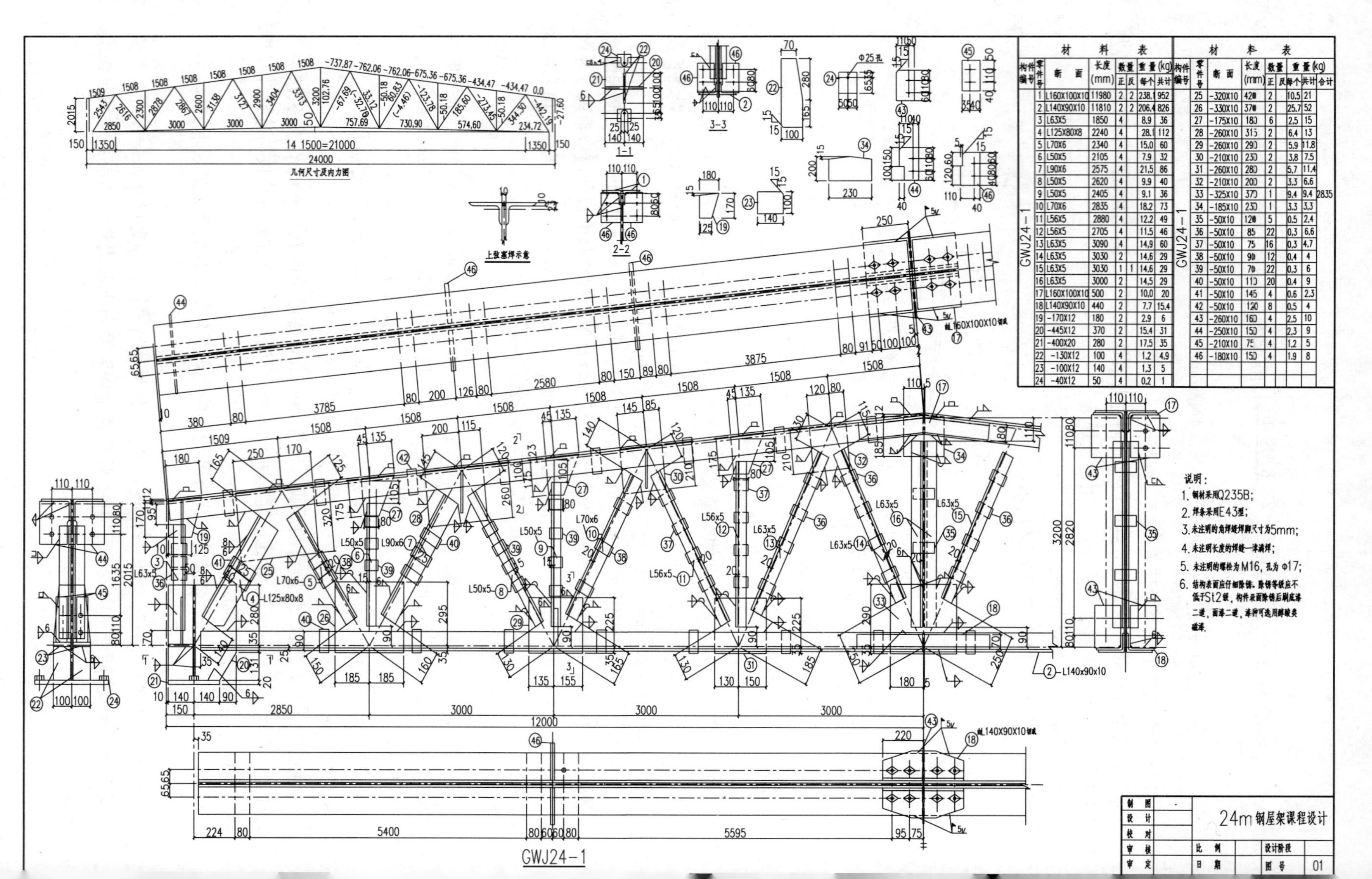

材料表

构件编号	零件号	断面	长度(mm)	数量 正	数量 反	重量(kg) 每个	重量(kg) 共计
GWJ24-1	1	L160X100X10	11980	2	2	238.1	952
	2	L140X90X10	11810	2	2	206.4	826
	3	L63X5	1850	4		8.9	36
	4	L125X80X8	2240	4		28.1	112
	5	L70X6	2340	4		15.0	60
	6	L50X5	2105	4		7.9	32
	7	L90X6	2575	4		21.5	86
	8	L50X5	2620	4		9.9	40
	9	L50X5	2405	4		9.1	36
	10	L70X6	2835	4		18.2	73
	11	L56X5	2880	4		12.2	49
	12	L56X5	2705	4		11.5	46
	13	L63X5	3090	4		14.9	60
	14	L63X5	3030	2		14.6	29
	15	L63X5	3030	1	1	14.6	29
	16	L63X5	3000	2		14.5	29
	17	L160X100X10	500	2		10.0	20
	18	L140X90X10	440	2		7.7	15.4
	19	-170X12	180	2		2.9	6
	20	-445X12	370	2		15.4	31
	21	-400X20	280	2		17.5	35
	22	-130X12	100	4		1.2	4.9
	23	-100X12	140	4		1.3	5
	24	-40X12	50	4		0.2	1

材料表

构件编号	零件号	断面	长度(mm)	数量 正	数量 反	重量(kg) 每个	重量(kg) 共计	重量(kg) 合计
GWJ24-1	25	-320X10	420	2		10.5	21	
	26	-330X10	370	2		25.7	52	
	27	-175X10	180	6		2.5	15	
	28	-260X10	315	2		6.4	13	
	29	-260X10	290	2		5.9	11.8	
	30	-210X10	230	2		3.8	7.5	
	31	-260X10	280	2		5.7	11.4	
	32	-210X10	200	2		3.3	6.6	
	33	-325X10	370	1		9.4	9.4	2835
	34	-185X10	230	1		3.3	3.3	
	35	-50X10	120	5		0.5	2.4	
	36	-50X10	85	22		0.3	6.6	
	37	-50X10	75	16		0.3	4.7	
	38	-50X10	90	12		0.4	4	
	39	-50X10	70	22		0.3	6	
	40	-50X10	110	20		0.4	9	
	41	-50X10	145	4		0.6	2.3	
	42	-50X10	120	8		0.5	4	
	43	-260X10	160	4		2.5	10	
	44	-250X10	150	4		2.3	9	
	45	-210X10	75	4		1.2	5	
	46	-180X10	150	4		1.9	8	

参考文献

[1] 同济大学，沈祖炎，陈扬骥，陈以一. 钢结构基本原理. 北京：中国建筑工业出版社，2005.
[2] 张家旭，张庆芳. 钢结构. 北京：中国铁道出版社，2003.
[3] 陈绍蕃. 钢结构. 北京：中国建筑工业出版社，1994.
[4] 周绥平. 钢结构. 武汉：武汉工业大学出版社，1997.
[5] 张耀春. 周绪红副主编. 钢结构设计原理. 北京：高等教育出版社，2011.
[6] 戴国欣. 钢结构. 武汉：武汉理工大学出版社，2000.
[7] 魏明钟. 钢结构. 武汉：武汉理工大学出版社，2002.